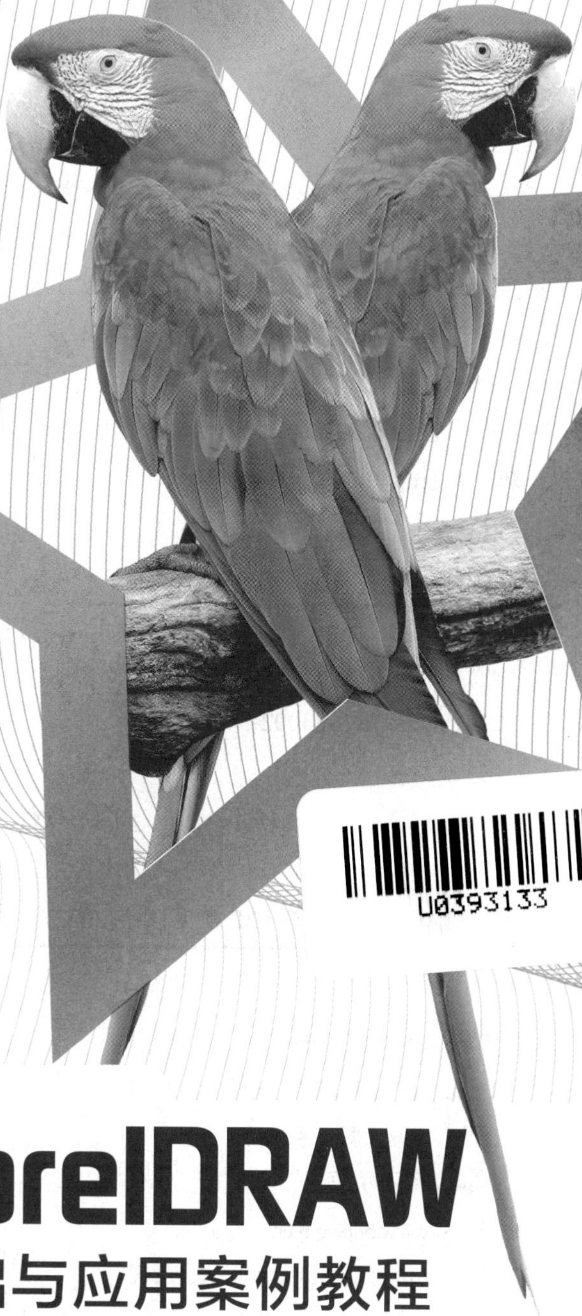

CorelDRAW
基础与应用案例教程

■ 主 编 胡素娟
■ 副主编 余 毅 章 立

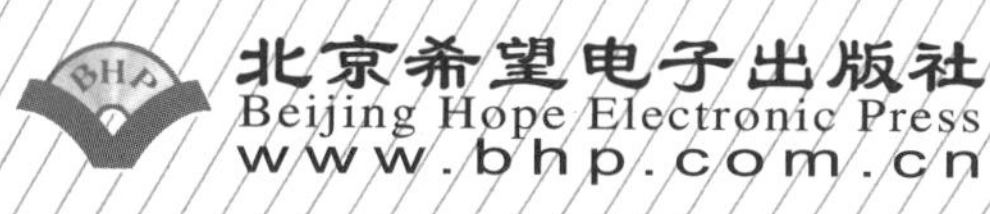

内容简介

本书以理论知识的阐述为主线，辅以众多应用案例的讲解，对CorelDRAW的主要功能进行了全面介绍。本书共分12章，第1章为“学前预热”篇，旨在全面了解CorelDRAW的应用；第2～9章为“基础知识”篇，包括CorelDRAW的基本操作、绘制图形、颜色填充、对象的编辑与操作、图形特效、文本应用、位图图像的处理、滤镜特效等内容，在每章的“实战演练”栏目中还选取了典型商业应用案例进行详解；第10～12章为“综合应用”篇，讲解了包装设计、海报设计和插画设计的概念、要点，以及商业案例的设计与制作过程。

本书结构合理，图文并茂，易教易学，适合作为图像设计与制作相关课程的教材，也可作为广大平面设计人员和美术设计爱好者的参考用书。

图书在版编目（CIP）数据

CorelDRAW基础与应用案例教程 / 胡素娟主编. -- 北京 : 北京希望电子出版社, 2022.8（2024.12 重印）

ISBN 978-7-83002-842-8

Ⅰ. ①C… Ⅱ. ①胡… Ⅲ. ①图形软件—教材 Ⅳ. ①TP391.413

中国版本图书馆CIP数据核字(2022)第154598号

出版：北京希望电子出版社
地址：北京市海淀区中关村大街22号
中科大厦A座10层
邮编：100190
网址：www.bhp.com.cn
电话：010-82620818（总机）转发行部
010-82626237（邮购）
传真：010-62543892
经销：各地新华书店

封面：张瑞阳
编辑：李小楠
校对：安　源
开本：787mm×1092mm　1/16
印张：16.5
字数：391千字
印刷：三河市骏杰印刷有限公司
版次：2024年12月1版4次印刷

定价：59.90元

前　言
PREFACE

计算机、互联网、移动网络技术的迭代更新为数字创意产业提供了硬件和软件基础，而Adobe、Corel、Autodesk等企业提供了先进的软件和服务支撑。数字创意产业的飞速发展迫切需要大量熟练掌握相关技术的从业者。2020年，中国第一届职业技能大赛将平面设计、网站设计与开发、3D数字游戏设计、CAD机械设计等技术列入竞赛项目，这一举措引领了高技能人才的培养方向。

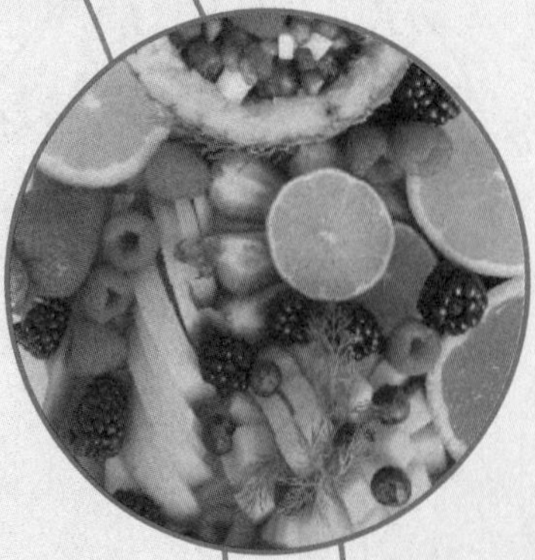

职业院校是培养数字创意技能人才的主力军。为了培养数字创意产业发展所需的高素质技能人才，我们组织了一批具备较强教科研能力的院校教师和富有实战经验的设计师共同策划编写了本书。本书注重数字技术与美学艺术的结合，以实际工作项目为脉络，旨在使读者掌握视觉设计、创意设计、数字媒体应用开发、内容编辑等方面的技能，成为具备创新思维和专业技能的复合型人才。

写/作/特/色

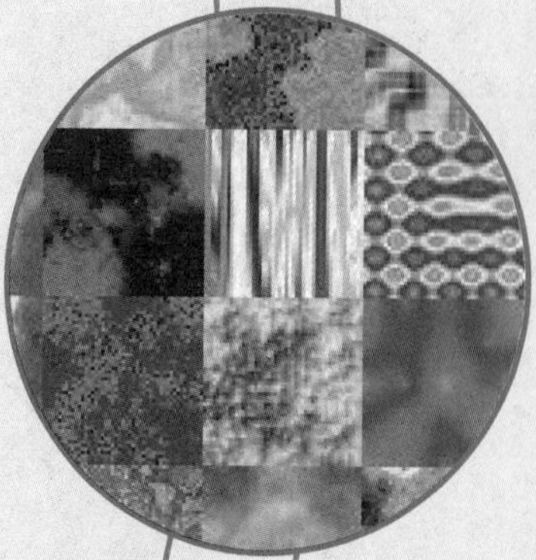

1. 项目实训，培养技能人才

对接职业标准和工作过程，以实际工作项目组织编写，注重专业技能与美学艺术的结合，重点培养学生的职业技能和创新思维。

2. 内容全面，注重学习规律

将CorelDRAW的常用功能融入经典案例，便于知识点的理解与吸收；采用“学前预热→基础知识→综合应用”的编写模式，符合轻松易学的学习规律。

3. 编写专业，团队能力精湛

选择具备先进教育理念和专业影响力的院校教师、企业专家参与教材的编写工作，充分吸收行业发展中的新知识、新技术和新方法。

4. 融媒体教学，随时随地学习

纸质教材、案例视频、教学课件、配套素材等教学资源相互结合，互为补充；二维码轻松扫描，随时随地观看视频，实现泛在学习。

课 / 时 / 安 / 排

全书共12章，建议总课时为72课时，具体安排如下：

章节	内容	理论教学	上机实训
第1章	全面了解CorelDRAW的应用	2课时	2课时
第2章	CorelDRAW的基本操作	2课时	2课时
第3章	绘制图形	4课时	4课时
第4章	颜色填充	4课时	4课时
第5章	对象的编辑与操作	4课时	4课时
第6章	图形特效	4课时	4课时
第7章	文本应用	2课时	2课时
第8章	位图图像的处理	4课时	4课时
第9章	滤镜特效	4课时	4课时
第10章	包装设计	2课时	2课时
第11章	海报设计	2课时	2课时
第12章	插画设计	2课时	2课时

本书结构合理，讲解细致，特色鲜明，侧重于综合职业能力与职业素质的培养，融“教、学、做”于一体，适合应用型本科院校、职业院校、培训机构作为教材使用。为方便教学，本书还为用书教师提供了与书中内容同步的教学资源包（包括课件、素材、视频等）。

本书由胡素娟担任主编，余毅和章立担任副主编。这些老师在长期工作中积累了大量经验，在写作过程中始终坚持严谨、细致的态度，力求精益求精。

由于编者水平有限，书中疏漏之处在所难免，恳请读者朋友批评指正。

编　者

2022年8月

目 录
CONTENTS

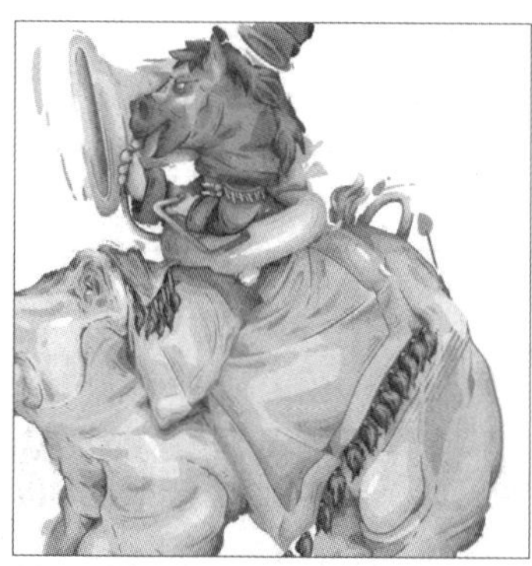

学前预热

第1章 全面了解CorelDRAW的应用

1.1 接触CorelDRAW ······ 2
1.1.1 CorelDRAW的应用领域 ······ 2
1.1.2 新功能一览 ······ 4
1.2 图像的基础知识 ······ 6
1.3 CorelDRAW的工作界面 ······ 8
1.3.1 工具箱 ······ 9
1.3.2 图像显示模式 ······ 10
1.3.3 文档窗口显示模式 ······ 10
1.3.4 预览显示 ······ 11
1.3.5 辅助工具的设置 ······ 12
1.4 设计软件协同办公 ······ 14
实战演练 色彩的基础知识 15
课后作业 17

基础知识

第2章 CorelDRAW的基本操作

2.1 CorelDRAW的文档操作 ······ 20
2.1.1 新建文档 ······ 20
2.1.2 打开/关闭文件 ······ 21
2.1.3 导入/导出图像 ······ 22
实例 新建并导入图像 ······ 23
2.1.4 保存文档 ······ 24
2.2 设置页面属性 ······ 25
2.2.1 设置页面尺寸和方向 ······ 25
2.2.2 设置页面背景 ······ 26
2.2.3 设置页面布局 ······ 26
2.3 打印选项的设置 ······ 27
2.3.1 常规打印选项设置 ······ 27
2.3.2 布局设置 ······ 27

2.3.3 颜色设置 …… 28
实例 分色打印 …… 28
2.3.4 预印设置 …… 30

2.4 优化与输出 …… 30
2.4.1 图像优化 …… 30
实例 缩减文件的大小 …… 30
2.4.2 发布为PDF …… 31

实战演练 文档操作综合实训 32

课后作业 35

第3章 绘制图形

3.1 绘制直线和曲线 …… 38
3.1.1 选择工具 …… 38
3.1.2 手绘工具 …… 39
3.1.3 2点线工具 …… 40
3.1.4 贝塞尔工具 …… 41
实例 绘制仙人掌图形 …… 42
3.1.5 钢笔工具 …… 44
3.1.6 B样条工具 …… 44
3.1.7 折线工具 …… 45
3.1.8 3点曲线工具 …… 45
3.1.9 艺术笔工具 …… 46
3.1.10 智能绘图工具 …… 50
实例 绘制蜡梅图形 …… 50

3.2 绘制几何图形 …… 53
3.2.1 矩形工具组 …… 53
3.2.2 椭圆形工具组 …… 54
实例 绘制闹钟 …… 55
3.2.3 多边形工具 …… 58
3.2.4 星形工具、复杂星形工具 …… 59
3.2.5 图纸工具 …… 59
实例 绘制心形方格图形 …… 60
3.2.6 螺纹工具 …… 62
3.2.7 基本形状工具 …… 62
3.2.8 箭头形状工具 …… 63
3.2.9 流程图形状工具 …… 63
3.2.10 标题形状工具 …… 64
3.2.11 标注形状工具 …… 64

实战演练 绘制扁平风插画 65

课后作业 69

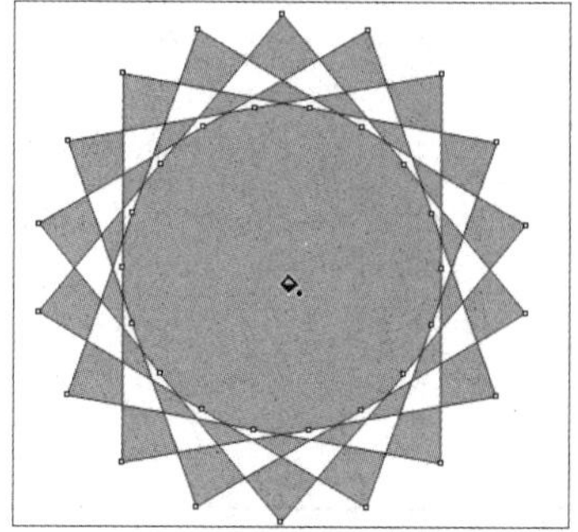

第4章 颜色填充

4.1 填充对象颜色 …… 72

4.1.1 CorelDRAW中的颜色模式 …… 72
4.1.2 颜色泊坞窗 …… 72
4.1.3 颜色滴管工具 …… 74
4.1.4 属性滴管工具 …… 74
实例 "属性滴管工具"的应用 …… 75
4.1.5 网状填充工具 …… 76
4.1.6 智能填充工具 …… 77

4.2 精确填充对象颜色 …… 78

4.2.1 均匀填充 …… 78
4.2.2 渐变填充 …… 78
4.2.3 向量图样填充 …… 79
4.2.4 位图图样填充 …… 80
4.2.5 双色图样填充 …… 81
实例 制作墙砖效果 …… 82
4.2.6 底纹填充 …… 83
4.2.7 PostScript填充 …… 84

4.3 填充对象轮廓颜色 …… 85

4.3.1 轮廓笔 …… 85
4.3.2 设置轮廓线颜色和样式 …… 86

实战演练 绘制渐变背景海报 87

课后作业 93

第5章 对象的编辑与操作

5.1 图形对象的基本操作 …… 96

5.1.1 复制对象 …… 96
5.1.2 剪切与粘贴对象 …… 96
5.1.3 再制对象 …… 97
5.1.4 步长和重复 …… 97

5.2 变换对象 …… 98

5.2.1 镜像对象 …… 98
5.2.2 对象的自由变换 …… 99
5.2.3 对象的精确变换 …… 100
5.2.4 对象的坐标 …… 101
5.2.5 对象的造型 …… 102
实例 绘制花形图案 …… 104

5.3 管理对象 …… 106

5.3.1 调整对象顺序 …… 106
5.3.2 锁定与解除对象 …… 107
5.3.3 群组和取消群组 …… 107

5.3.4 对齐与分布 ······ 108

实例 绘制彩虹云 ······ 109

5.3.5 合并与拆分 ······ 111

5.3.6 使用“对象管理器”管理对象 ······ 111

5.4 编辑对象 ······ 112

5.4.1 形状工具 ······ 112

5.4.2 平滑工具 ······ 113

5.4.3 涂抹工具 ······ 113

实例 绘制山水倒影 ······ 114

5.4.4 转动工具 ······ 115

5.4.5 吸引工具 ······ 116

5.4.6 排斥工具 ······ 116

5.4.7 弄脏工具 ······ 117

5.4.8 粗糙工具 ······ 117

5.4.9 裁剪工具 ······ 118

5.4.10 刻刀工具 ······ 118

5.4.11 橡皮擦工具 ······ 119

实战演练 绘制棒棒糖图形 120

课后作业 123

第6章 图形特效

6.1 认识特效工具 ······ 126

6.2 阴影效果 ······ 126

6.2.1 认识“阴影工具” ······ 126

6.2.2 添加阴影效果 ······ 126

6.2.3 调整阴影颜色 ······ 127

6.3 轮廓图效果 ······ 128

6.3.1 认识“轮廓图工具” ······ 128

6.3.2 调整轮廓图的偏移方向 ······ 128

6.3.3 调整轮廓图的颜色 ······ 129

6.3.4 加速轮廓图的对象和颜色 ······ 129

6.4 调和效果 ······ 130

6.4.1 “混合”泊坞窗 ······ 130

6.4.2 认识“调和工具” ······ 130

6.4.3 “调和工具”的运用 ······ 131

实例 制作特效文字 ······ 133

6.5 变形效果 ······ 135

6.5.1 推拉变形 ······ 135

6.5.2 拉链变形 ······ 136

6.5.3 扭曲变形 ······ 136

实例 制作茶叶标签 ······ 137

6.6 封套效果 139
6.6.1 认识“封套工具” 139
6.6.2 设置封套模式 139
6.6.3 设置封套映射模式 140
6.7 立体化效果 140
6.7.1 认识“立体化工具” 141
6.7.2 设置立体化类型 141
6.7.3 调整立体化对象 141
6.8 块阴影效果 143
6.8.1 认识“块阴影”工具 143
6.8.2 调整块阴影颜色 144
实例 制作标牌文字 144
6.9 透明度工具 145
6.9.1 透明度方式 145
6.9.2 调整透明对象 146
实例 绘制星形装饰物 147
6.10 其他效果 148
6.10.1 斜角效果 149
6.10.2 透镜效果 150
6.10.3 透视效果 151
实战演练 制作立体按钮 152
课后作业 157

第7章 文本应用

7.1 输入文本 160
7.1.1 文本工具 160
7.1.2 输入文本 160
7.1.3 输入段落文本 161
实例 创建配图文字 161
7.2 编辑文本 162
7.2.1 调整文本间距 162
7.2.2 使文本适合路径 163
7.2.3 首字下沉 163
7.2.4 将文本转换为曲线 164
实例 制作可爱图形 164
7.3 链接文本 166
7.3.1 段落文本之间的链接 166
7.3.2 文本与图形之间的链接 167
7.3.3 断开文本链接 167
实战演练 制作读书卡片 168
课后作业 171

第8章 位图图像的处理

8.1 位图的导入 ········ 174

8.1.1 导入位图 ········ 174

8.1.2 调整位图的大小 ········ 174

8.2 位图的编辑 ········ 175

8.2.1 裁剪位图 ········ 175

实例 调整位图的尺寸 ········ 175

8.2.2 矢量图与位图的转换 ········ 177

8.3 快速调整位图 ········ 178

8.3.1 “自动调整”命令 ········ 178

8.3.2 “图像调整实验室”命令 ········ 178

实例 调整图像的色彩 ········ 179

8.3.3 “矫正图像”命令 ········ 180

8.4 位图的色彩调整 ········ 180

8.4.1 命令的应用范围 ········ 180

8.4.2 调合曲线 ········ 181

8.4.3 亮度/对比度/强度 ········ 181

8.4.4 颜色平衡 ········ 182

8.4.5 色度/饱和度/亮度 ········ 182

8.4.6 替换颜色 ········ 183

实例 替换花束的颜色 ········ 183

8.4.7 取消饱和 ········ 184

8.4.8 通道混合器 ········ 185

实战演练 制作花店海报 186

课后作业 191

第9章 滤镜特效

9.1 认识滤镜 ········ 194

9.1.1 内置滤镜 ········ 194

9.1.2 滤镜插件 ········ 194

9.2 精彩的三维滤镜 ········ 194

9.2.1 三维旋转 ········ 195

9.2.2 柱面 ········ 195

9.2.3 浮雕 ········ 196

9.2.4 卷页 ········ 196

实例 添加卷页效果 ········ 197

9.2.5 挤远/挤近 ········ 198

9.2.6 球面 ········ 199

9.3 其他滤镜组 ········ 199

9.3.1 艺术笔触 ········ 199

实例 制作水彩画效果 ········ 202

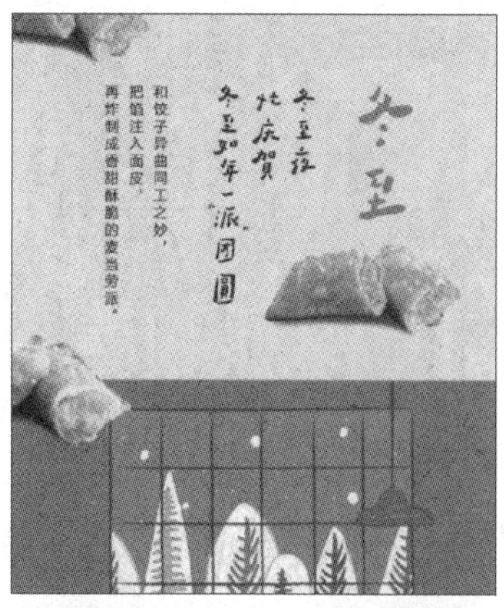

9.3.2 模糊 …… 203
9.3.3 颜色转换 …… 205
9.3.4 轮廓图 …… 206
9.3.5 创造性 …… 207
9.3.6 扭曲 …… 209
9.3.7 杂点 …… 211
实例 制作下雨效果 …… 213

实战演练 制作老照片效果 215

课后作业 217

综合应用

第10章 包装设计

10.1 包装设计知识导航 …… 220
10.1.1 包装的概念 …… 220
10.1.2 包装的要素 …… 220
10.1.3 优秀包装设计欣赏 …… 220
10.2 制作抽纸包装 …… 221
10.2.1 制作包装盒刀版图 …… 221
10.2.2 制作装饰素材 …… 226
10.2.3 添加文字素材 …… 232

第11章 海报设计

11.1 海报设计知识导航 …… 234
11.1.1 海报的概念 …… 234
11.1.2 海报设计的要点 …… 234
11.1.3 优秀海报作品欣赏 …… 234
11.2 制作时尚广场海报 …… 235
11.2.1 制作海报背景 …… 235
11.2.2 添加文本及装饰物 …… 236
11.2.3 方案延伸 …… 238

第12章 插画设计

12.1 插画设计知识导航 ······ 240

12.1.1 插画的种类 ······ 240

12.1.2 优秀插画设计欣赏 ······ 240

12.2 制作热气球插画 ······ 241

12.2.1 绘制热气球 ······ 241

12.2.2 绘制动物造型 ······ 244

12.2.3 绘制装饰图形 ······ 246

12.2.4 方案延伸 ······ 249

附录1 课后作业参考答案

附录2 CorelDRAW常用快捷键

学前预热

第1章 全面了解CorelDRAW的应用

内容概要

本章主要针对CorelDRAW的应用进行讲解。首先介绍软件的应用领域，然后介绍软件的操作界面，文档、图像的显示模式，以及辅助工具的设置。只有掌握了基础知识，才能对软件运用自如。

知识要点

- CorelDRAW的应用领域。
- CorelDRAW的操作界面。

数字资源

【本章素材来源】："素材文件\第1章"目录下

【本章实战演练最终文件】："素材文件\第1章\实战演练"目录下

1.1 接触CorelDRAW

CorelDRAW Graphics Suite是加拿大Corel公司出品的平面设计软件，主要用于矢量图、页面的设计及图像的编辑。

■1.1.1 CorelDRAW的应用领域

利用CorelDRAW可以很好地帮助设计师进行广告设计、插画设计、包装设计、书籍装帧设计和VI设计等。

1. 广告设计

平面广告是一种最常见的设计作品，作用是通过各种媒介使受众群体了解产品、品牌、企业等相关信息，在呈现产品效果的同时传递一定的艺术感，如图1-1、图1-2所示。

图 1-1

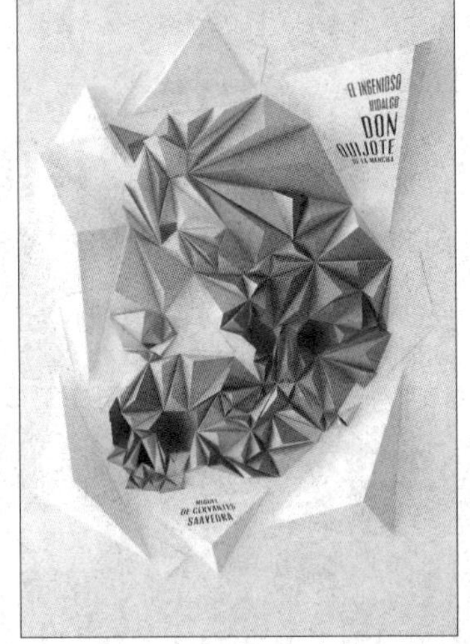

图 1-2

2. 插画设计

插画和绘画是在设计中经常使用到的一种表现形式。利用计算机，可以很好地将创意与图像进行结合，带来极为震撼的视觉效果，如图1-3、图1-4所示。

图 1-3

图 1-4

3. 包装设计

包装设计是进行市场推广的重要手段。包装是建立产品与消费者之间联系的关键点，是消费者接触产品的第一印象，成功的包装设计可以很大程度地促进产品的销售，如图1-5、图1-6所示。

图 1-5

图 1-6

4. 书籍装帧设计

书籍装帧设计与包装设计有相似之处。作为装帧设计的重要组成部分，书籍的封面越是精美，越能抓住观者的目光；书籍的版式设计可以帮助读者轻松地进行文字阅读，组织出合理的视觉逻辑，如图1-7、图1-8所示。

图 1-7

图 1-8

5. VI设计

VI即Visual Identity的缩写，译为“视觉识别”，是CIS（企业识别系统）中最具感染力的部分。它以丰富多样的应用形式，在最为广泛的层面上进行最直接的传播。标志设计是VI设计中的一个关键点。标志是抽象的视觉符号，企业标志则是一个企业文化特质的图像表现，具有其象征性，如图1-9、图1-10所示。

图 1-9

图 1-10

■1.1.2 新功能一览

为了提高绘图效率，CorelDRAW通过不断的版本升级提供更多的新功能，简单介绍如下：

1. 对称绘图模式

实时创建对称设计图，从简单的对象到复杂多变的特效，为平时耗时较多的工作流程实现自动化，以提升工作效率。执行“对象”→“对称”→“创建新对称”命令，此时绘图区中会出现红色的辅助线，辅助线左侧是绘制的图形，右侧是创建的对称图形，绘制完成后单击“完成编辑对称”按钮，绘制过程如图1-11、图1-12所示。

图 1-11

图 1-12

2. 块阴影工具

通过此功能可为对象和文本添加实体矢量阴影，缩短输出文件的准备时间。该功能可以显著减少阴影线和节点数，进而加速工作流程。在工具箱中选择“块阴影”工具，选中对象向任意方向移动，即可创建矢量阴影，创建过程如图1-13、图1-14所示。

图 1-13

图 1-14

3. 虚线和轮廓拐角控制

通过此功能可对虚线的对象、文本和符号的拐角进行更多控制。除了原有的“默认虚线”外，还新增了“对齐虚线”和“固定虚线”两个选项，以创建流畅的拐角。绘制图形后按F12键，在打开的“轮廓笔”对话框中设置参数，不同选项的设置效果如图1-15、图1-16所示。

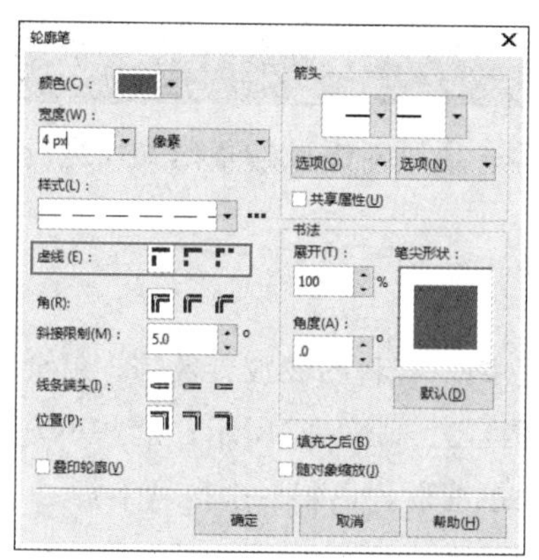

图 1-15

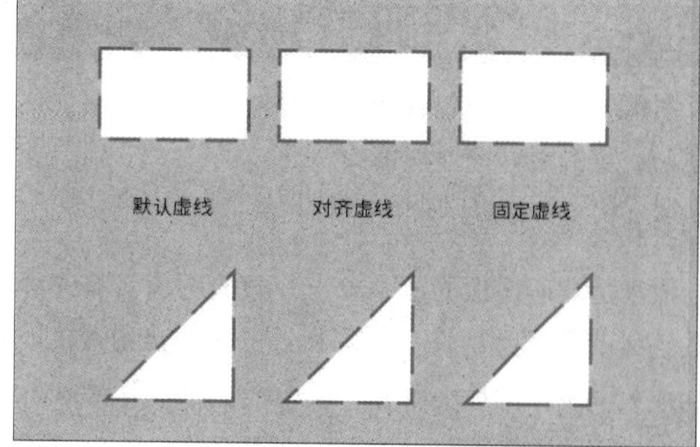

图 1-16

4. Pointillizer

轻点鼠标即可从任何数量的选定矢量图或位图对象生成高质量的矢量马赛克。受点描绘法影响，该功能特别适合制作汽车广告贴画、窗口装饰项目等。绘制图形后，执行“效果”→“Pointillizer”命令，在打开的“Pointillizer”对话框中设置参数，生成马赛克前后的效果如图1-17、图1-18所示。

图 1-17

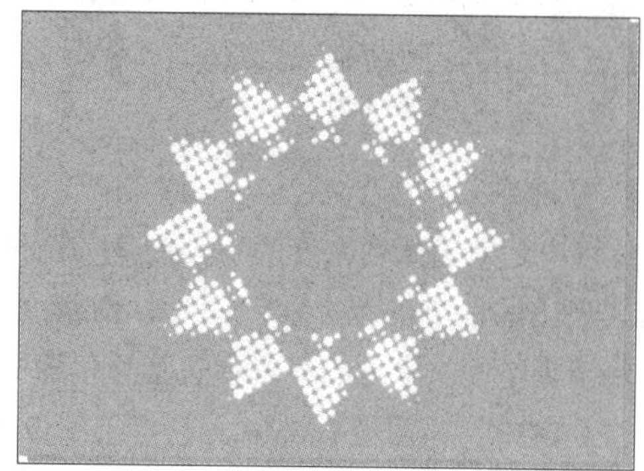

图 1-18

5. 添加透视效果

在绘图区中可直接将透视效果应用于位图、矢量图对象或同时应用于两种对象，快速打造距离和景深特效。选中对象，执行“效果”→“添加透视”命令，调整控制点即可，调整状态及效果如图1-19、图1-20所示。

图 1-19

图 1-20

1.2 图像的基础知识

图像的基础知识包括像素、分辨率、矢量图、位图等，通过对图像的基础知识进行学习和了解，可以更好地处理图像。

1. 像素

像素是数码图像的最小单元。数码图像具有连续的色调，若将图像放大数倍，就会发现这些连续的色调是由许多色彩相近的小方点组成的，如图1-21、图1-22所示。这些小方点即为构成数码图像的最小单元——像素。像素数越多，图像越清晰，色彩层次也越丰富。

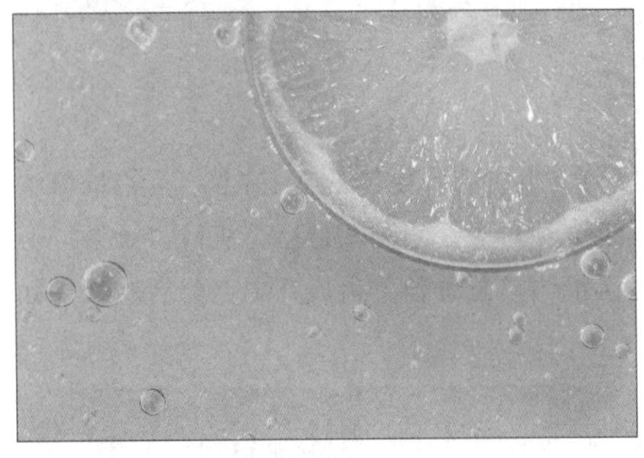

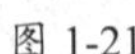

图 1-21

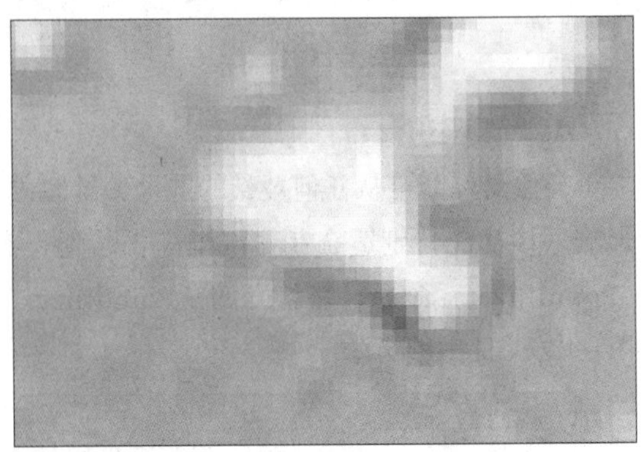

图 1-22

2. 分辨率

分辨率是对图像精密度的一种度量。图像文件包含的数据越多，文件也就越大，此时图像所表现出的细节就越丰富。同时，图像文件过大会耗用更多的计算机资源，占用更多的内存和硬盘空间。常见的分辨率包括显示器分辨率和图像分辨率两种。在图像处理过程中所说的“分辨率”为图像分辨率，它是指图像中每单位长度所包含的像素数目，常以“像素/英寸”（ppi）为单位来表示，如300 ppi表示图像中每英寸包含300个像素。同等尺寸的图像文件，分辨率越高，其所占的磁盘空间就越大，编辑和处理所需的时间也就越长。图1-23、图1-24所示为不同分辨率的图像。

图 1-23

图 1-24

3. 矢量图

矢量图是一种在放大后不会失真的图形，又被称作向量图。矢量图由点、线、面等元素组成，使用一系列计算机指令来描述和记录图形的几何形状、线条粗细和色彩等信息。由于矢量图不记录像素的数量，在任何分辨率下对矢量图进行缩放，都不会影响图形的清晰度和光滑度，均能保持图形边缘和细节的清晰感和真实感，不会出现图形虚糊或是锯齿状况，如图1-25、图1-26所示。

图 1-25

图 1-26

4. 位图

位图又被称为点阵图，与像素有着密切的关系，其图像的大小和清晰度是由图像中像素的多少决定的。通过调整图像的色相、饱和度和亮度调整图像的像素，可使其颜色更加细腻。位图虽然表现力强、层次丰富，可以模拟逼真的图像效果，但放大后会变得模糊，出现马赛克现象，从而导致图像失真，如图1-27、图1-28所示。

相比于位图，矢量图能更轻易地对图像的轮廓形状进行编辑管理，但是在颜色的优化调整上不及位图，颜色效果也不如位图丰富、细致。CorelDRAW通过版本升级，强化了矢量图与位图的转换和兼容。

图 1-27

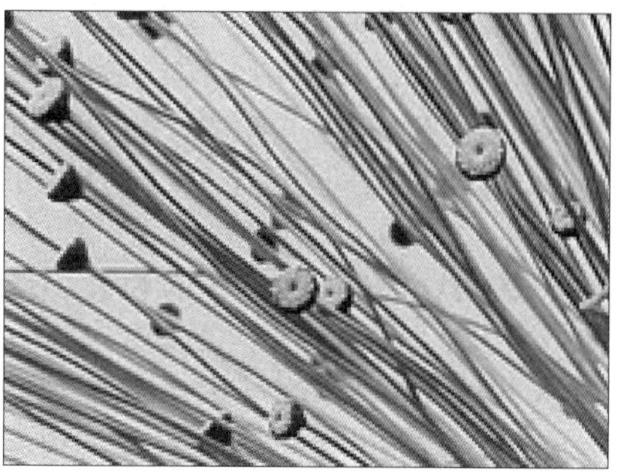

图 1-28

1.3 CorelDRAW的工作界面

在计算机桌面上双击CorelDRAW图标启动程序，单击界面中的“新建文档”按钮，设置参数后单击“确定”按钮，即可进入CorelDRAW的工作界面。

该界面包含菜单栏、标准工具栏、属性栏、工具箱、绘图区、泊坞窗、调色板和状态栏等，如图1-29所示。

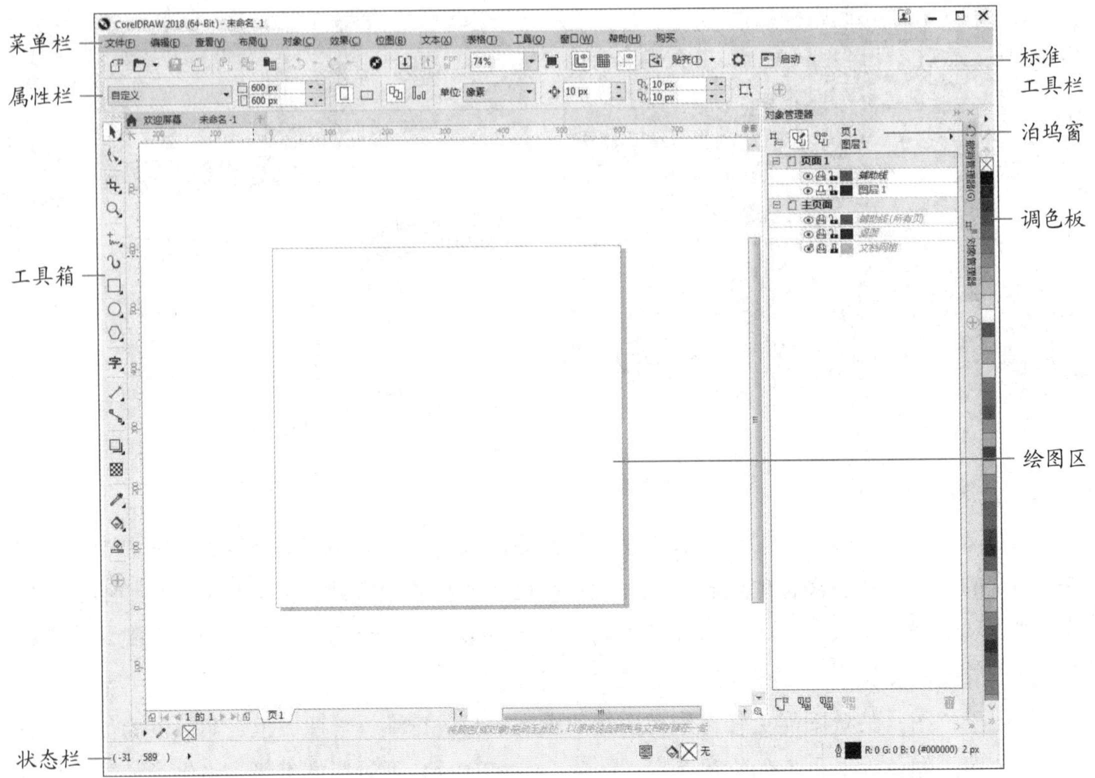

图 1-29

工作界面中的重要选项介绍如下：

- **菜单栏**：菜单栏中的各个菜单控制并管理界面的状态和用于图像处理的要素。单击相应的菜单项，即可打开菜单，选择某一项菜单命令即可执行该操作。
- **标准工具栏**：主要包括对文件进行操作的一些常用命令的快捷按钮，可以简化操作步骤，提高工作效率。
- **属性栏**：根据选择的工具的不同，属性栏中显示的按钮命令也会有所不同。
- **工具箱**：CorelDRAW中的绘图工具都在工具箱中。
- **绘图区**：用于绘制和编辑图像的区域。
- **泊坞窗**：泊坞窗也称“面板”，在编辑对象时应用到的一些功能命令的选项设置面板。执行“窗口”→“泊坞窗”命令，在子菜单中选择要打开的泊坞窗。
- **调色板**：在调色板中可以方便、快速地设置轮廓和填充的颜色。
- **状态栏**：显示当前选择对象的有关信息，如对象的轮廓、填充颜色、所在图层等。

■1.3.1 工具箱

默认状态下，工具箱以竖直的形式放置在工作界面的左侧，包含所有用于绘制或编辑对象的工具。部分工具的右下角显示有黑色箭头，表示该工具下包含相关系列的隐藏工具。关于各工具的功能介绍如表1-1所示。

表1-1 工具的功能描述

序号	图标	名称	功能描述
01		选择工具	用于选择一个或多个对象并进行任意的移动或大小调整，可在文件空白处拖动光标以框选指定对象
02		形状工具	用于调整对象轮廓的形态。当对象为扭曲后的图形时，可利用该工具对对象轮廓进行任意调整
03		裁剪工具	用于裁剪对象不需要的部分内容。选择某一对象后，拖动光标以调整裁剪尺寸，完成后在选区内双击即可裁剪该对象选区外的内容
04		缩放工具	用于放大或缩小页面中对象的显示，选择该工具后，在页面中单击可放大显示，右击可缩小显示
05		手绘工具	使用该工具在页面中单击，移动光标至任意点再次单击，可绘制曲线和直线线段；按住鼠标左键不放，可绘制随意线条
06		艺术笔工具	具有固定或可变宽度及形状的画笔，在实际操作中可使用该工具绘制具有不同线条或图案效果的对象
07		矩形工具	可绘制矩形和正方形，按住 Ctrl 键可绘制正方形，按住 Shift 键可以以起始点为中心绘制矩形
08		椭圆形工具	可用于绘制椭圆形和正圆形，设置其属性栏可绘制饼图和弧形
09		多边形工具	可绘制多边形对象，设置其属性栏中的边数可调整多边形的形状
10		文本工具	单击可输入文字；拖动光标设置文本框，可输入段落文字
11		平行度量工具	用于度量对象的尺寸或角度
12		直线连接器工具	用于连接对象的锚点
13		阴影工具	可为页面中的对象添加阴影
14		透明度工具	可调整对象及形状的明暗程度，并具备 4 种透明度的设置
15		颜色滴管工具	主要用于取样对象中的颜色，取样后的颜色可利用“填充工具”填充至指定对象
16		交互式填充工具	利用该工具可对对象进行任意角度的渐变填充，并可进行调整
17		智能填充工具	可对任何封闭的对象（包括位图图像）进行填充，也可对重叠对象的可视性区域进行填充，填充后的对象将根据原对象的轮廓形成新的对象

■1.3.2 图像显示模式

图像的显示包括多种模式，分别是“简单线框”“线框”“草稿”“正常”“增强”“像素”，可在“查看”菜单中进行选择。如图1-30、图1-31所示分别是“增强”显示模式和“线框”显示模式的效果。

图 1-30

图 1-31

■1.3.3 文档窗口显示模式

在CorelDRAW中可以同时打开多个文档，默认情况下的文档窗口是合并排列在一起的，如图1-32所示。

图 1-32

在“窗口”菜单中提供了多种窗口显示模式。执行“窗口”→“层叠”命令，可以将多个窗口层叠排列，如图1-33所示；执行“窗口”→“停靠窗口”命令，可以将层叠排列的窗口变成纵向排列。

图 1-33

执行“窗口”→“水平平铺”命令，可以将多个窗口横向排列，如图1-34所示。

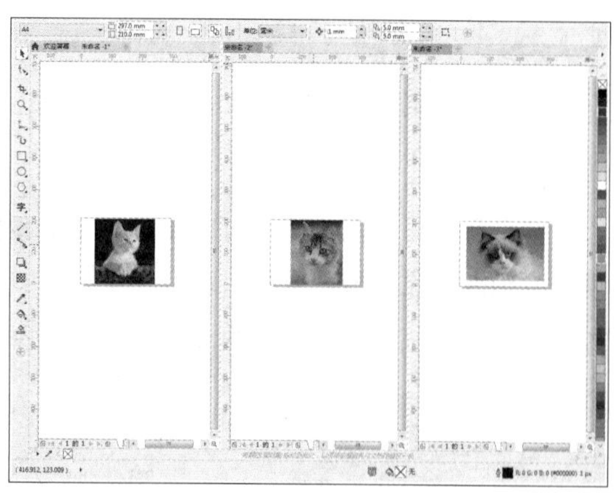

图 1-34

执行“窗口”→“垂直平铺”命令，可以将多个窗口纵向排列，如图1-35所示；执行“窗口”→“合并窗口”命令，即可恢复到默认窗口排列。

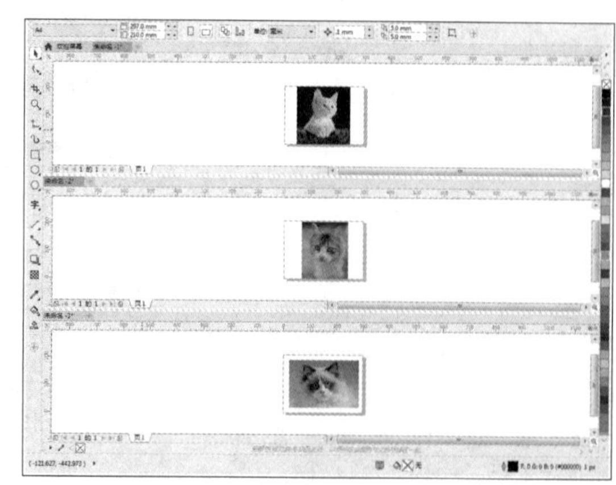

图 1-35

■1.3.4 预览显示

预览显示是将页面中的对象以不同的区域或状态显示，包括“全屏预览”“只预览选定的对象”“页面排序器视图”。执行“查看”→“全屏预览”命令，或按F9键，整个计算机显示屏中会显示预览的效果。如果在绘制图像时想观察绘制的某一个对象，可以将对象先选中，执行“查看”→“只预览选定的对象”命令，整个计算机显示屏中将会显示选中对象的预览效果，选择该命令前后的效果如图1-36、图1-37所示。在一个文档中有多个页面时，可执行“查看”→“页面排序器视图”命令，绘制区域的对象会显示在同一界面。

图 1-36

图 1-37

■1.3.5 辅助工具的设置

下面将对辅助工具的相关知识进行介绍。

1. 标尺

标尺在进行页面绘图时可以精确显示对象的大小与位置。执行“查看”→“标尺”命令，可在绘图区中显示或隐藏标尺。双击标尺，打开“选项”对话框，在对话框左侧区域选择“标尺”选项，在对话框右侧区域对标尺进行具体设置，如图1-38所示。

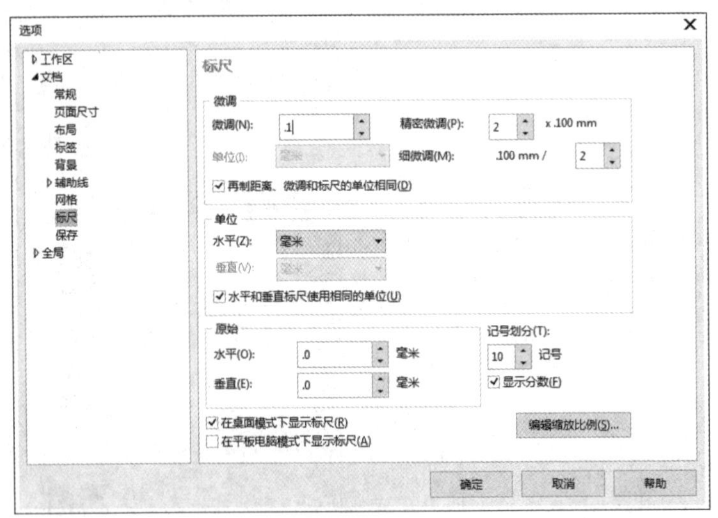

图 1-38

2. 网格

网格是在页面中均匀分布的小方格辅助线，可以精确定位对象的位置。执行“查看”→“网格”→“文档网格”命令，即可显示网格；也可以在标尺上右击，在打开的菜单中选择“网格设置”命令，打开“选项”对话框，在其中对网格的样式、间距、属性等进行设置，如图1-39所示。

图 1-39

3. 辅助线

辅助线主要用来辅助确定对象的位置或形状，常用于对齐对象。执行“查看”→“辅助线”命令，可显示或隐藏辅助线（显示的辅助线不会被导出或打印）。打开“选项”对话框，选择“辅助线”选项，即可对其显示状态和颜色等进行设置，如图1-40所示。

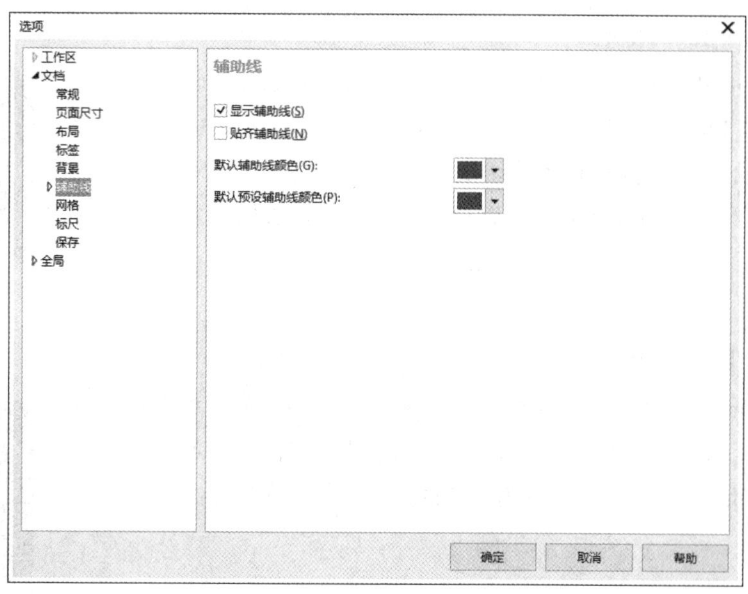

图 1-40

将光标放置在标尺的上方，按住鼠标左键向下拖动，此时会拖动出一条蓝色的虚线，将其放置在适当的位置后，松开鼠标即可创建一条辅助线，如图1-41所示。

图 1-41

若要删除某一辅助线，只需使用“选择工具”将辅助线选中，按Delete键即可将其删除；也可以执行“查看”→“辅助线”命令，将其隐藏。

1.4 设计软件协同办公

在设计过程中，常常需要多种软件协同操作。下面将对CorelDRAW的常用搭配软件进行介绍。

1. Adobe Photoshop

Adobe Photoshop是Adobe公司旗下较为出名的图像编辑软件之一，如图1-42所示。Photoshop的应用领域很广泛，在抠像、图像修饰、色彩融合、图层混合等方面特别有优势，很大程度上满足了人们对视觉艺术高层次的追求。利用Photoshop，可以创造出照片级逼真的写实图像、流畅的光影变化、过渡自然的羽化效果等。

图 1-42

2. Adobe Illustrator

Adobe Illustrator是一种工业标准矢量插画的绘制软件，如图1-43所示。该软件主要用于印刷出版、海报书籍排版、专业插画、多媒体图像处理和互联网页面的制作等，也可以为线稿提供较高的精度和控制。

图 1-43

3. Adobe InDesign

Adobe InDesign是用于印刷和数字媒体输出的排版和页面设计软件，如图1-44所示。利用InDesign，可以创建和发布书籍、数字杂志、电子书、海报和交互式PDF等内容。

图 1-44

实战演练 色彩的基础知识

作为设计的灵魂，色彩是设计师在设计过程中应用的最重要的元素。下面将从色彩的构成、色彩的属性和色彩平衡等方面进行讲解。

1. 色彩的构成

色彩的构成主要分为色光三原色和印刷三原色。

（1）色光三原色

色光三原色是指红、绿、蓝色。色光三原色两两混合，可以得到中间色：青色（Cyan，C），品红色（Magenta，M），黄色（Yellow，Y）。3种色彩等量混合，可以得到白色。

（2）印刷三原色

人们看到的印刷色，实际上是纸张反射的光线。印刷颜料吸收光线，但不叠加光线，因此印刷三原色就是能够吸收红、绿、蓝色的颜色，即青、品红、黄，它们是红、绿、蓝色的补色。

2. 色彩的属性

色彩由3种元素构成，即色相、明度、纯度（也称饱和度）。

（1）色相

色相即每种色彩的相貌、名称，如红、橘红、翠绿、湖蓝、群青等。色相是区分色彩的主要依据，是色彩的重要特征之一。如图1-45、图1-46所示分别为蓝天、白鸽。

图 1-45

图 1-46

（2）明度

明度即色彩的明暗差别，也就是色彩的亮度。在有彩色系中，明度最高的是黄色，明度最低的是紫色，红、橙、蓝、绿属于中明度。在无彩色系中，明度最高的是白色，明度最低的是黑色。要提高色彩的明度，可加入白色，反之加入黑色。如图1-47所示为从黑到白9个不同明度的变化。

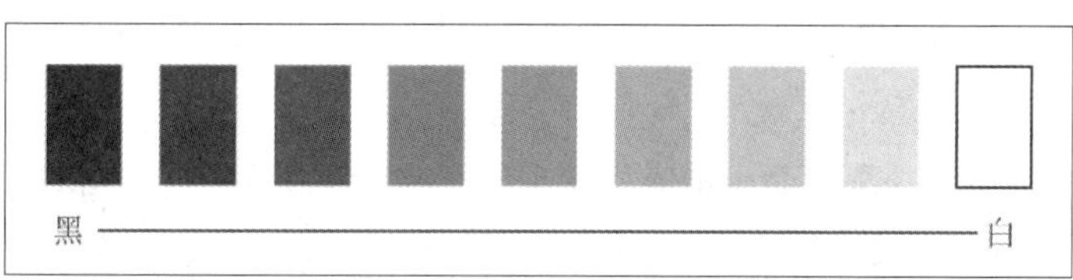

图 1-47

（3）纯度

纯度即各色彩中包含的单一原色成分的多少。纯度高的色彩色感强，即色度强，所以纯度亦是色彩感觉强弱的标志。其中，红、橙、黄、绿、蓝、紫等的纯度最高，无彩色系中的黑、白、灰的纯度几乎为零。如图1-48、图1-49所示为不同纯度的紫色。

图 1-48

图 1-49

3. 色彩平衡

在色彩搭配中，最重要的3个概念就是主色、辅助色和点缀色，它们组成了一幅画中的所有色彩。正是有了主色作为基调，辅助色和点缀色才使得整个画面效果变得美妙，如图1-50、图1-51所示。

图 1-50

图 1-51

（1）主色

主色是最主要的色彩，也是占据画面面积最多的色彩。若将其标准化，主色需要占到全部画面面积的50%～60%。主色是整幅画面的基调，决定了画面的主题，辅助色和点缀色都需要围绕它来进行选择与搭配。

（2）辅助色

辅助色用于辅助主色，主要目的是衬托主色，需要占到全部画面面积的30%～40%。正常情况下，辅助色要搭配合理，不要给人以头重脚轻、喧宾夺主的感觉。例如，主色是深蓝色，辅助色可能会使用绿色进行搭配。

（3）点缀色

点缀色的面积虽小，却是画面中最吸引眼球的“点睛之笔”，其占据的面积一般只在整个画面的15%以下。一幅完美的画面除了有恰当的主色和辅助色进行搭配外，还要有亮眼的点缀色进行“点睛”。

课后作业

一、选择题

1. CorelDRAW是哪国公司的设计软件？（　　）

A. 美国　　B. 英国

C. 加拿大　　D. 德国

2. 位图又被称为（　　）。

A. 矢量图像　　B. 点阵图

C. 向量图像　　D. 灰度图像

3. 全屏预览的快捷键是（　　）。

A. F1　　B. F5

C. F7　　D. F9

二、填空题

1. 矢量图是一种在放大后不会出现______的图形，又被称作______。

2. CorelDRAW的工作界面包含______、______、______、______、______、______、______，以及______等。

3. 图像的显示模式包括多种形式，分别有“简单线框”“______”“______”“正常”“______”“像素”6种模式。

4. 在CorelDRAW中，文档窗口有“______”“______”“______”3种窗口显示模式。

三、上机题

1. 找一张自己喜欢的照片或画作进行赏析，如图1-52所示。

图 1-52

思路提示

● 此画作背景使用了大量纯度较低的紫红色为主色，蓝色为辅助色，搭配少量的棕色点缀。

● 主体人物和船只以粉色为主色，以黑色为辅助色，以棕色点缀。色彩纯度偏高。

2. 设置50 mm间距的网格，如图1-53所示。

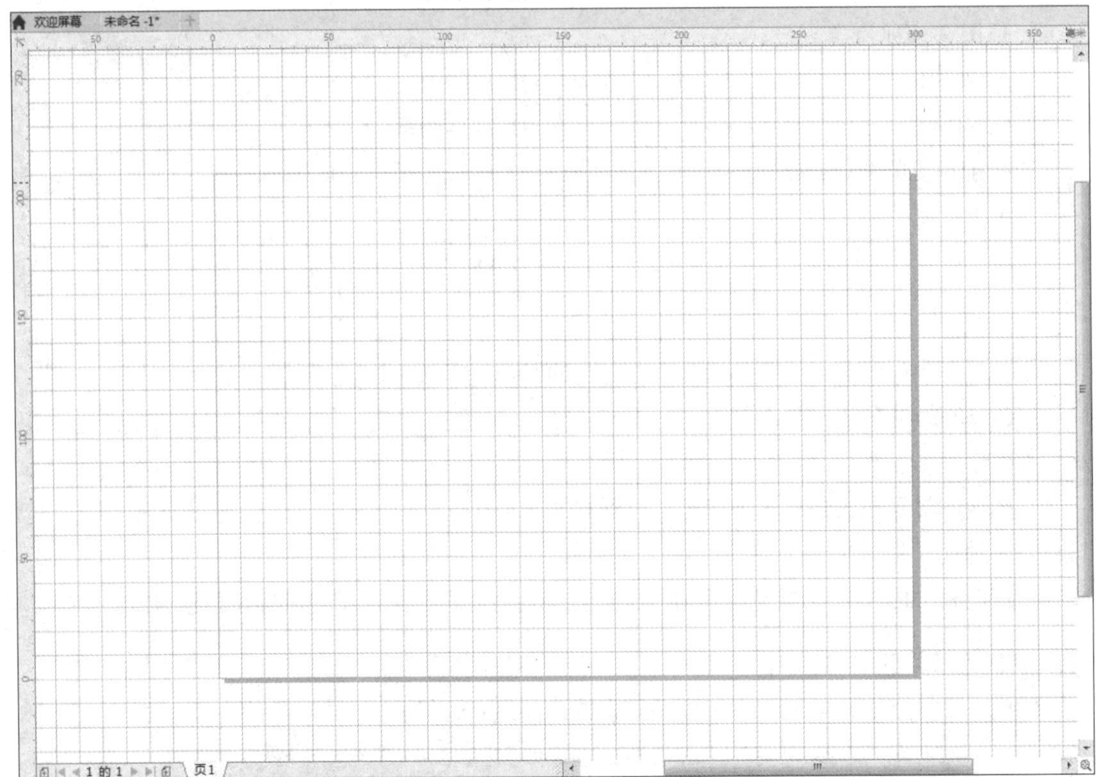

图 1-53

思路提示

● 执行“查看”→“网格”→“文档网格”命令，即可显示网格（默认间距为2 mm）。

● 单击标准工具栏中的“选项”按钮，在打开的“选项”对话框中设置参数。

基础知识

第2章 CorelDRAW的基本操作

内容概要

CorelDRAW的应用范围非常广泛，广告设计、插画绘图、版式设计、包装设计、VI设计、网页设计等都可以运用此软件。本章将从CorelDRAW的文档操作入手，讲解CorelDRAW的工作界面布局、打印设置和网络输出等，为后期的深入学习奠定良好的基础。

知识要点

- CorelDRAW的文档操作。
- CorelDRAW的界面布局。
- CorelDRAW的打印设置和网络输出。

数字资源

【本章素材来源】："素材文件\第2章"目录下

【本章实战演练最终文件】："素材文件\第2章\实战演练"目录下

2.1 CorelDRAW的文档操作

在CorelDRAW中，新建、打开/关闭、导入/导出、保存等都是文档的基本操作。

2.1.1 新建文档

在CorelDRAW中要进行绘图制作，须创建一个空白文档。执行“文件”→“新建”命令，在打开的“创建新文档”对话框中设置参数，如图2-1所示，单击“确定”按钮即可新建文档。

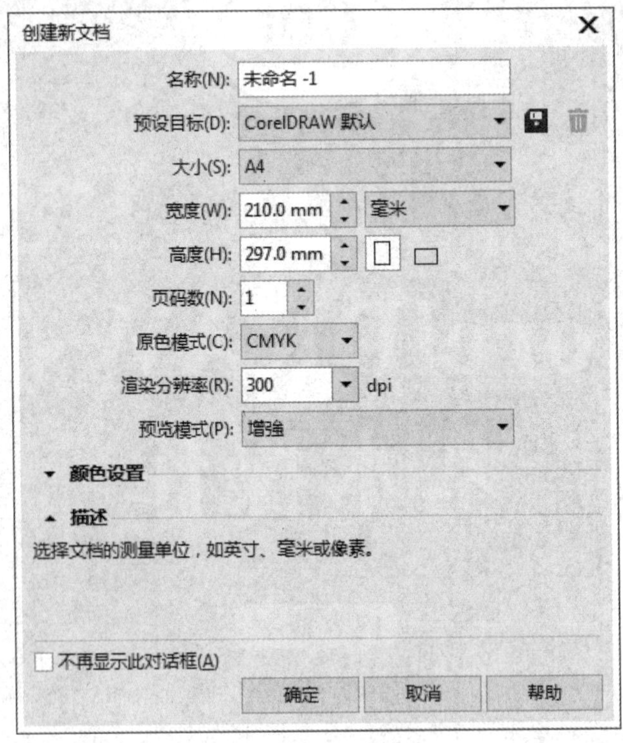

图 2-1

“创建新文档”对话框中的重要选项介绍如下：

- **名称：** 用于设置当前文档的名称。
- **预设目标：** 可以在下拉列表中选择CorelDRAW内置的预设类型，例如“默认CMYK”“默认RGB”“Web”“CorelDRAW默认”“自定义”。
- **大小：** 可以在其下拉列表中选择常用的尺寸，例如“A4”“A3”等。
- **宽度/高度：** 设置文档的宽度和高度。在“宽度”数值框右侧的下拉列表中可以进行单位设置。“高度”数值框右侧的按钮用于为文档选择纵向或横向。
- **页码数：** 设置新建文档的页数。
- **原色模式：** 在其下拉列表中可以选择文档的原色模式，默认的色彩模式会影响一些效果中的色彩混合方式，例如“填充”“混合”等。
- **渲染分辨率：** 设置在文档中（位图部分）栅格化部分的分辨率，例如“透明”“阴影”等。在其下拉列表中包含一些常用的分辨率。

- **预览模式：**在其下拉列表中选择在CorelDRAW中预览到的效果模式，例如“简单线框”“线框”“草稿”“常规”“增强”“像素”。
- **颜色设置：**单击下三角按钮，显示卷展栏，可以对“RGB预置文件”“CMYK预置文件”“灰度预置文件”“匹配类型”进行参数设置，如图2-2所示。

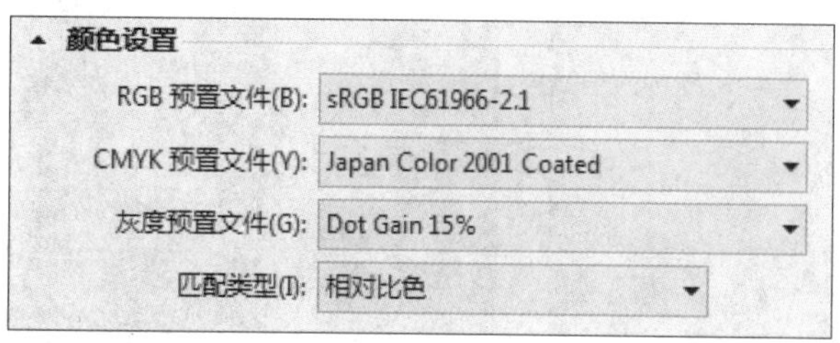

图 2-2

- **描述：**单击下三角按钮，显示卷展栏，将光标移动到上述某个选项上时，此处将会显示该选项的说明。

在CorelDRAW中内置了很多模板，执行“文件”→“从模板新建”命令，在打开的“从模板新建”对话框中可以选择适合的模板，单击“打开”按钮即可，如图2-3、图2-4所示。

图 2-3

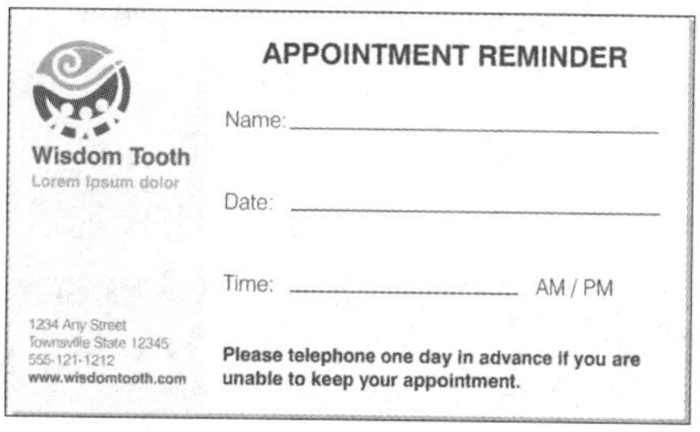

图 2-4

> **知识点拨**
> 单击标准工具栏中的“新建”按钮，或按 Ctrl+N 组合键也可新建文档。

■ 2.1.2 打开 / 关闭文件

要在CorelDRAW中打开已有的文档或位图素材，可以执行“文件”→“打开”命令，在打开的“打开绘图”对话框中选择目标文件，单击“打开”按钮，如图2-5、图2-6所示。

图 2-5

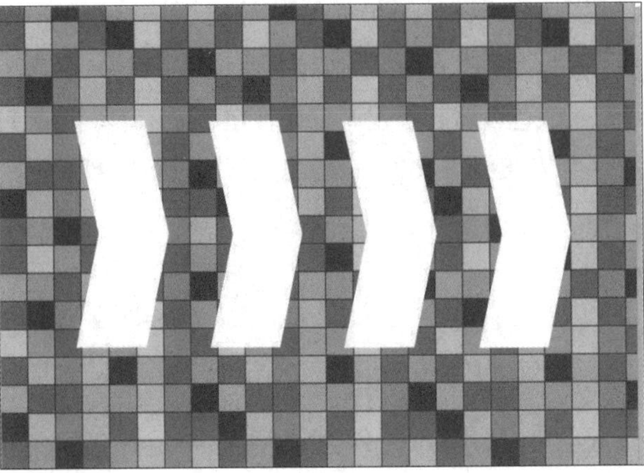
图 2-6

知识点拨

单击标准工具栏中的“打开”按钮，或按 Ctrl+O 组合键也可打开文件。

若打开的图像文件不需要时，可对其执行关闭操作。单击绘图区右上方的“关闭”按钮✕，或按Ctrl+F4组合键，即可关闭文件窗口。直接单击工作界面右上角的“关闭”按钮，将退出程序。

2.1.3 导入/导出图像

可以对不同格式的图像文件进行导入、导出操作，以满足不同情形的需要。

1. 导入指定格式图像

执行“文件”→“导入”命令，在打开的对话框中选择需要导入的文件并单击“导入”按钮，此时光标转换为导入光标，单击鼠标左键可直接将位图以原大小状态放置在该文档区域，如图2-7、图2-8所示；也可以在单击“导入”按钮后，在文档内按住鼠标左键并进行拖动，以绘制自定义大小的区域，松开鼠标后导入的文档便会填充到该区域。

图 2-7

图 2-8

知识点拨

单击标准工具栏中的“导入”按钮，或按 Ctrl+I 组合键也可导入图像。

2. 导出指定格式图像

要导出经过编辑处理的图像时，可以执行“文件”→“导出”命令，在打开的对话框中选择图像存储的位置并设置文件的保存类型，如JPG、PNG或AI等，完成设置后单击“导出”按钮，如图2-9所示。

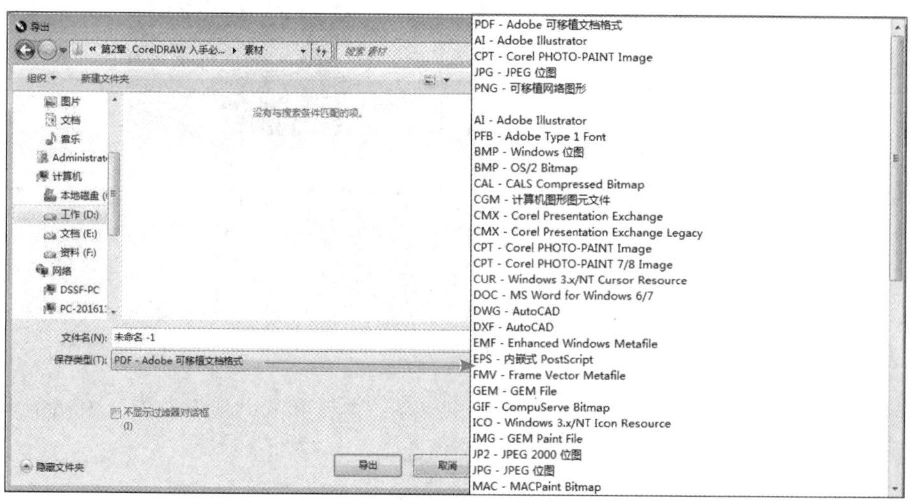

图 2-9

知识点拨

单击标准工具栏中的“导出”按钮，或按 Ctrl+E 组合键也可导出图像。

实例 新建并导入图像

本案例将执行“新建”“导入”命令进行文档新建及图像导入的操作。下面将介绍具体的操作过程。

步骤01 执行“文件”→“新建”命令，设置参数，如图2-10、图2-11所示。

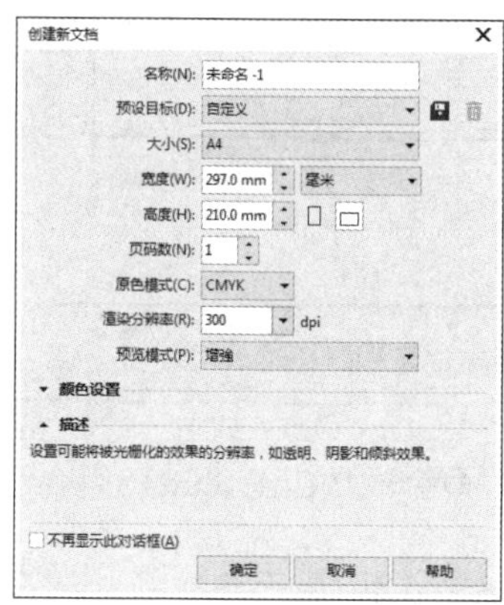

图 2-10

图 2-11

步骤 02 执行“文件”→“导入”命令，在打开的“导入”对话框中导入“水果.jpg”素材图像，在文档内按住鼠标左键并进行拖动，松开鼠标后导入的文档便会填充到拖动出的区域中，如图2-12、图2-13所示。

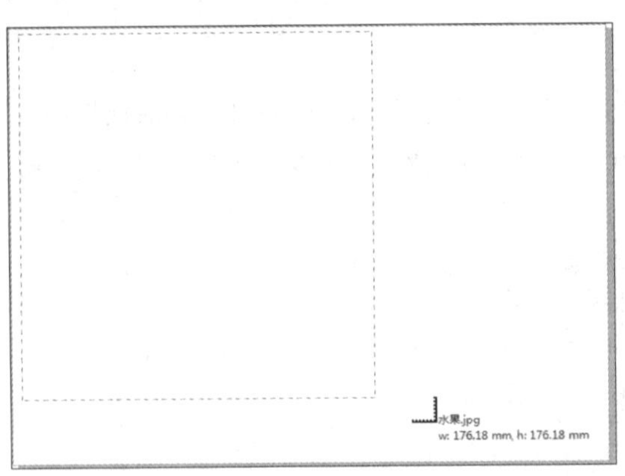

图 2-12

图 2-13

至此，完成新建文件并导入图像的操作。

■2.1.4 保存文档

完成文档编辑后，执行“文件”→“保存”命令，在打开的“保存绘图”对话框中选择目标路径、设置参数，单击“保存”按钮，如图2-14所示。

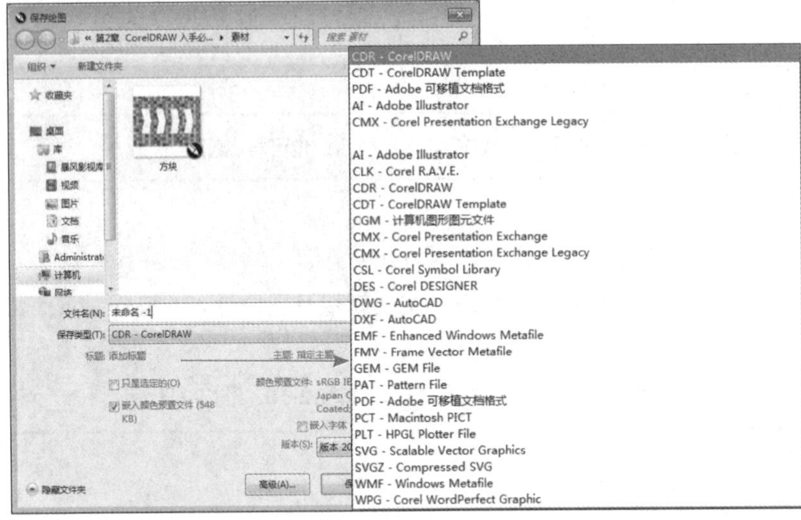

图 2-14

知识点拨

单击标准工具栏中的“保存”按钮，或按 Ctrl+S 组合键也可保存文档。

对于已经保存过的文档，可执行“文件”→“另存为”命令或按Ctrl+Shift+S组合键，在打开的“保存绘图”对话框中重新设置参数。

知识点拨

随着软件版本的不断升级，高版本软件可以打开低版本软件制作的文档，但是低版本软件打不开高版本软件制作的文档，所以在保存文档时可以通过更改“版本”参数来设置文档保存的软件版本，如图2-15所示。

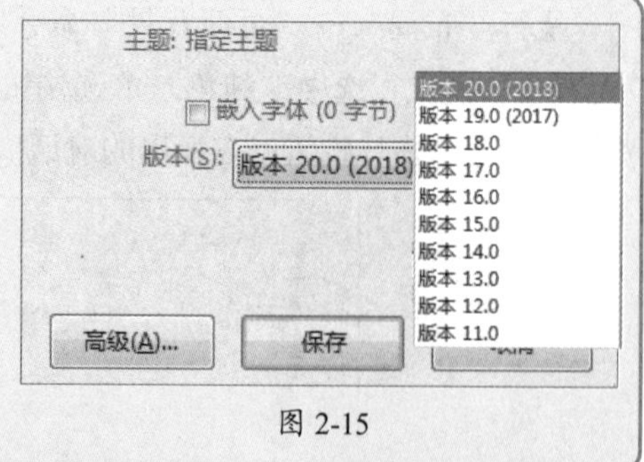

图 2-15

2.2 设置页面属性

CorelDRAW中的绘图区是默认可以打印输出的区域，在“选项”对话框中可以对该区域的尺寸、方向、背景和布局等属性进行设置，并可以自定义页面的显示状态，以创建一个用户比较习惯的工作环境。

2.2.1 设置页面尺寸和方向

新建空白文档后，可执行“布局”→“页面设置”命令，打开“选项”对话框。在对话框中默认选择“页面尺寸”选项，并显示其相应的设置界面，如图2-16所示。其中，可对页面的纸张类型、页面尺寸、方向、分辨率和出血状态等属性进行设置。

图 2-16

知识点拨

单击属性栏中的“纵向”▯或“横向”▭按钮，可以快速切换页面方向。

■ 2.2.2　设置页面背景

执行“布局”→“页面背景”命令，打开相应对话框，如图2-17所示。页面背景默认为“无背景”模式，选中“纯色”单选按钮，设置纯色背景；选中“位图”单选按钮，激活“浏览”按钮，单击该按钮，在弹出的对话框中可导入位图图像以丰富页面背景状态。

图 2-17

■ 2.2.3　设置页面布局

执行“布局”→“页面布局”命令，打开相应对话框，如图2-18所示。在“布局”下拉列表中可选择不同的布局选项，对页面的布局进行设置。勾选“对开页”复选框，激活“起始页”选项，可将内容合并于一页。

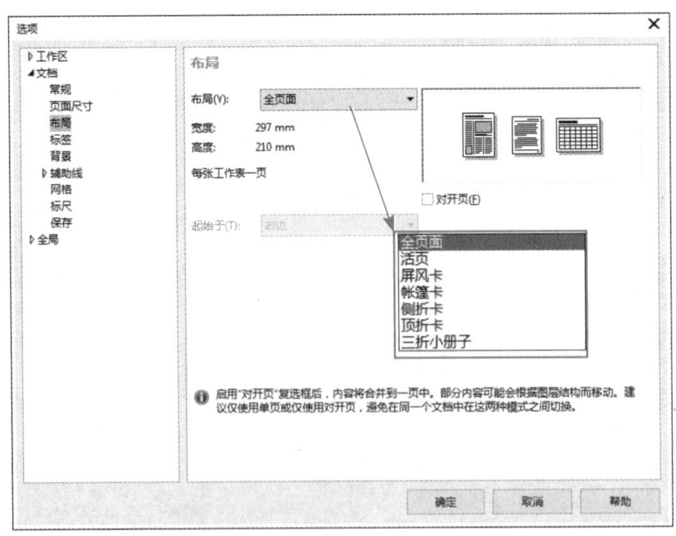

图 2-18

2.3 打印选项的设置

打印选项的设置是相对重要的一个步骤，相关设置直接决定打印后图像最直观的视觉效果。

2.3.1 常规打印选项设置

“打印”命令主要用于设置打印的常规内容、颜色和布局等，包括打印范围、打印类型、图像状态和出血宽度等。

执行“文件”→“打印”命令或按Ctrl+P组合键，打开“打印”对话框，默认显示为“常规”选项卡，如图2-19所示。

在对话框中单击“打印预览”按钮右侧的扩展按钮▶，显示出打印预览图像。若打印的图像文件为多页图像，选中“当前页”单选按钮，表示仅打印当前页；选中“页”单选按钮，并在其右侧的数值框中输入相应的页面，即可仅打印这些页面。此外，还可对打印份数进行设置。单击“另存为”按钮，打开“设置另存为”对话框，将打印样式进行保存。

图 2-19

2.3.2 布局设置

在“打印”对话框中选择“布局”选项卡，可对版面的布局参数进行设置，如图2-20所示。可以在“将图像重定位到”下拉列表中选择相应的选项，也可在“版面布局”下拉列表中对版面进行设置。

图 2-20

■ 2.3.3　颜色设置

在“打印”对话框中可根据图像的印刷要求创建CMYK颜色分离的页面文档，并指定颜色分离的顺序，保证出片图像颜色的准确性。在对分色选项进行设置时，可根据不同的印刷要求取消勾选相应的颜色复选框。

实例 分色打印

本案例将利用“打印”命令进行分色打印的设置。下面将介绍具体的操作过程。

步骤 01 执行“文件”→“打开”命令，打开“打印文件.cdr”素材文档，如图2-21所示。

步骤 02 按Ctrl+P组合键，打开“打印”对话框，如图2-22所示。

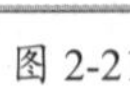

图 2-21

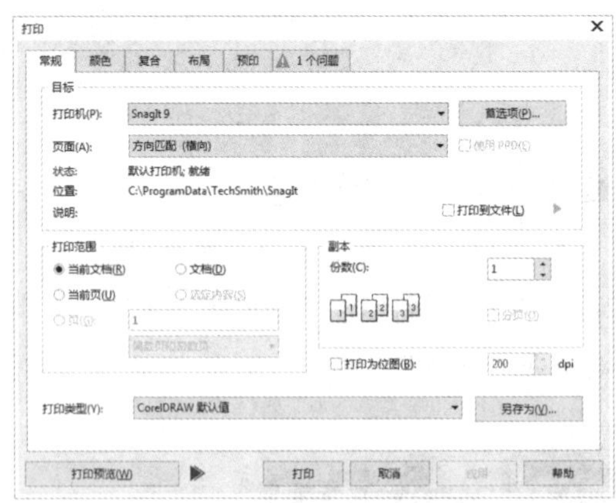

图 2-22

步骤 03 在“打印”对话框中选择“颜色”选项卡，单击“打印预览”按钮右侧的扩展按钮▶，显示出打印预览图像，如图2-23所示。

图 2-23

步骤 04 选中“分色打印”单选按钮，此时右侧预览框的图像变成黑白效果，如图2-24所示。

图 2-24

步骤 05 选择“分色”选项卡，取消勾选部分颜色复选框，对分色进行设置，如图2-25所示，完成后单击“应用”按钮即可应用设置的分色参数。

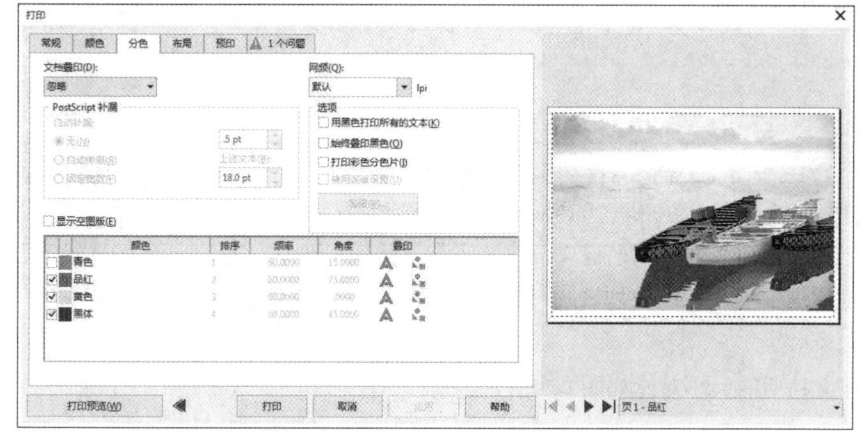

图 2-25

至此，完成分色打印的设置。

2.3.4 预印设置

预印设置的原理是通过对印刷图像镜像效果、页码是否添加等进行调整，对图像真实的印刷效果进行控制，印刷出小样，以方便对图像的印刷效果进行预先设定。

2.4 优化与输出

完成图像的编辑处理后，可对图像进行适当的优化，并将其转换成HTML或PDF格式文档。在优化图像的同时，可扩展图像的应用范围，降低内存的使用率，提高网络应用的速度。

2.4.1 图像优化

在导出图像前可对其进行优化，在不影响画质的基础上对图像进行适当的压缩，调整图像的大小，从而提高网络传输速度，以便访问者快速查看图像或下载文件。

实例 缩减文件的大小

本案例将利用图像优化缩减文件的大小。下面将介绍具体的操作过程。

扫码观看视频

步骤01 执行“文件”→“打开”命令，打开“花船.cdr”素材文档，如图2-26所示。

步骤02 执行“文件”→“导出为”→“Web”命令，打开“导出到网页”对话框，如图2-27所示。

图 2-26

图 2-27

知识点拨

在“导出到网页”对话框的上方有一排窗口预览按钮，依次为“全屏预览”“两个垂直预览”“两个水平预览”“四个预览”，可根据需要调整预览窗口的显示情况。

步骤03 在对话框中可在“预设列表”“格式”“速度”等下拉列表中设置相应的参数，如图2-28所示。

步骤04 保存文档后的大小对比如图2-29所示。

图 2-28

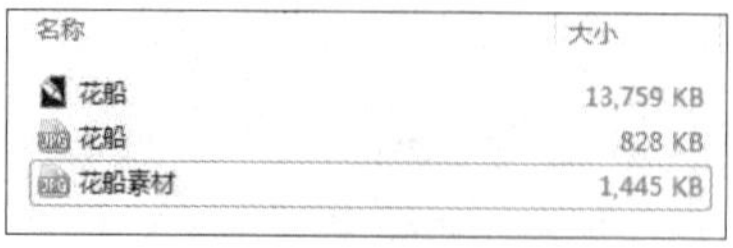

名称	大小
花船	13,759 KB
花船	828 KB
花船素材	1,445 KB

图 2-29

至此，完成缩减文件大小的设置。

■ 2.4.2 发布为PDF

在CorelDRAW中可以将文件发布为PDF格式，可以保存原始文档的字体、图像、图形及格式。执行“文件”→“发布为PDF”命令，在打开的“发布为PDF”对话框中设置参数，如图2-30所示。单击“设置”按钮，在打开的“PDF设置”对话框中可以进行更多的参数设置，如图2-31所示。设置完成后，单击“保存”按钮即可发布。

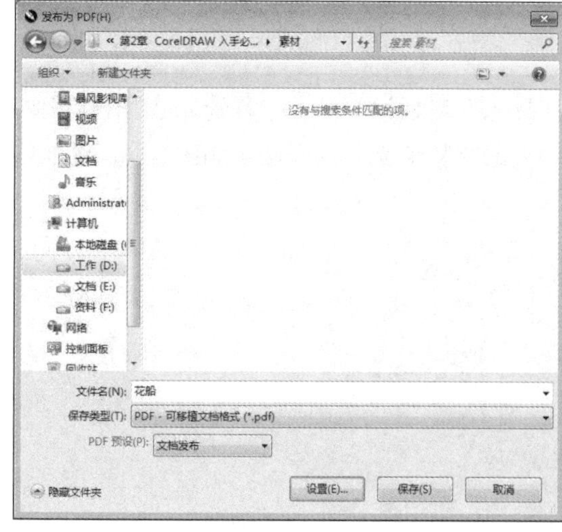

图 2-30

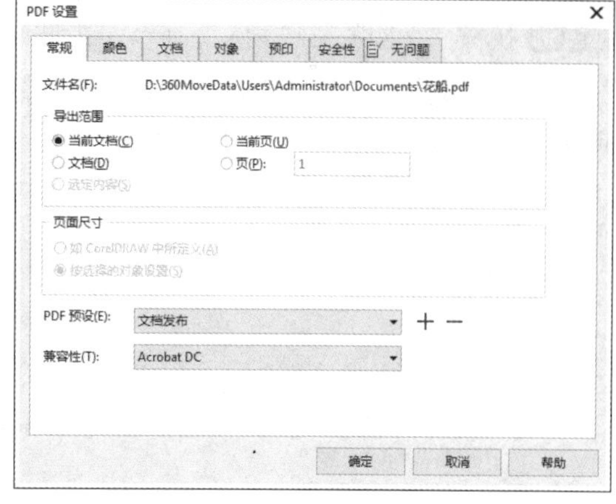

图 2-31

实战演练 文档操作综合实训

在完成本章的学习后，将对执行“新建”“导入”“保存”“导出”“打印”命令进行综合练习，以达到温故知新的目的。下面介绍具体的制作过程。

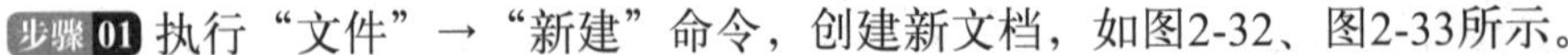

步骤01 执行“文件”→“新建”命令，创建新文档，如图2-32、图2-33所示。

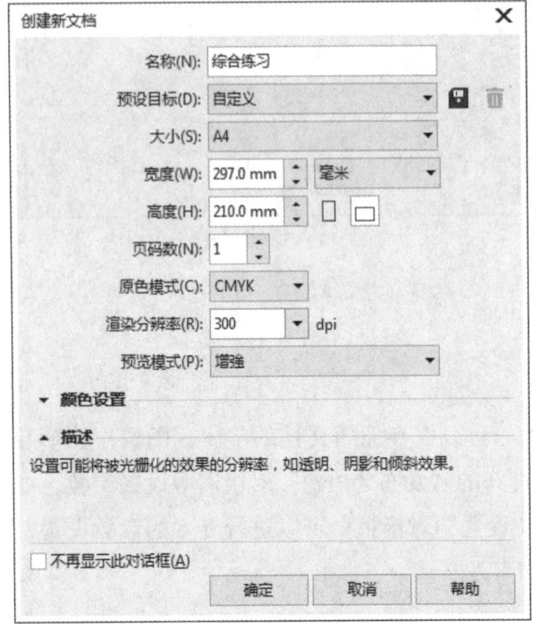

图 2-32

图 2-33

步骤02 执行“文件”→“导入”命令，在打开的“导入”对话框中导入“背景.jpg”素材图像，在文档内按住鼠标左键并进行拖动，松开鼠标后导入的文档填充到该区域，如图2-34、图2-35所示。

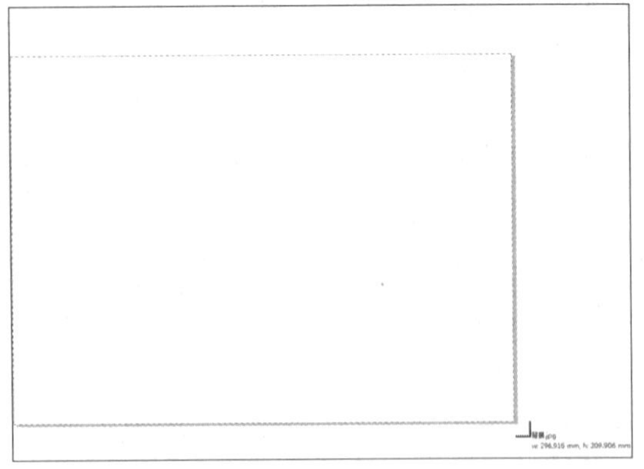

图 2-34

图 2-35

步骤03 使用相同的方法导入“文字.png”素材图像，如图2-36所示。

步骤04 执行“文件”→“保存”命令，在打开的“保存绘图”对话框中选择目标路径、设置参数，如图2-37所示，单击“保存”按钮。

步骤05 执行“文件”→“导出”命令，在打开的“导出”对话框中选择保存类型为“JPG-JPEG位图”，单击“导出”按钮，如图2-38所示，在打开的“导出到JPEG”对话框中进行设置，如图2-39所示，单击“确定”按钮。

图 2-36

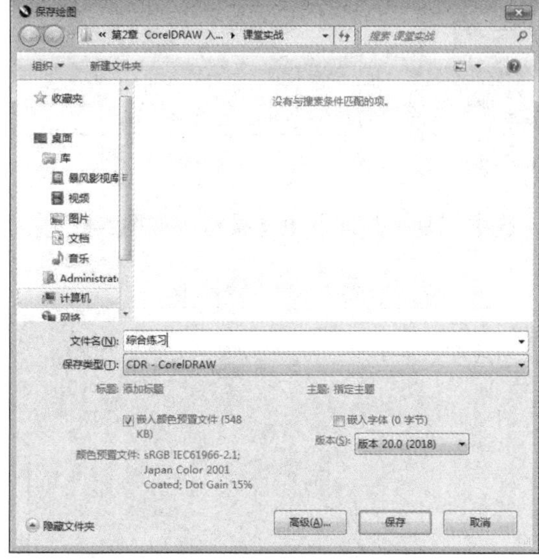

图 2-37

图 2-38

图 2-39

步骤06 按Ctrl+P组合键，打开“打印”对话框，如图2-40所示。

图 2-40

步骤07 在“打印”对话框中选择“颜色”选项卡，选中“复合打印”单选按钮，如图2-41所示，单击“打印”按钮。

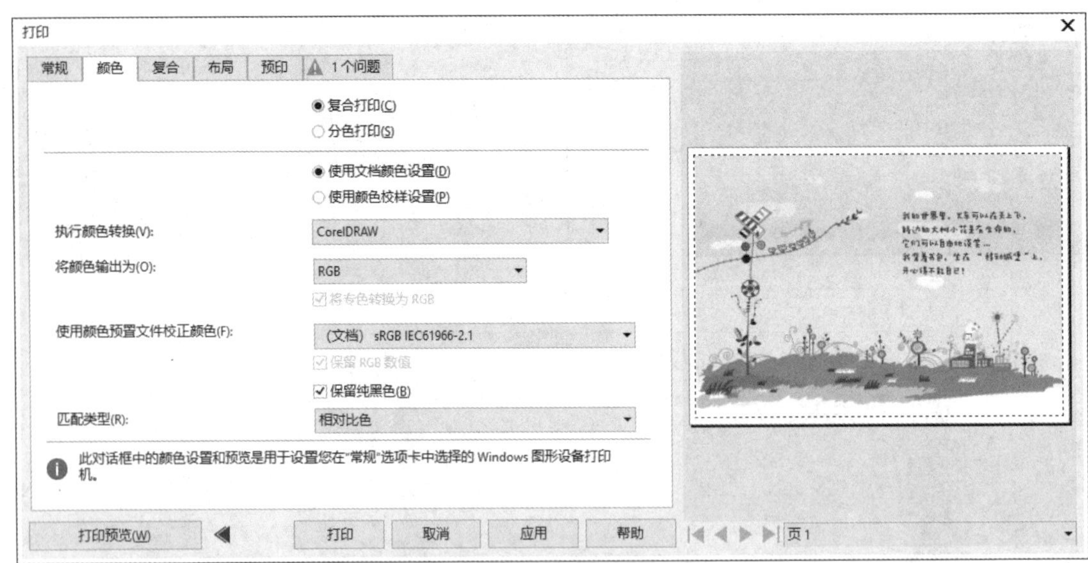

图 2-41

至此，完成综合练习的操作。

课后作业

一、选择题

1. 在CorelDRAW中新建文档的组合键是（　　）。

A. Ctrl+O　　B. Ctrl+N

C. Ctrl+I　　D. Ctrl+V

2. 在CorelDRAW中新建文档时，默认的预览模式是（　　）。

A. 线框　　B. 草稿

C. 常规　　D. 增强

3. 导入图像的组合键是（　　）。

A. Ctrl+O　　B. Ctrl+N

C. Ctrl+I　　D. Ctrl+V

4. CorelDRAW的页面背景不可以填充（　　）模式状态。

A. 无背景　　B. 纯色

C. 位图　　D. 渐变

5. 设计印刷品时，需要选择以下（　　）色彩模式。

A. RGB　　B. CMYK

C. Lab　　D. 灰度模式

二、填空题

1. 在CorelDRAW中导入图像时，单击鼠标左键可直接将位图以______状态放置在该区域。

2. 在CorelDRAW中的绘图区是默认可以打印输出的区域，在“选项”对话框中可以对该区域的______、______、______和______等属性进行设置。

3. 在优化图像的同时扩展图像的应用范围，同时也降低了______，从而提高了______。

4. 在CorelDRAW中，可将图像按照印刷四色创建______颜色分离的页面文档，并指定______的顺序，以便在出片时保证图像颜色的准确性。

5. CorelDRAW的“打印”命令可用于设置打印的______、______和______等选项。

三、上机题

1. 新建文档并设置位图背景，如图2-42所示。

图 2-42

思路提示

- 新建A4尺寸的文档。
- 执行“布局”→“页面背景”命令，打开相应的对话框。
- 选中“位图”单选按钮，单击“浏览”按钮。

2. 导入图像并输出为PDF格式，如图2-43所示。

图 2-43

思路提示

- 新建A4尺寸的文档时设置“页码数”为2。
- 分别执行“文件”→“导入”命令，导入图像。
- 执行“文件”→“发布为PDF”命令。

第3章

绘制图形

内容概要

本章以工具为基点，主要针对如何使用CorelDRAW绘制图形进行讲解。通过对直线、曲线、几何图形等图形绘制相关工具的介绍，使读者掌握在CorelDRAW中绘制各种图形的方法，以便有序地编辑和处理图形。

知识要点

- 直线和曲线绘制工具的应用。
- 几何图形工具的应用。

数字资源

【本章素材来源】："素材文件\第3章"目录下

【本章实战演练最终文件】："素材文件\第3章\实战演练"目录下

3.1 绘制直线和曲线

绘制线条是绘制图形的基础。线条的绘制包括直线的绘制和曲线的绘制。CorelDRAW提供了“手绘工具”“2点线工具”“贝塞尔工具”“钢笔工具”“B样条工具（B-Spline）”“折线工具”“3点曲线工具”“艺术笔工具”“智能绘图工具”等绘制线条矢量形状的工具。

■ 3.1.1 选择工具

CorelDRAW提供了两种选择工具，一是“选择工具”，二是“手绘选择工具”。

1. 选择工具

在CorelDRAW中导入图形文件后单击“选择工具”，将光标放至要选择对象的上方，单击鼠标即可选中，此时图形四周出现8个黑色控制点，表示选择了该图形对象，如图3-1所示。按住Shift键的同时逐个单击需要选择的对象，即可同时选择多个对象，如图3-2所示。

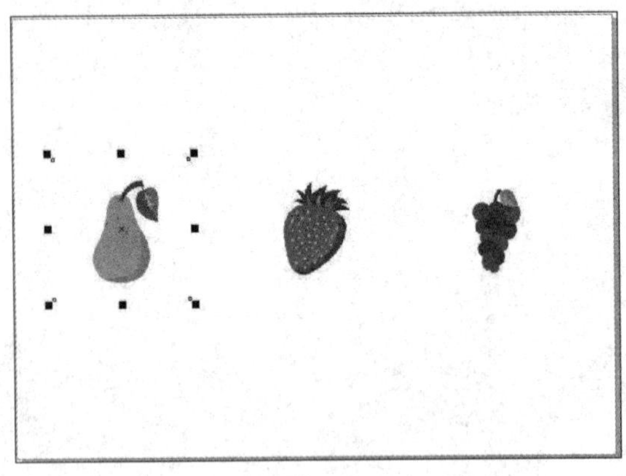

图 3-1

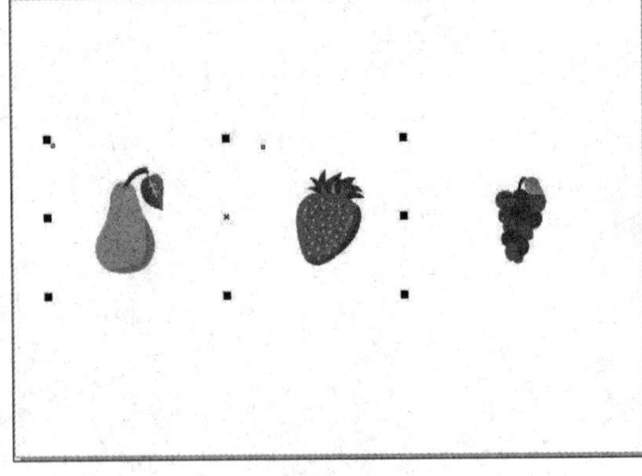

图 3-2

单击并拖动出一个可以框选所需选择对象的蓝色矩形线框，如图3-3所示。此时，若释放鼠标，则框选区域内的对象均被选择，如图3-4所示。

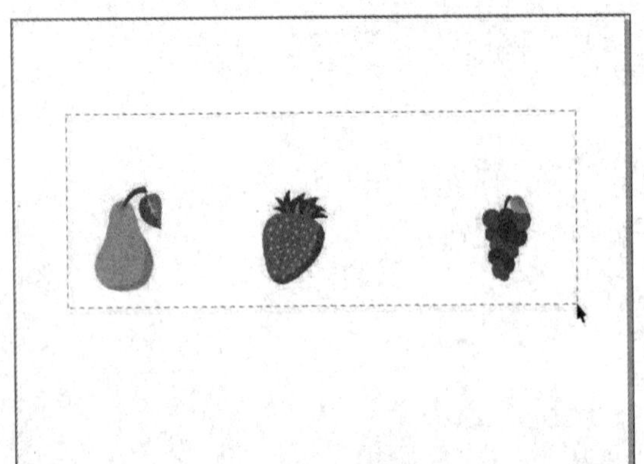

图 3-3

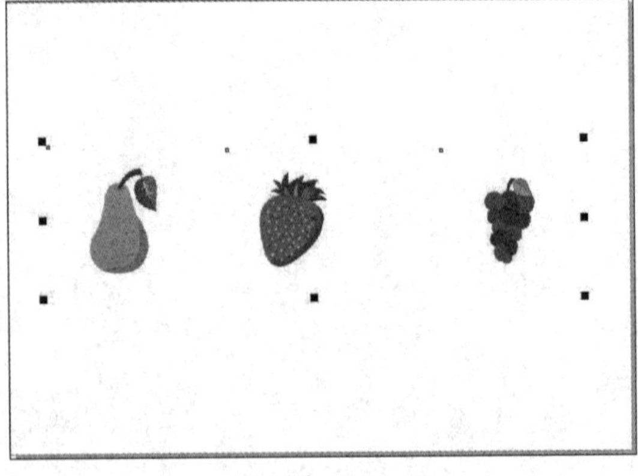

图 3-4

2. 手绘选择工具

长按“选择工具”，在弹出的工具列表中选择“手绘选择工具”，按住鼠标左键进行拖动，即可自由地绘制出要选择的图形对象的范围，范围以内的图形对象是被选中的，如图3-5、图3-6所示。

图 3-5

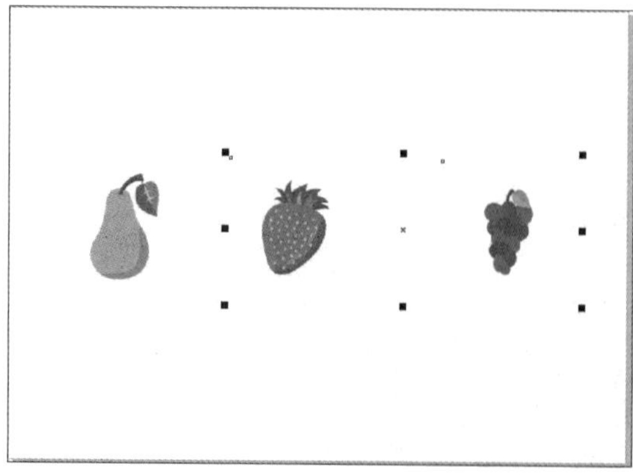

图 3-6

知识点拨

若要选择全部对象，可执行“编辑”→“全选”命令，在其子菜单中有“对象”“文本”“辅助线”“节点”4 个命令，执行某个命令即可全部选中文档中相应类型的对象。按 Ctrl+A 组合键可选择文档中所有未锁定和未隐藏的对象。

■ 3.1.2 手绘工具

使用“手绘工具”可以绘制直线与曲线。

1. 绘制曲线

选择“手绘工具”或按F5键，将光标移动到绘图区中，此时光标变为形状，在绘图区中单击并拖动光标绘制曲线，如图3-7所示。此时释放鼠标，软件会自动修正绘制过程中的不光滑曲线，将其替换为光滑的曲线效果，如图3-8所示。

图 3-7

图 3-8

2. 绘制直线

使用“手绘工具”在起点处单击，光标变为形状，将光标移动到下一个目标点处单击，即可绘制出直线，如图3-9所示。使用“手绘工具”在起点处单击，光标变为形状，将光标移动到下一个目标点处双击，继续拖动光标即可绘制出折线，如图3-10所示。

图 3-9

图 3-10

知识点拨

使用“手绘工具”在起点处单击，光标变为形状，按住Ctrl键可绘制水平、垂直及15°倍数倾斜的直线。

■ 3.1.3 2点线工具

利用“2点线工具”可以快速地绘制相切的直线和相互垂直的直线。长按“手绘工具”，在弹出的工具列表中选择“2点线工具”，此时属性栏中会出现3种模式按钮，单击相应的按钮即可切换到相应的模式，如图3-11所示。

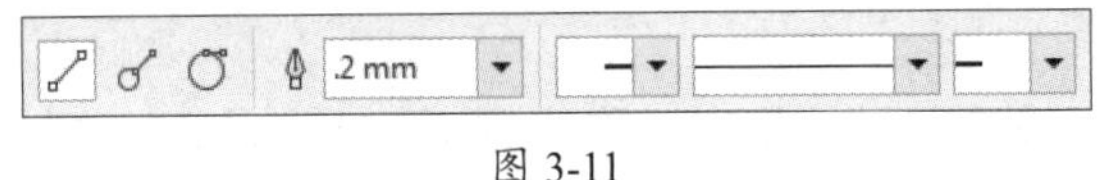

图 3-11

选择“2点线工具”，光标变为形状，按住鼠标左键将光标移动到目标点处单击，即可绘制水平直线，如图3-12所示。单击属性栏中的“垂直2点线”按钮，光标变成形状，按住鼠标左键进行拖动即可绘制出垂直直线，如图3-13所示。

图 3-12

图 3-13

选择“椭圆形工具”○，绘制一个圆形，如图3-14所示。选择“2点线工具”，单击属性栏中的“相切的2点线”按钮，光标变成形状，将光标移动到对象边缘处，按住鼠标左键进行拖动，即可绘制出与对象相切的一条线段，如图3-15所示。

图 3-14

图 3-15

■ 3.1.4 贝塞尔工具

利用“贝塞尔工具”可以相对精确地绘制直线，还可以拖动曲线上的节点，实现一边绘制曲线一边调整曲线圆滑度的操作。

选择“贝塞尔工具”，将光标移动到绘图区中，此时光标变为形状，单击鼠标左键定义起点，然后将光标移动到其他位置单击，完成直线的绘制，如图3-16所示。在绘图区中单击定义曲线的起点，然后在另一处单击定义节点的位置，拖动控制手柄以调整曲线的弧度，完成圆滑曲线的绘制，如图3-17所示。

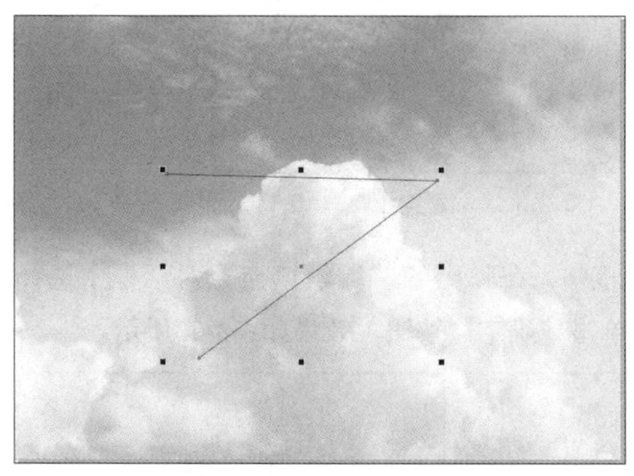
图 3-16

图 3-17

知识点拨

若要在曲线构成的图形中填充颜色，则必须将曲线的终点和起点重合，形成一条闭合的曲线。

实例 绘制仙人掌图形

本案例将利用“贝塞尔工具”来绘制仙人掌图形。下面将介绍具体的绘制过程。

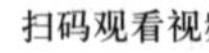
扫码观看视频

步骤 01 执行“文件”→“新建”命令，创建新文档，如图3-18、图3-19所示。

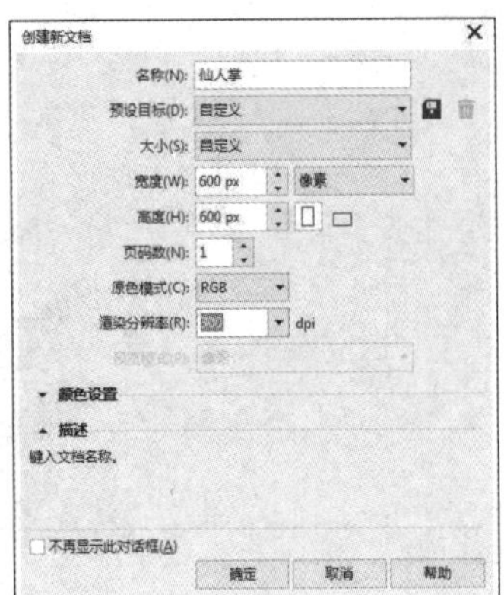

图 3-18

图 3-19

步骤 02 选择“贝塞尔工具”，绘制仙人掌的轮廓，如图3-20所示。

步骤 03 继续选择“贝塞尔工具”，绘制中间部分，如图3-21所示。

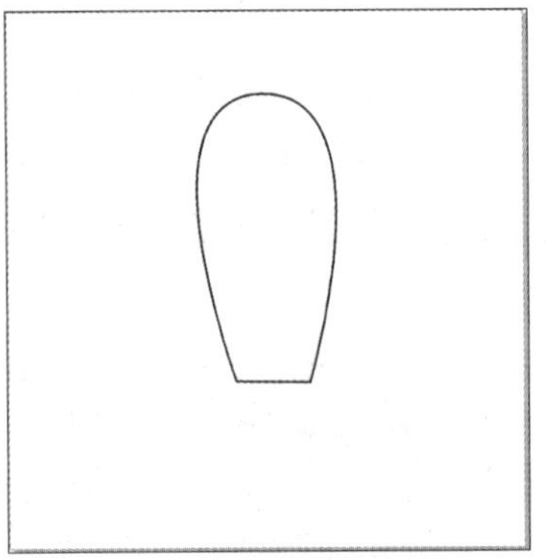

图 3-20

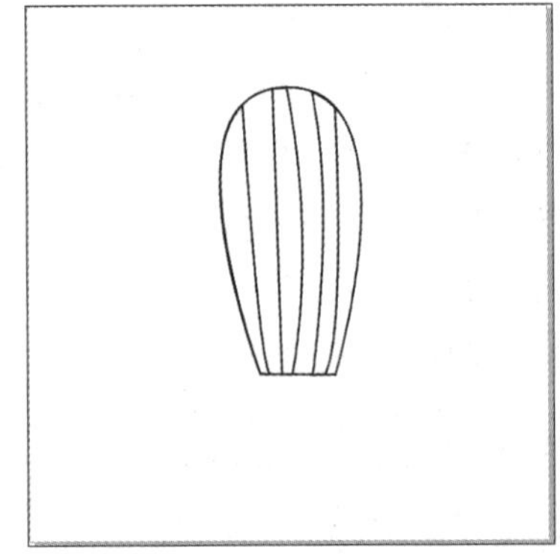

图 3-21

步骤 04 选中路径，双击状态栏中的“填充”按钮，在弹出的“编辑填充”对话框中选择“均匀填充”选项，设置参数，如图3-22所示，单击“确定”按钮，效果如图3-23所示。

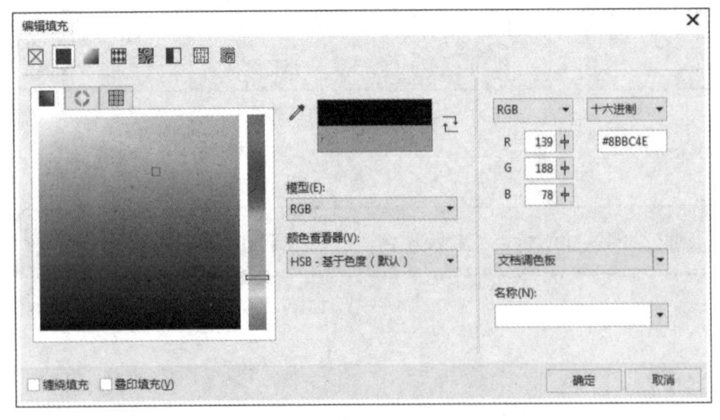

图 3-22

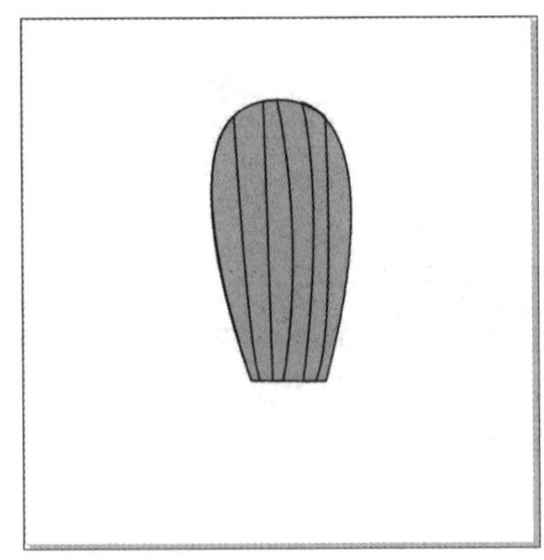

图 3-23

步骤05 选中中间部分的路径，填充颜色，效果如图3-24所示。

步骤06 选中所有图形对象，单击属性栏中的“轮廓宽度”按钮，将其设置为“无”，如图3-25所示。

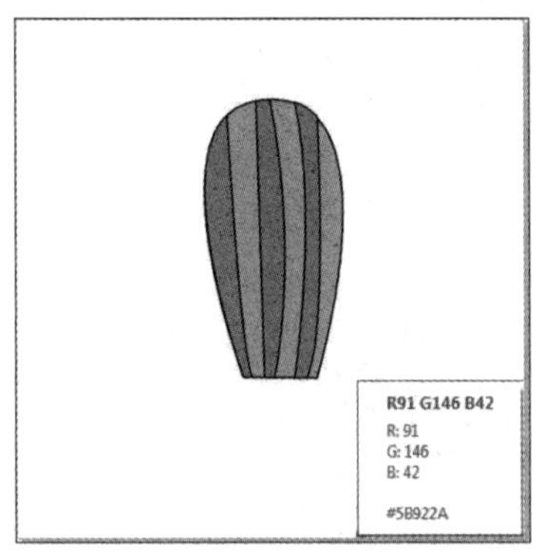

图 3-24

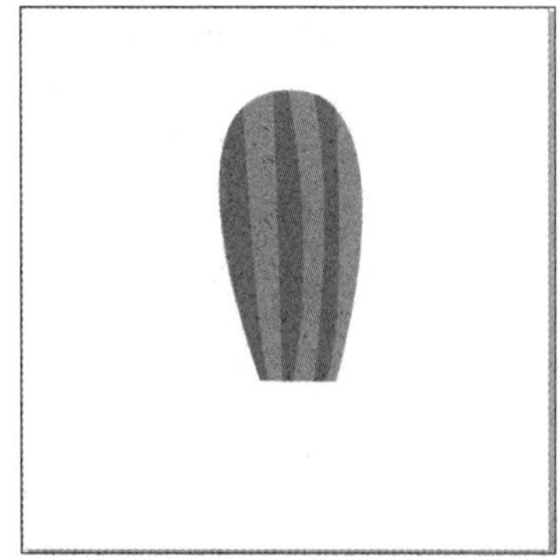

图 3-25

步骤07 使用上述方法，绘制小一些的仙人掌，效果如图3-26所示。

步骤08 绘制仙人掌的花朵，效果如图3-27所示。

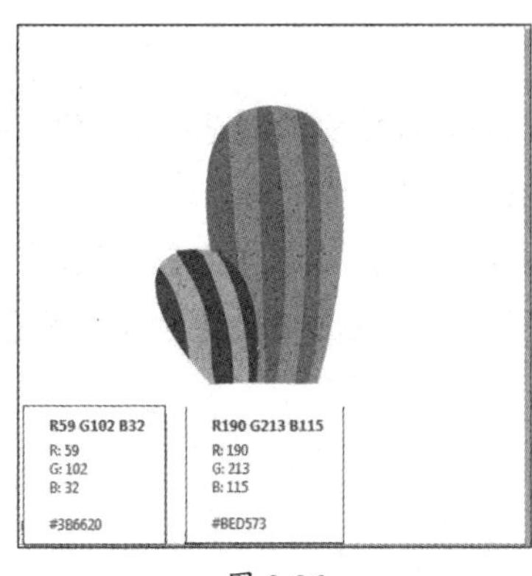

图 3-26

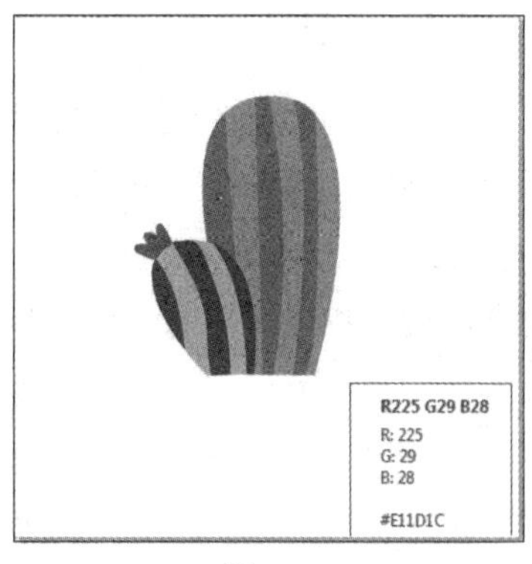

图 3-27

步骤09 绘制仙人掌的刺，效果如图3-28所示。

步骤10 绘制花盆，效果如图3-29所示。

图 3-28

图 3-29

至此，完成仙人掌的绘制。

■ 3.1.5 钢笔工具

“钢笔工具” 在功能上将直接绘制与贝塞尔曲线绘制进行了融合。选择“钢笔工具”，当光标变为形状时，在绘图区中单击以定义起点，再次单击定义下一个节点即可绘制直线段，如图3-30所示。若单击的同时拖动光标，则绘制的为弧线，如图3-31所示。

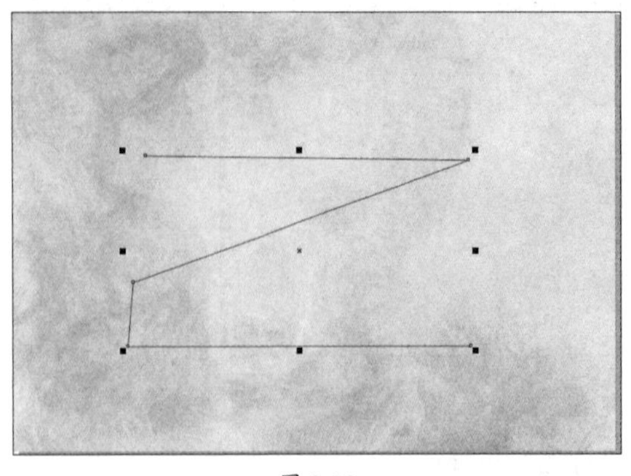

图 3-30

图 3-31

■ 3.1.6 B 样条工具

利用“B样条工具” 可通过调整“控制点”的方式绘制曲线路径。控制点和控制点之间形成的夹角度数会影响曲线的弧度。该工具有蓝色控制线。

选择“B样条工具”，在绘图区中单击定义起点，然后继续单击，此时可看到线条外的蓝色控制线，对曲线进行相应的控制，如图3-32所示，按Enter键结束绘制，蓝色控制线自动隐藏，如图3-33所示。

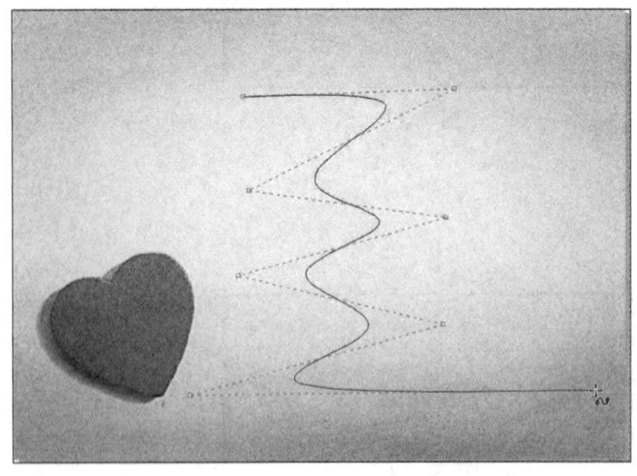

图 3-32

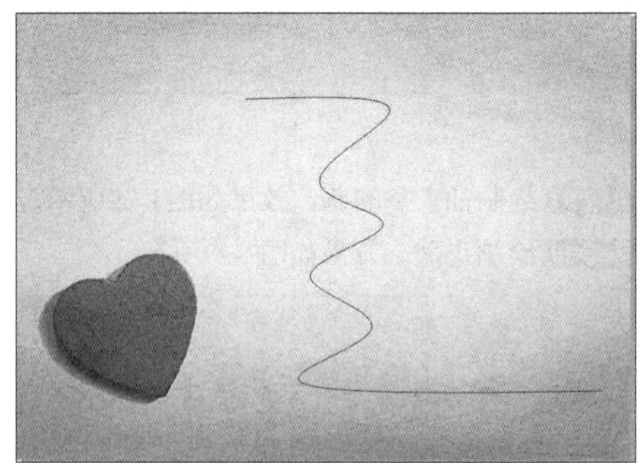

图 3-33

若要调整曲线的形态，只需单击“形状工具”并拖动蓝色控制点即可，如图 3-34、图 3-35 所示。

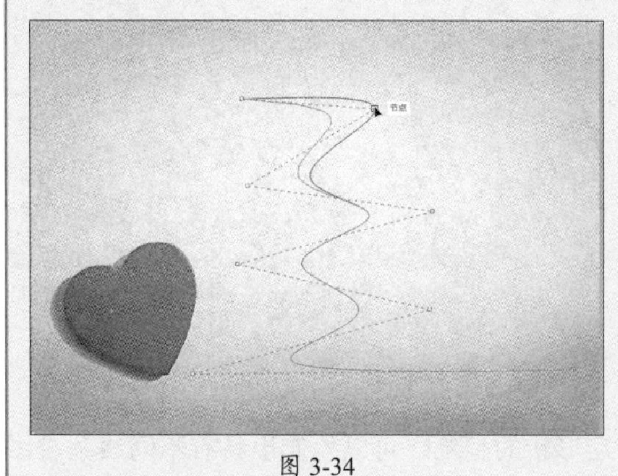

图 3-34

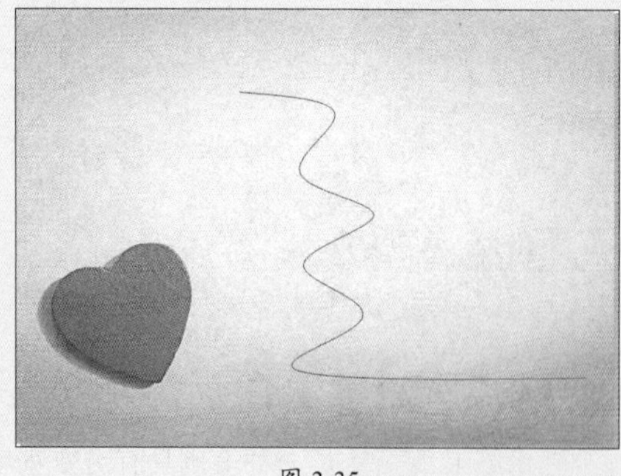

图 3-35

■ 3.1.7 折线工具

利用“折线工具”可以绘制直线和曲线。选择“折线工具”，在绘图区中通过单击的方法绘制折线，如图3-36所示。在属性栏中设置“手绘平滑”参数，按住鼠标左键进行拖动，即可绘制手绘曲线的效果，如图3-37所示。

图 3-36

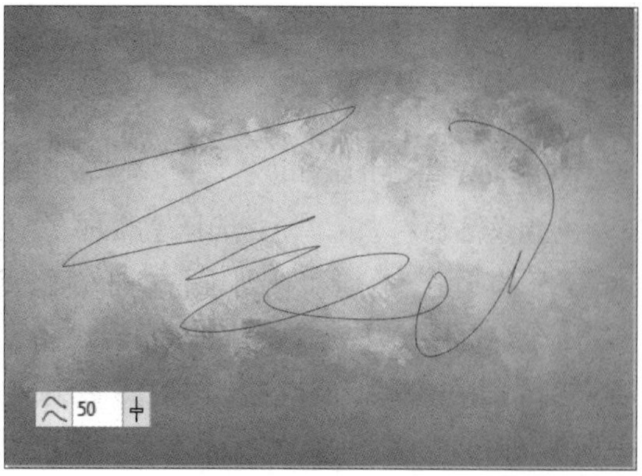

图 3-37

■ 3.1.8 3 点曲线工具

在使用“3点曲线工具”绘制多种圆弧或近似圆弧的曲线时，可以任意调整曲线的位置和弧度。选择“3点曲线工具”，在绘图区中单击定义曲线的起点，按住鼠标左键拖动定义曲线的终点，释放鼠标，然后拖动光标调整曲线的弧度，单击即可获得弧形曲线，如图3-38、图3-39所示。

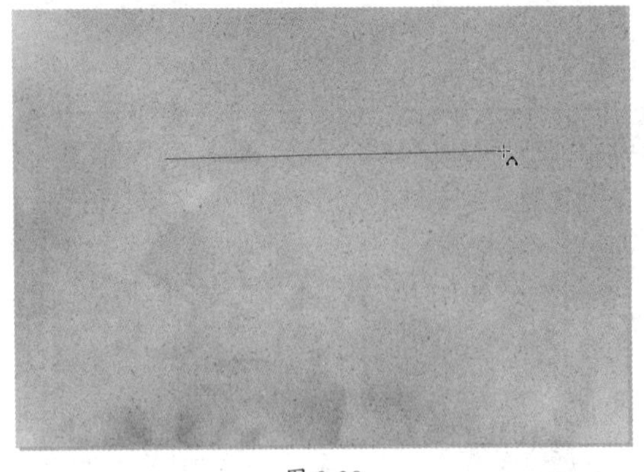

图 3-38

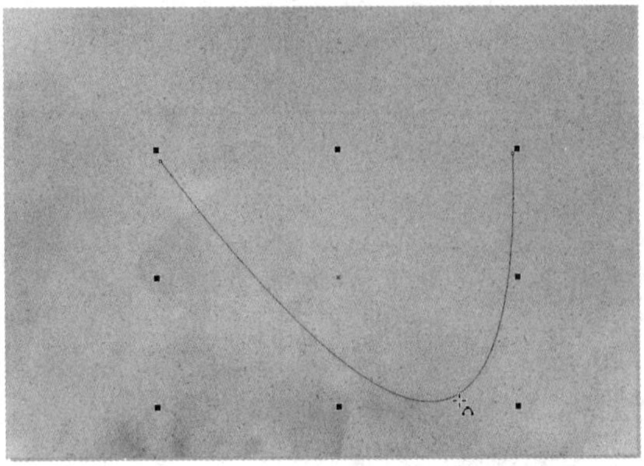

图 3-39

■ 3.1.9　艺术笔工具

“艺术笔工具”是一种笔刷具有可变宽度及形状的画笔，可以绘制出具有不同线条或图案效果的图形。选择“艺术笔工具”，显示出该工具的属性栏，在其中分别有“预设”按钮、“笔刷”按钮、“喷涂”按钮、“书法”按钮和“表达式”按钮。单击不同的按钮，可以看到属性栏中的相关设置选项发生变化。

1. 预设

在属性栏中单击“预设”按钮，如图3-40所示。

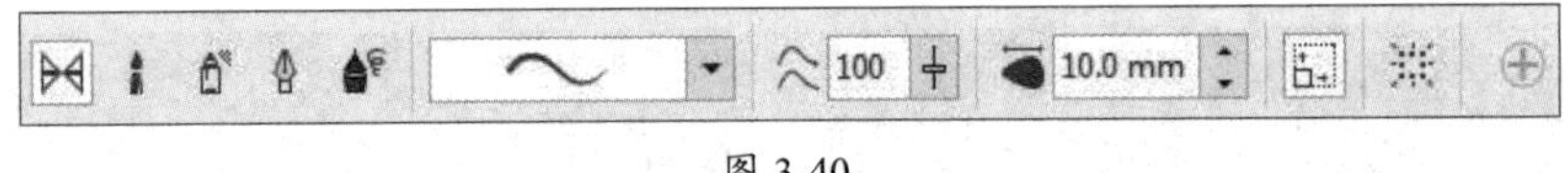

图 3-40

其中重要选项介绍如下：

- **预设笔触**：选择笔触的线条模式。
- **手绘平滑** 100：在创建手绘曲线时，调整其平滑程度。
- **笔触宽度** 22.0 mm：输入数值以设置线条的宽度。

在“预设笔触”下拉列表中选择一个画笔预设样式，将光标移动到绘图区中，当光标变为画笔形状时，单击并拖动光标，即可绘制出线条。此时线条自动应用了预设的画笔样式，效果如图3-41所示。若想调整线条的形状，可选择“形状工具”，单击并拖动节点即可进行调整，如图3-42所示。

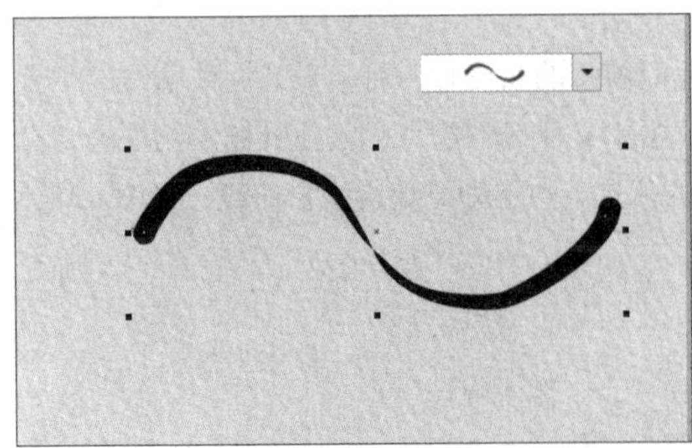

图 3-41

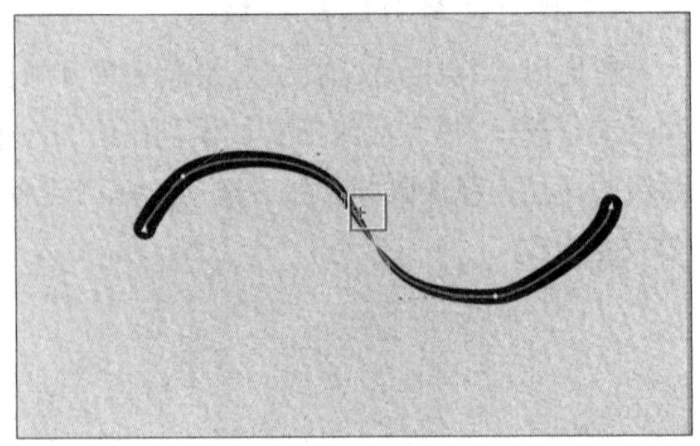

图 3-42

2. 笔刷

在属性栏中单击“笔刷”按钮，如图3-43所示。

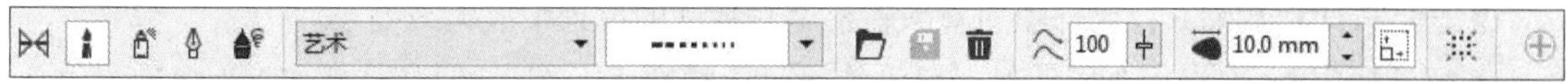

图 3-43

其中，重要选项的功能介绍如下：

- **类别**：在其下拉列表中选择笔刷模式，根据选项的不同，其右侧的“笔刷笔触”下拉列表中的内容也有所不同。
- **笔刷笔触**：选择要应用的笔刷笔触。
- **浏览**：单击该按钮，可以载入其他自定义的笔刷笔触。
- **保存艺术笔触**：将艺术笔触另存为自定义笔触。
- **删除**：删除自定义艺术笔触。

在“类别”下拉列表中选择笔刷模式，如图3-44所示；在其右侧的“笔刷笔触”下拉列表中选择笔刷笔触，如图3-45所示。将光标移动到绘图区中，当光标变为画笔形状时，单击并拖动光标进行绘制，效果如图3-46所示。

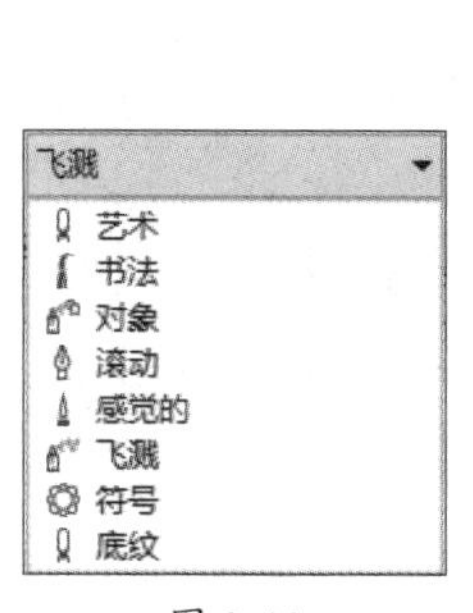

图 3-44

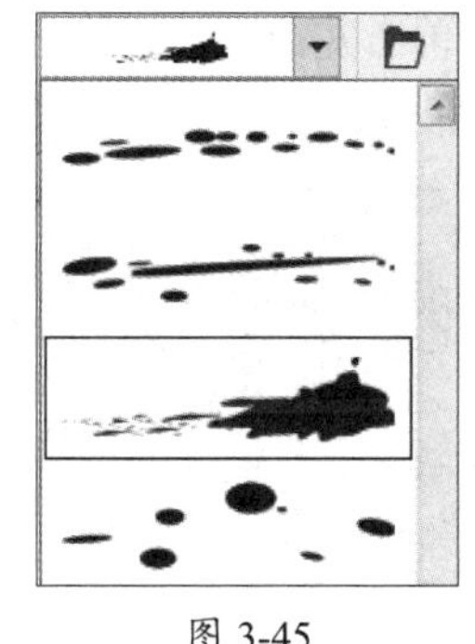

图 3-45

图 3-46

3. 喷涂

在属性栏中单击“喷涂”按钮，如图3-47所示。

马赛克 100 % 99 顺序 1 25.4

图 3-47

其中，重要选项的功能介绍如下：

- **喷射图样**：选择需要应用的喷射图样。
- **喷涂列表选项**：通过添加、移除和重新排列喷射对象来编辑喷涂列表。单击该按钮，即可打开“创建播放列表”对话框，如图3-48所示。

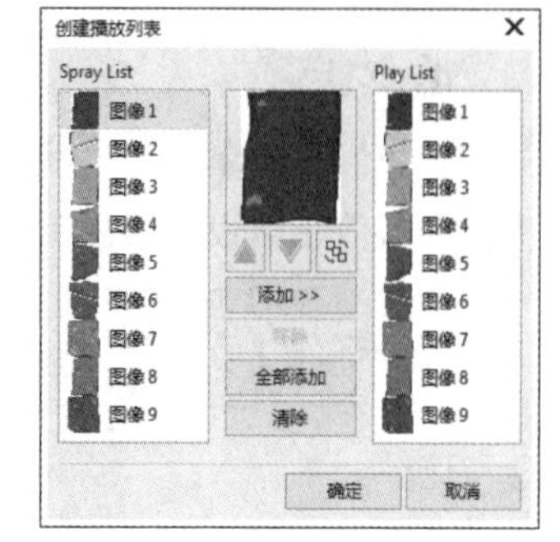

图 3-48

- **喷涂对象大小**：上方框将喷射对象的大小统一调整为原始大小的某一特定百分比。下方框将每一个喷射对象的大小调整为前面对象大小的某一特定百分比。
- **递增按比例放缩**：允许喷射对象在沿笔触移动的过程中放大或缩小。
- **喷涂顺序**：选择喷射对象沿笔触显示的顺序，有“随机”“顺序”“按方向”3种喷涂顺序。
- **每个色块中的图像数和图像间距**：设置每个色块中的图像数，调整每个笔触长度色块之间的距离。
- **旋转**：单击该按钮，即可打开喷射对象的旋转选项，如图3-49所示。
- **偏移**：单击该按钮，即可打开喷射对象的偏移选项，如图3-50所示。

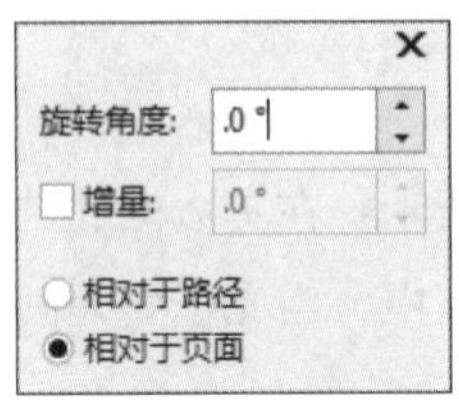

图 3-49

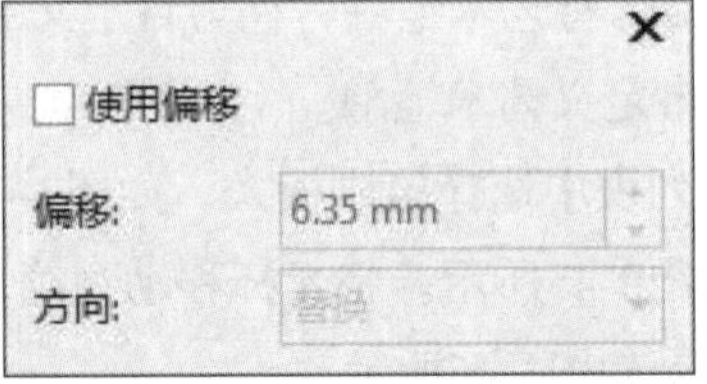

图 3-50

在“类别”下拉列表中选择喷涂图案的类别，如图3-51所示，在其右侧的“喷射图样”下拉列表中选择喷射图样，如图3-52所示。在绘图区中单击并拖动光标，进行图案绘制，选择不同的喷射图样，可以绘制出不同的图案效果，如图3-53所示。

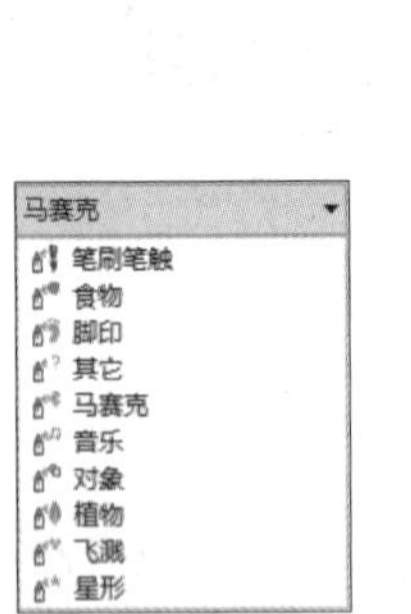

图 3-51

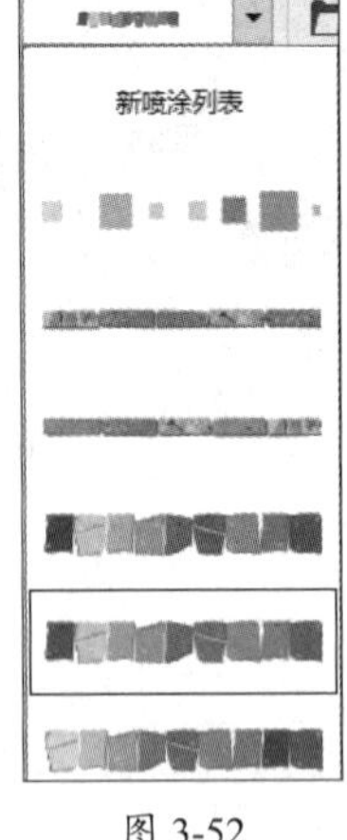

图 3-52

图 3-53

4. 书法

在属性栏中单击“书法”按钮，如图3-54所示。可以在“书法角度”数值框中输入数值，以设置书法画笔绘制出的笔触角度。

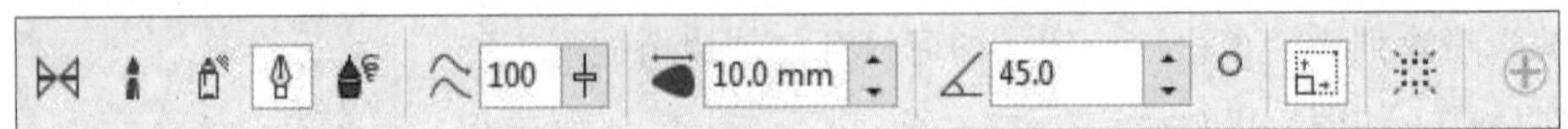

图 3-54

设置“手绘平滑”“笔触宽度”“书法角度”等参数，然后在绘图区中单击并拖动光标，即可绘制图形。如图3-55、图3-56所示分别为书法角度为45°和15°时的绘制效果。

图 3-55

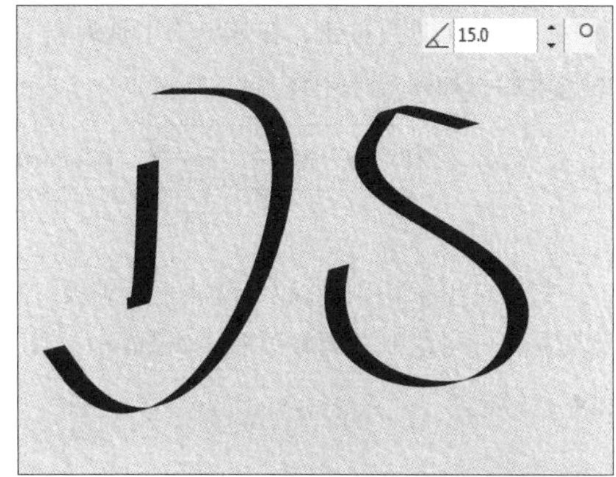

图 3-56

5. 表达式

在属性栏中单击“表达式”按钮，如图3-57所示。

图 3-57

其中，重要选项的功能介绍如下：

- **笔压**：使用触笔压力设置笔尖大小。
- **笔倾斜**：设置触笔的倾斜度以改变笔尖的平滑度。
- **倾斜角** 90.0°：单击“笔倾斜”按钮，在“倾斜角”数值框中输入数值以设置笔尖的平滑度。
- **笔方位**：使用触笔方位来改变笔尖的旋转。
- **方位角**：设置固定的“笔方位”值来决定笔尖的旋转角度。

设置“笔触宽度”“倾斜角”“方位角”等参数，然后在绘图区中单击并拖动光标，即可绘制图形，如图3-58、图3-59所示为不同参数设置的绘制效果。

图 3-58

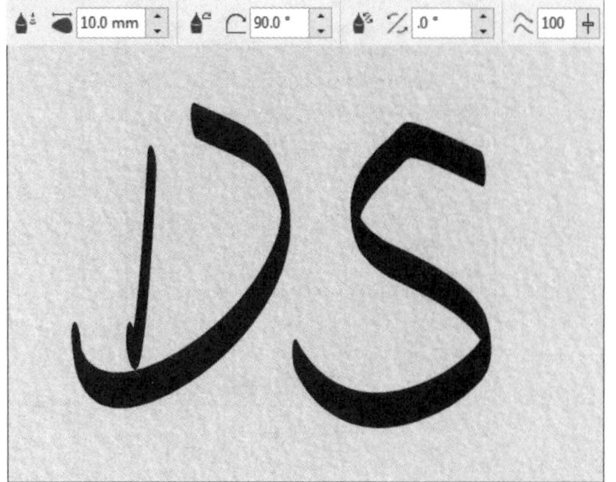

图 3-59

■ 3.1.10　智能绘图工具

“智能绘图工具”是一种可以对不规则、不准确的手绘线条或图形进行智能调整的工具。长按“手绘工具”按钮，在弹出的工具列表中选择“智能绘图工具”，此时会显示出该工具的属性栏，如图3-60所示。

图 3-60

设置“形状识别等级”“智能平滑等级”“轮廓宽度”等参数，然后在绘图区中单击并拖动光标，即可绘制并调整图形，如图3-61、图3-62所示。

图 3-61

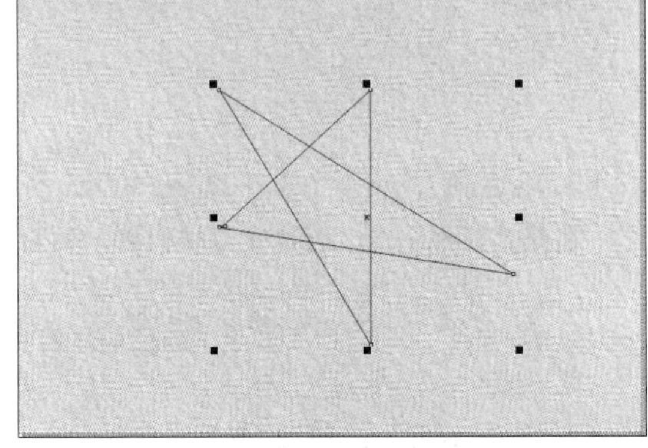

图 3-62

知识点拨

在绘制过程中按住 Shift 键，同时按住鼠标左键向相反方向拖动光标，即可擦除绘制的线条。

实例 绘制蜡梅图形

本案例将利用“艺术笔工具”绘制蜡梅图形。下面将介绍具体的绘制过程。

步骤 01 执行“文件”→“新建”命令，创建新文档，如图3-63、图3-64所示。

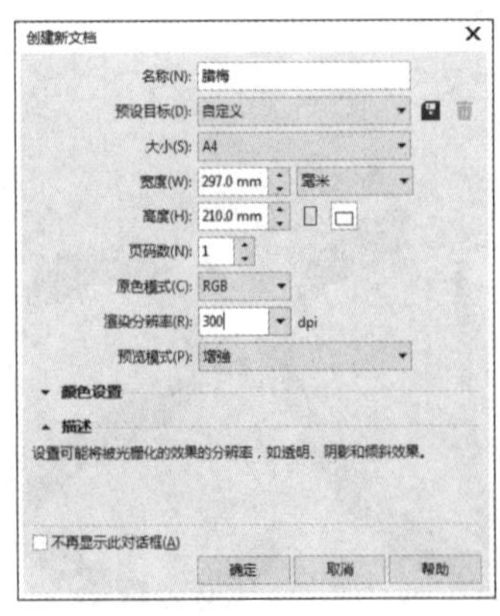

图 3-63

图 3-64

步骤02 选择“艺术笔工具”，在其属性栏中设置参数，如图3-65所示。

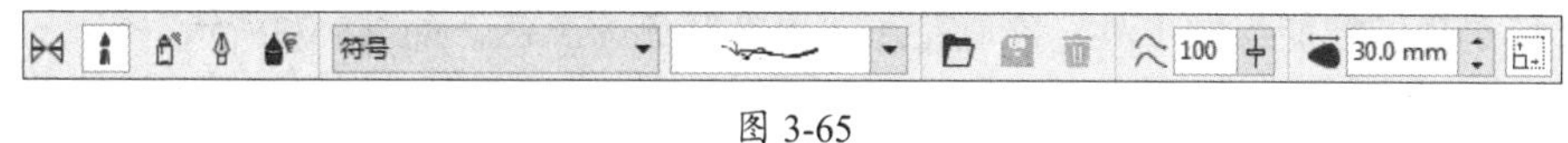

图 3-65

步骤03 按住鼠标左键在绘图区中进行绘制，释放鼠标，得到树枝效果，如图3-66、图3-67所示。

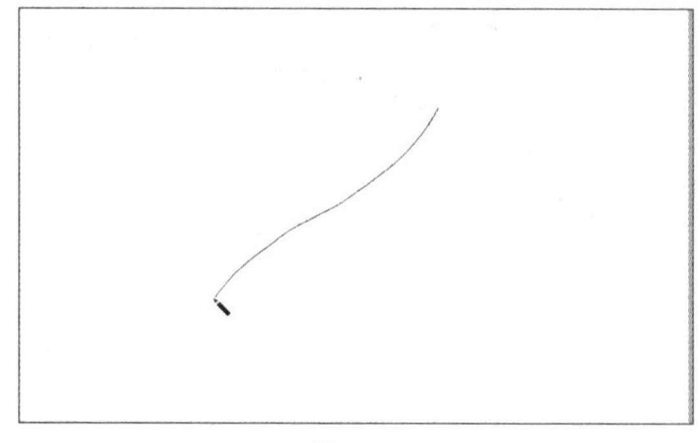

图 3-66

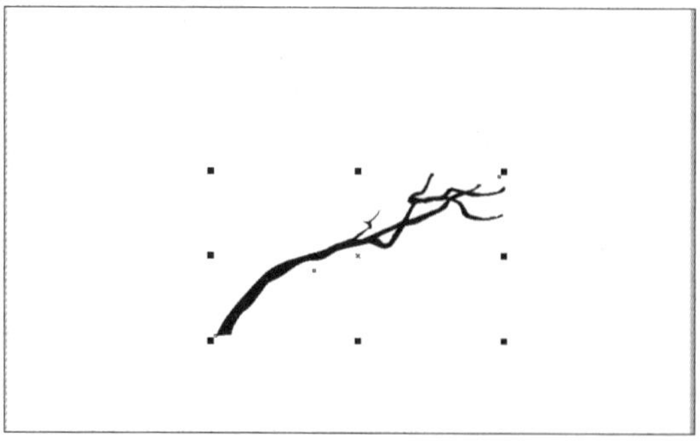

图 3-67

步骤04 使用上述方法继续绘制，如图3-68所示。

步骤05 按住Shift键选中两个对象并拖动节点等比例放大，如图3-69所示。

图 3-68

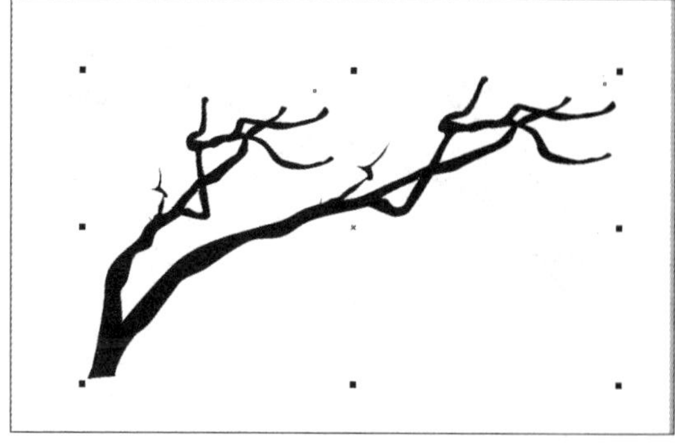

图 3-69

步骤06 选择“智能绘图工具”，在其属性栏中设置“轮廓宽度”为“无”并填充颜色，在绘图区中绘制梅花，如图3-70所示。

步骤07 选中梅花，按住鼠标右键进行拖动，释放鼠标，在弹出的菜单中选择“复制”选项，如图3-71所示。

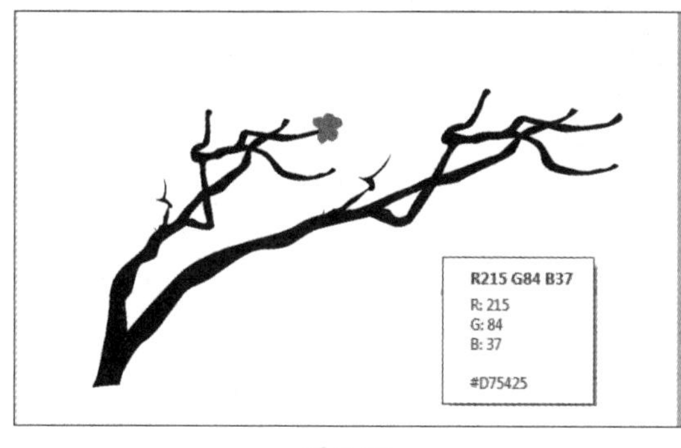

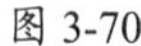

图 3-70

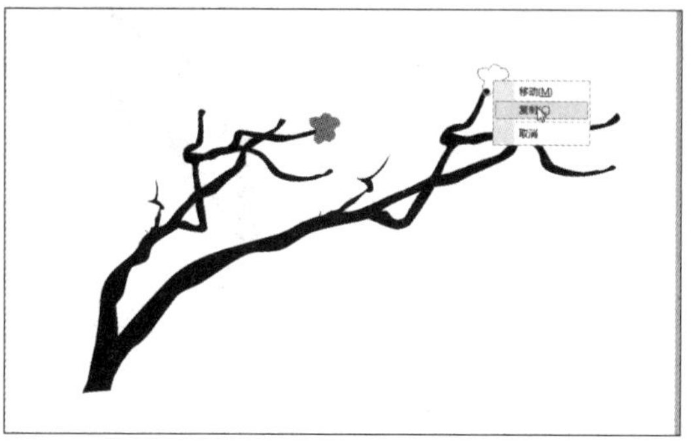

图 3-71

步骤08 复制4朵梅花，如图3-72所示。

步骤09 继续选择“智能绘图工具”绘制花蕊，填充颜色为黑色，如图3-73所示。

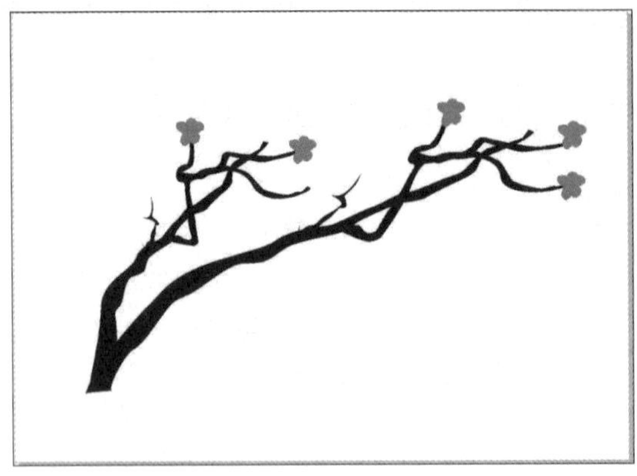

图 3-72

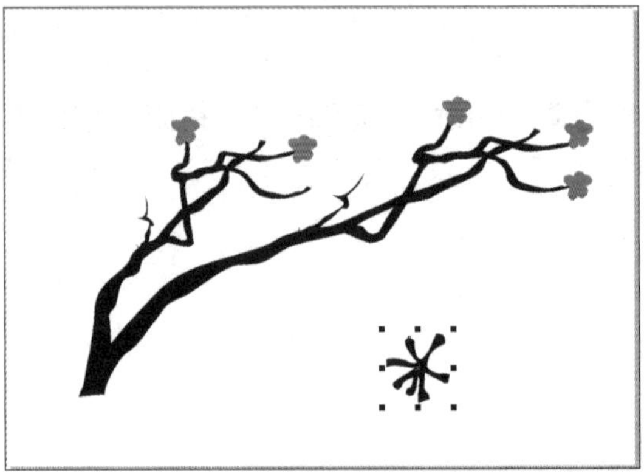

图 3-73

步骤10 复制花蕊，将复制得到的花蕊移动至梅花上，如图3-74所示。

步骤11 复制梅花，并为复制得到的梅花填充新颜色，如图3-75所示。

图 3-74

图 3-75

步骤12 绘制一些碎花瓣作为装饰，如图3-76所示。

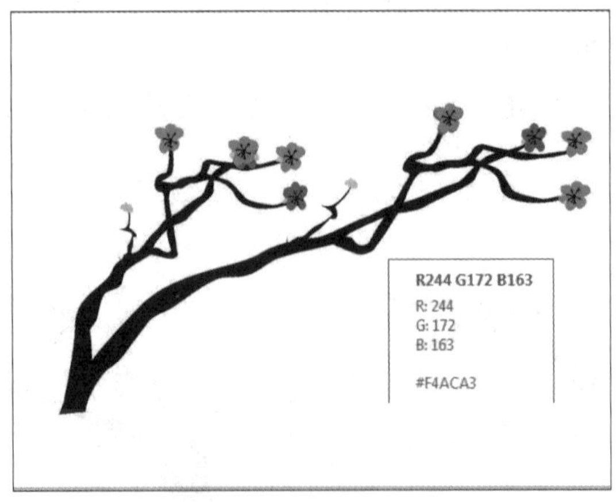

图 3-76

至此，完成蜡梅的绘制。

3.2 绘制几何图形

使用“矩形工具”“椭圆形工具”“多边形工具”“星形工具”“复杂星形工具”“图纸工具”“螺纹工具”“基本形状工具”等几何类绘制工具可绘制图形。

■ 3.2.1 矩形工具组

矩形工具组包括“矩形工具”□和“3点矩形工具”两种。使用这两种工具可以绘制出矩形、正方形、圆角矩形和倒菱角矩形。

1. 矩形工具

选择“矩形工具”□，在绘图区中单击并拖动光标，可以绘制任意大小的矩形，如图3-77所示；按住Ctrl键的同时单击并拖动光标，则绘制出的是正方形，如图3-78所示。

图 3-77

图 3-78

使用“矩形工具”绘制矩形后，在属性栏中可以设置矩形的转角状态，分别是“圆角”、“扇形角”和“倒棱角”3种。在属性栏中设置“圆角半径”的数值，可以改变圆角的大小。如图3-79～图3-81所示分别为20 mm圆角半径的圆角矩形、扇形角矩形和倒棱角矩形。

图 3-79

图 3-80

图 3-81

2. 3点矩形工具

长按“矩形工具”，在弹出的工具列表中选择“3点矩形工具”，在绘图区中单击以确定起点，长按鼠标左键并拖动光标，释放鼠标后得到第二个点，如图3-82所示；继续拖动光标单击以确定第三个点，即可得到一个矩形，如图3-83所示。在属性栏中可设置转角状态和圆角半径。

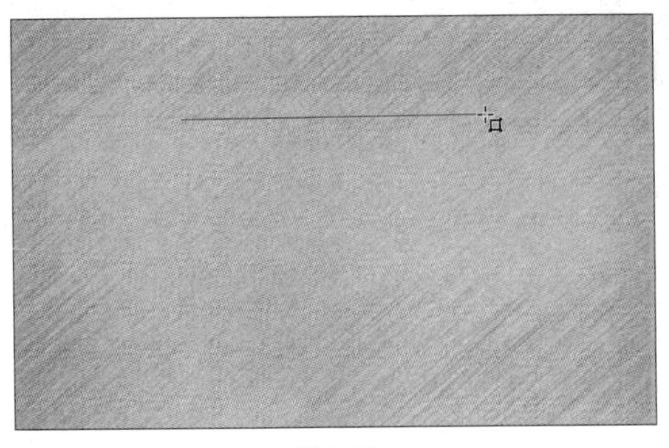

图 3-82

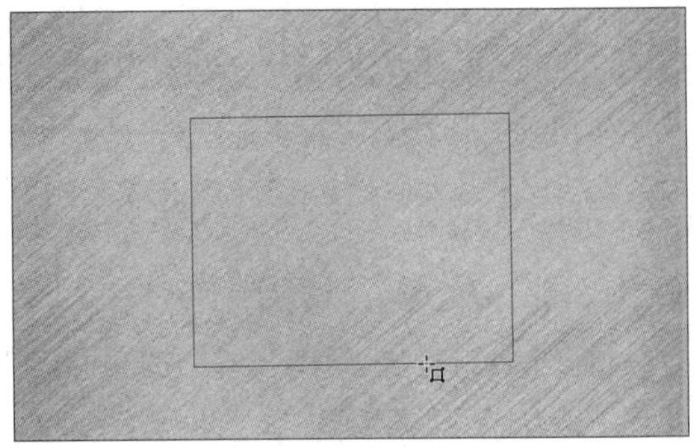

图 3-83

3.2.2 椭圆形工具组

椭圆形工具组包括“椭圆形工具”和“3点椭圆形工具”两种。使用这两种工具可以绘制出椭圆形、正圆形、饼形和弧形。

1. 椭圆形工具

选择“椭圆形工具”，在绘图区中单击并拖动光标，可以绘制任意大小的椭圆形，如图3-84所示；按住Shift键的同时单击并拖动光标，绘制出的是以起始点为圆心的椭圆形；按住Ctrl键的同时单击并拖动光标，绘制出的是正圆形，如图3-85所示。

图 3-84

图 3-85

使用“椭圆形工具”绘制正圆形后，在属性栏中单击“饼形”按钮，正圆形即可变成饼形，如图3-86所示。单击“更改方向”按钮，饼形即可变成与原图形互补的图形，如图3-87所示。

图 3-86

图 3-87

在属性栏中单击“弧形”按钮，在“轮廓宽度”数值框 10.0 mm 中设置参数，正圆形即可变成弧形，如图3-88所示。单击“更改方向”按钮，即可变成与原图形互补的图形，如图3-89所示。

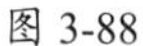

图 3-88

图 3-89

2. 3点椭圆形工具

长按“椭圆形工具”，在弹出的工具列表中选择“3点椭圆形工具”，在属性栏中单击“饼形”按钮，在绘图区中单击以确定起点，长按并拖动光标，释放鼠标后得到第二个点，如图3-90所示；继续拖动光标单击以确定第三个点，即可得到一个饼形，如图3-91所示。在属性栏中可选择其他图形模式并设置参数。

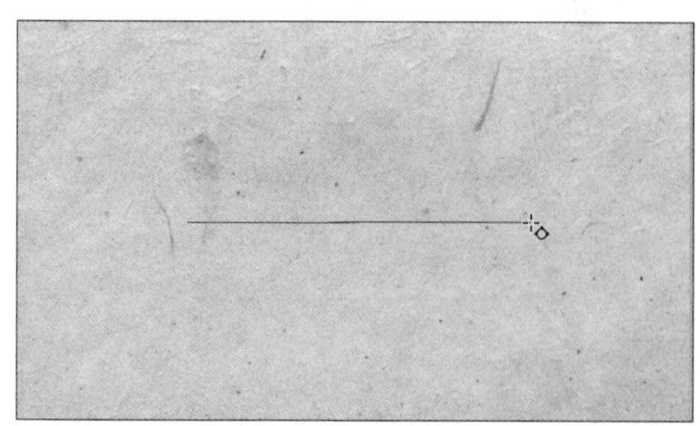

图 3-90

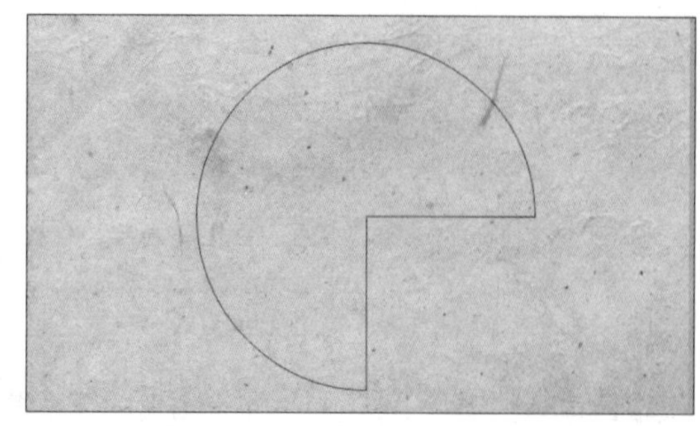

图 3-91

实例 绘制闹钟

本案例将利用“矩形工具”“椭圆形工具”绘制闹钟图形。下面将介绍具体的绘制过程。

步骤 01 执行“文件”→“新建”命令，创建新文档，如图3-92所示。

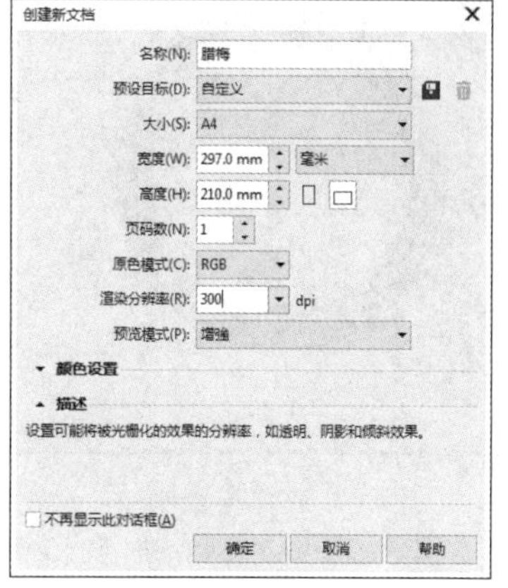

图 3-92

步骤02 选择“椭圆形工具”，设置“轮廓宽度”为“无”，并设置填充颜色，按住Shift键绘制正圆形，如图3-93所示。

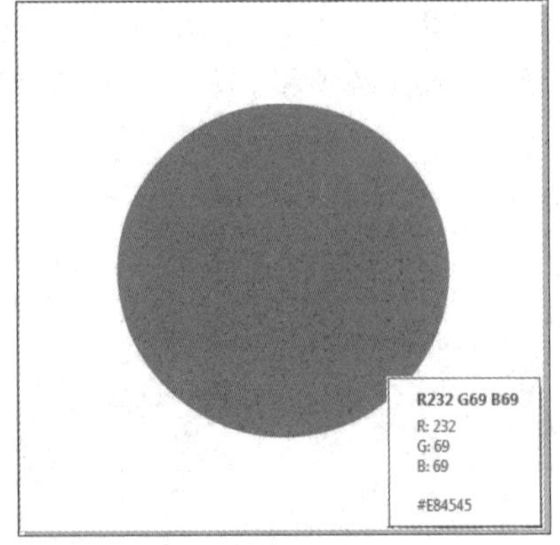

图 3-93

步骤03 继续选择“椭圆形工具”，在属性栏中设置“轮廓宽度”为4 px，并设置填充颜色为白色，按住Shift键绘制正圆形，如图3-94所示。

步骤04 设置另一种填充颜色，按住Shift键绘制正圆形，如图3-95所示。

图 3-94

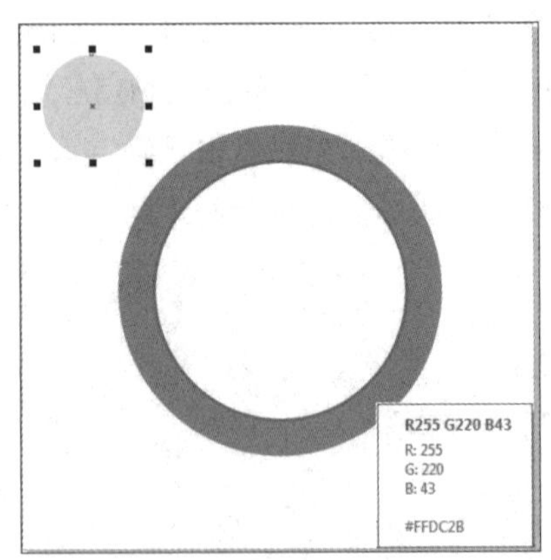

图 3-95

步骤05 选择“形状工具”，按住正圆形的节点并进行拖动，此时出现蓝色线，如图3-96所示。

步骤06 释放鼠标，得到半圆形，如图3-97所示。

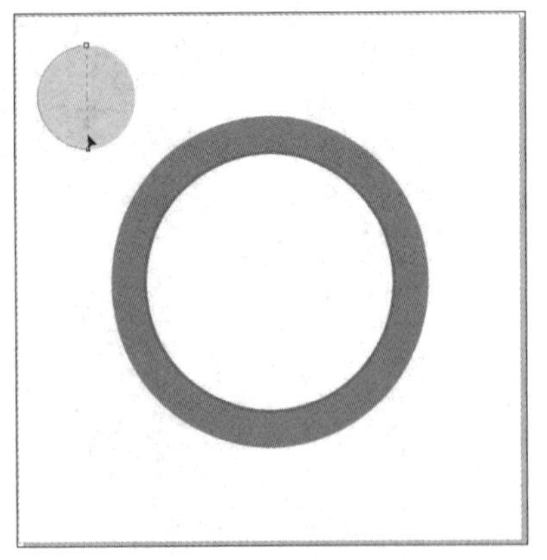

图 3-96

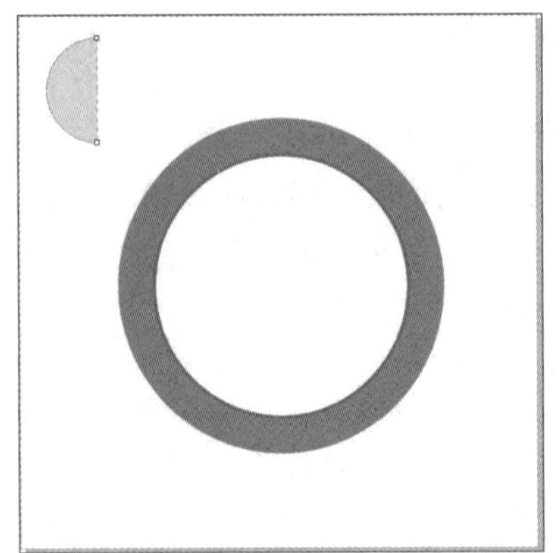

图 3-97

步骤07 创建中心辅助线，如图3-98所示。

步骤08 选择“矩形工具”，绘制时间分割线，分别放在12、3、6、9点处，如图3-99所示。

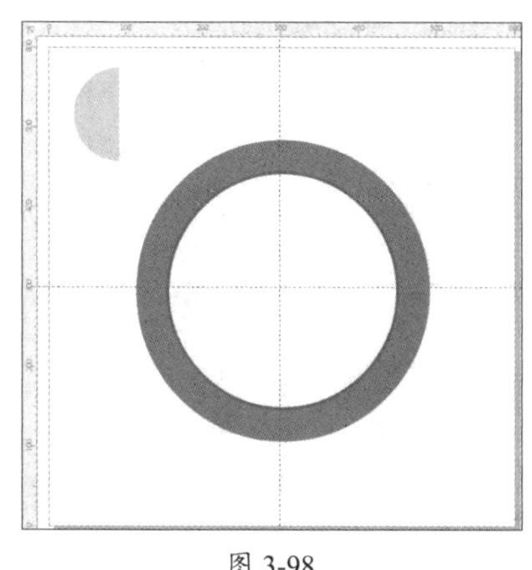

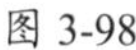

图 3-98

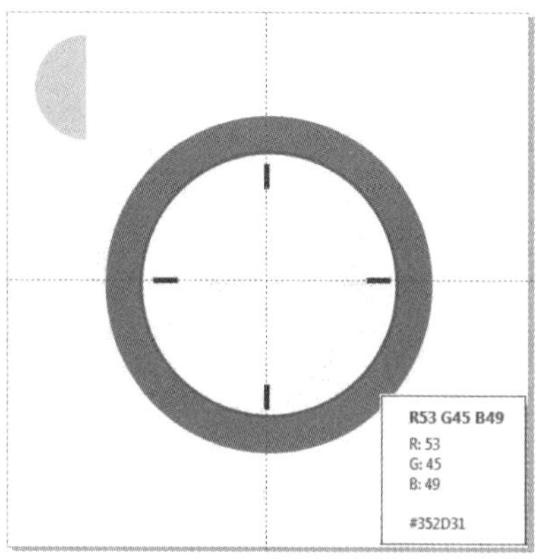

图 3-99

步骤09 选择12点处的时间分割线进行复制，在属性栏中设置“旋转角度”分别为30°、60°等3的倍数，并重新填充颜色，如图3-100、图3-101所示。

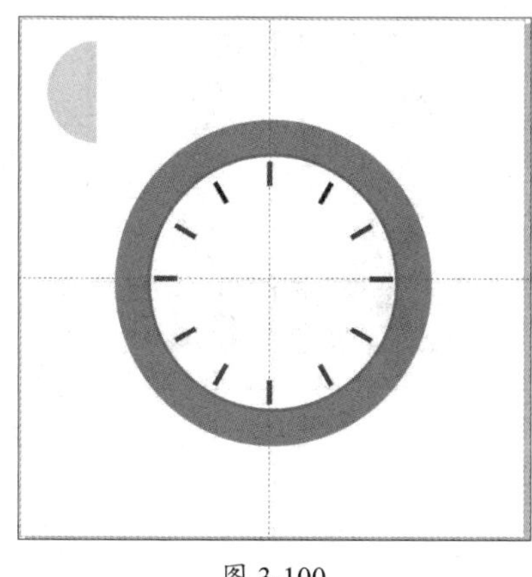

图 3-100

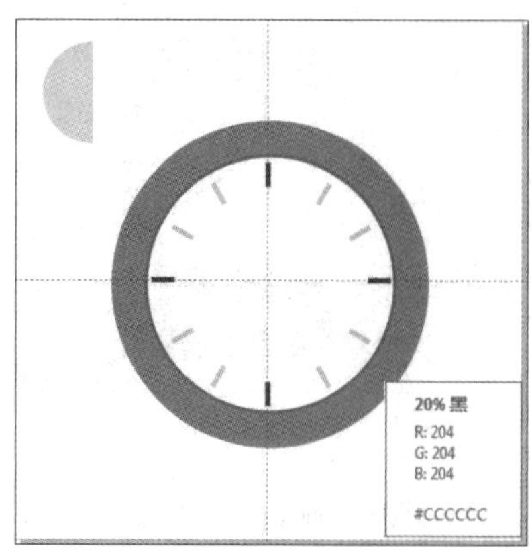

图 3-101

步骤10 选择“矩形工具”和“椭圆形工具”绘制指针，如图3-102所示。

步骤11 双击黄色半圆形并将其旋转至水平状态，选择“矩形工具”绘制矩形，如图3-103所示。

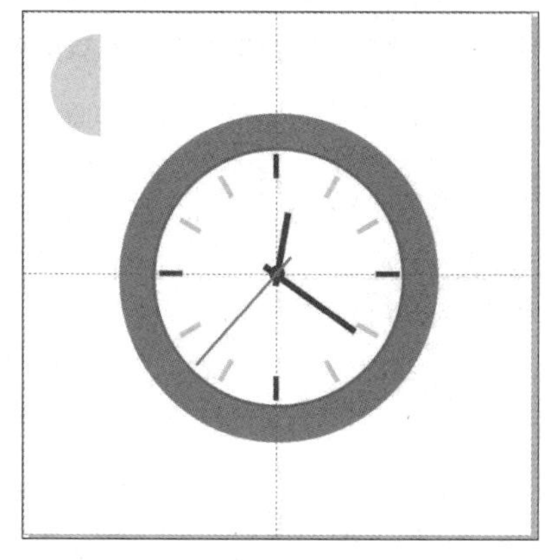

图 3-102

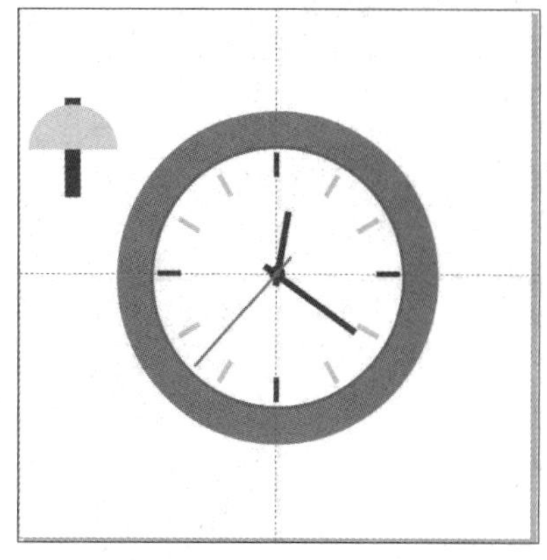

图 3-103

步骤12 选中半圆形和矩形，将其旋转并移动到合适位置，右键复制并在属性栏中单击“水平镜像”按钮，调整副本图形的位置，如图3-104所示。

步骤13 选择“矩形工具”和“智能绘图工具”绘制图形，如图3-105所示。

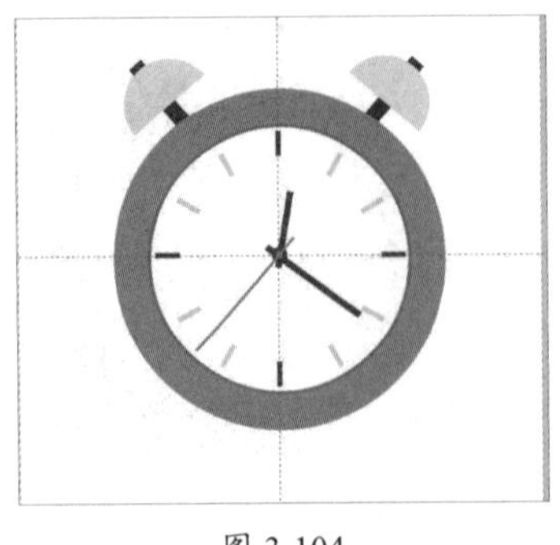

图 3-104

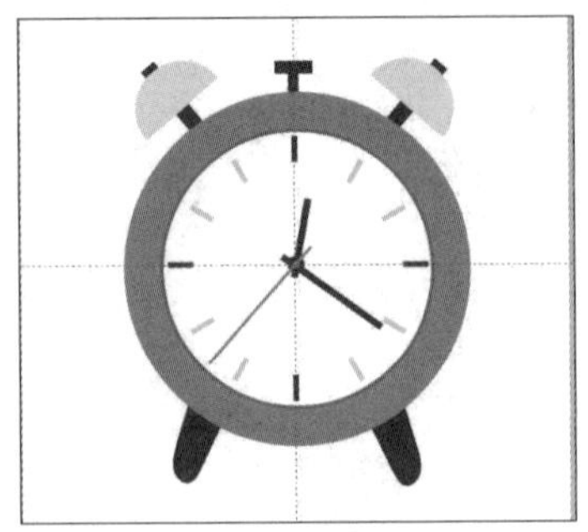

图 3-105

步骤14 选择“椭圆形工具”绘制阴影，如图3-106所示。

步骤15 删除辅助线，最终效果如图3-107所示。

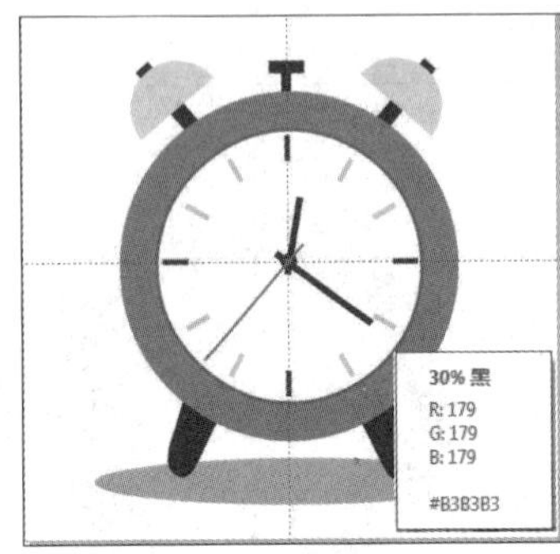

图 3-106

图 3-107

至此，完成闹钟的绘制。

■ 3.2.3 多边形工具

利用“多边形工具”可以绘制3个及以上不同边数的多边形。选择多边形工具组中的“多边形工具”，在属性栏中的“点数或边数”数值框和“轮廓宽度”下拉列表框中输入相应的数值或选择相应的选项，即可在绘图区中绘制出相应的多边形，如图3-108、图3-109所示分别为五边形和八边形。

图 3-108

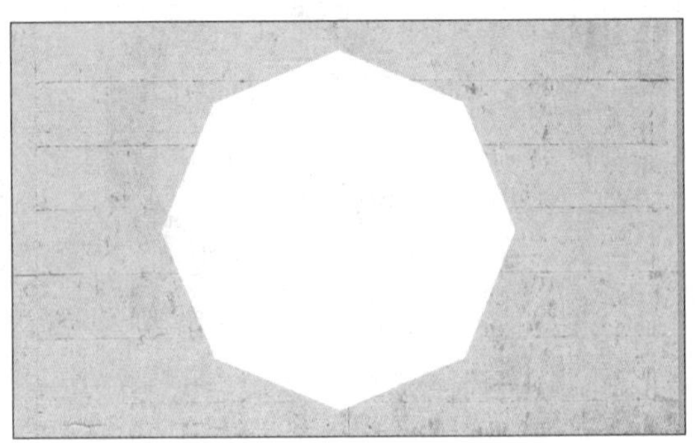

图 3-109

■ 3.2.4 星形工具、复杂星形工具

利用“星形工具”☆可以快速绘制出星形图案。选择“星形工具”☆，在其属性栏的“点数或边数”和“锐度”数值框中可对星形的边数和角度进行设置，如图3-110、图3-111所示。

图 3-110

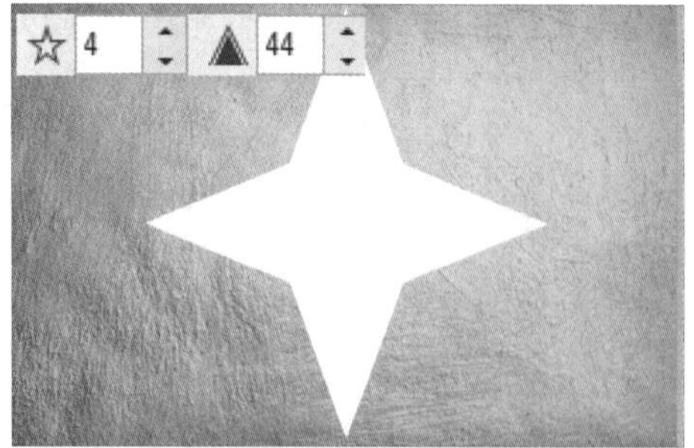

图 3-111

“复杂星形工具”☼是“星形工具”的升级应用，选择“复杂星形工具”☼，在属性栏中设置相关参数，然后在绘图区中单击并拖动光标，即可绘制出复杂星形图案，如图3-112、图3-113所示。

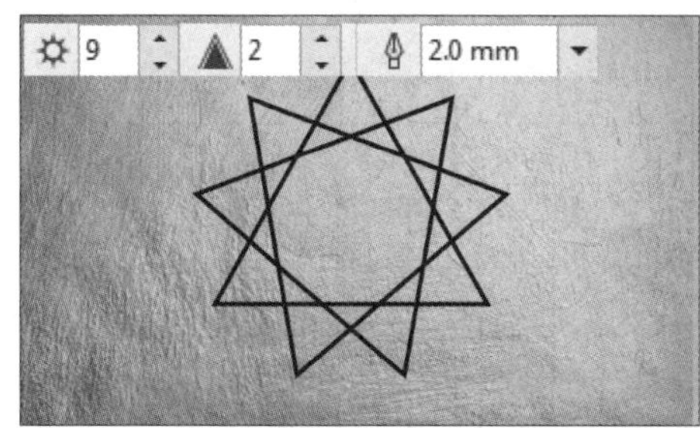

图 3-112

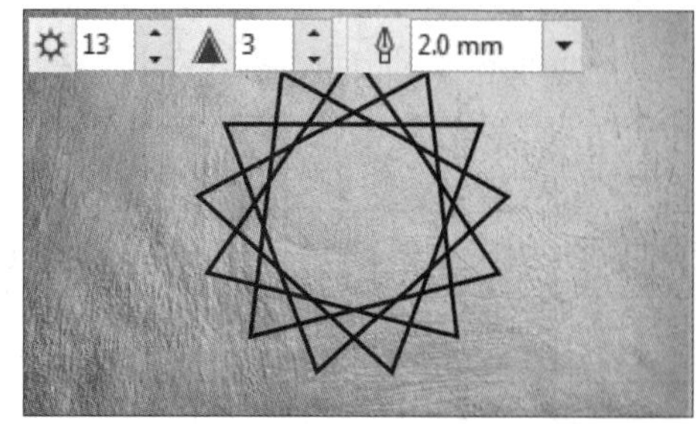

图 3-113

■ 3.2.5 图纸工具

利用“图纸工具”▦可以绘制不同行/列数的网格对象。选择“图纸工具”▦，在属性栏的“列数和行数”数值框中设置相应的数值，然后在绘图区中单击并拖动光标绘制网格，如图3-114所示。

在绘制出网格后，按Ctrl+U组合键取消组合对象，此时网格中的每个格子都成为一个独立的图形，分别对其填充颜色，同时也可使用“选择工具”▸调整格子的位置，效果如图3-115所示。

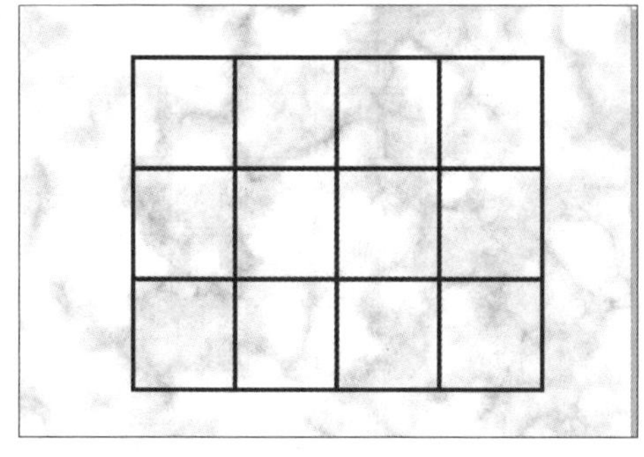

图 3-114

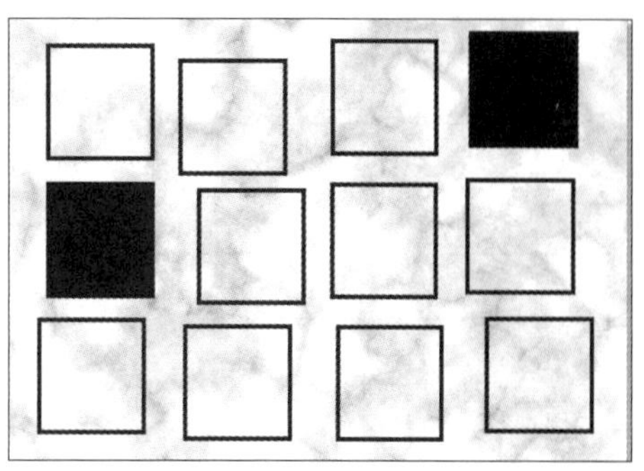

图 3-115

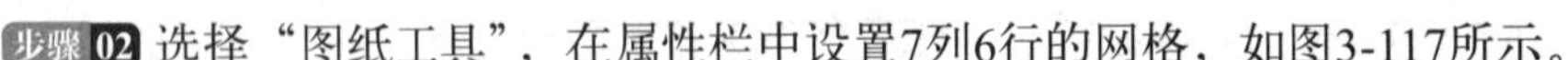

实例 绘制心形方格图形

本案例将利用“图纸工具”绘制心形方格图形。下面将介绍具体的绘制过程。

扫码观看视频

步骤 01 执行“文件”→“新建”命令，新建A4尺寸文档，如图3-116所示。

步骤 02 选择“图纸工具”，在属性栏中设置7列6行的网格，如图3-117所示。

图 3-116

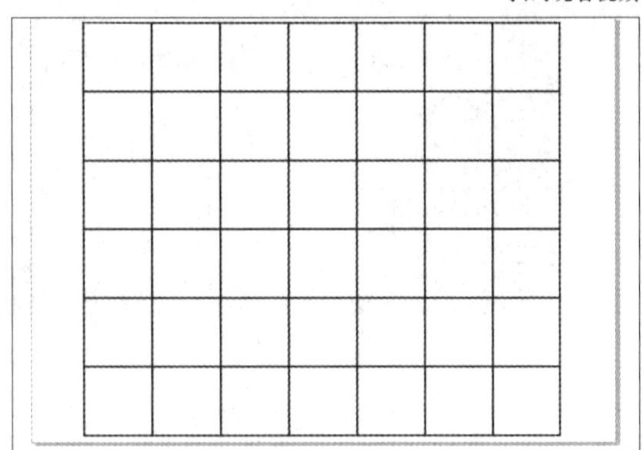

图 3-117

步骤 03 按Ctrl+U组合键取消组合对象，如图3-118所示。

步骤 04 按Delete键删除部分网格，并等比例缩小，如图3-119所示。

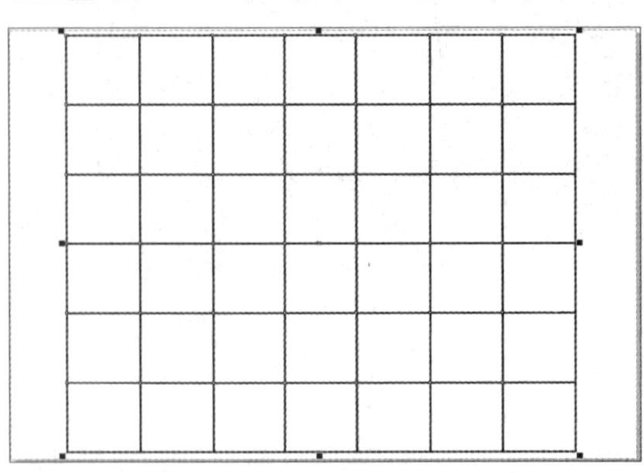

图 3-118

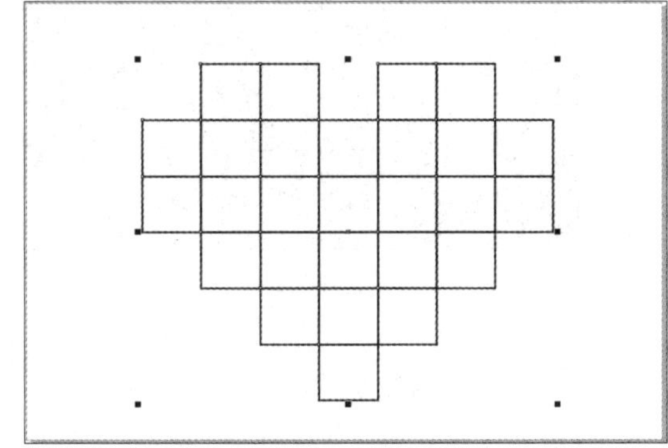

图 3-119

步骤 05 在属性栏中设置“微调距离” 3.0 mm，框选第一排网格，按键盘中的↑键一次即向上调整3.0 mm，如图3-120所示。

步骤 06 使用同样的方法，调整全部网格的间距，如图3-121所示。

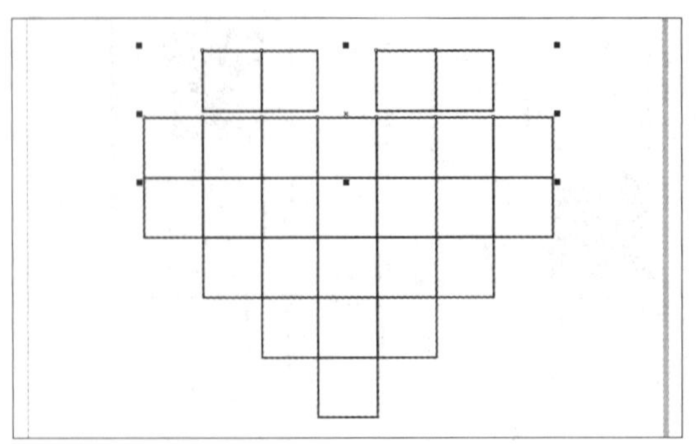

图 3-120

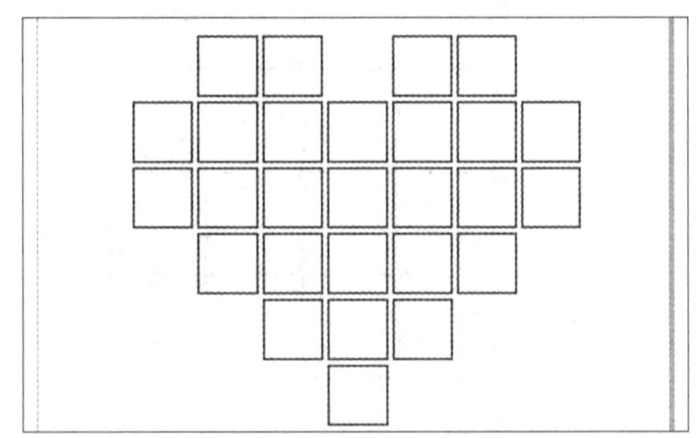

图 3-121

步骤07 选中网格，在属性栏中单击“焊接”按钮，效果如图3-122所示。

步骤08 选中矩形，执行“对象”→“PowerClip”→“创建空PowerClip图文框”命令，效果如图3-123所示。

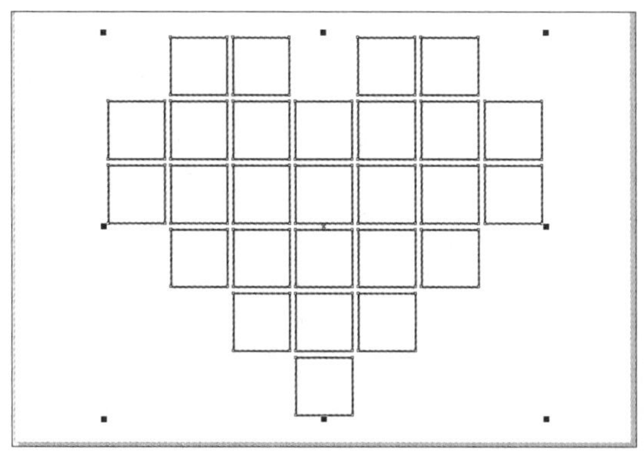

图 3-122

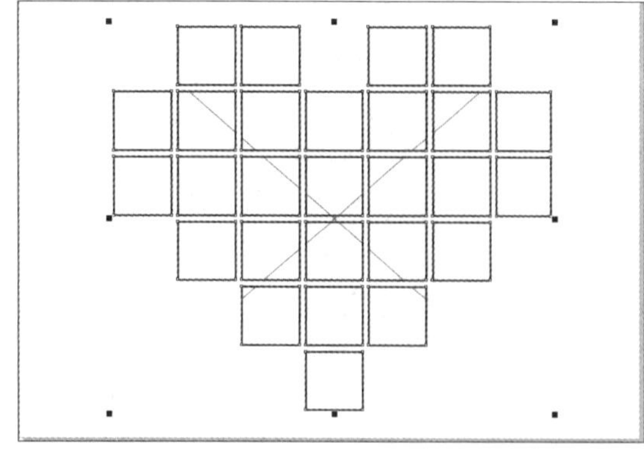

图 3-123

步骤09 执行“文件”→“导入”命令，将“樱花.jpg”素材图像导入当前文档中，如图3-124所示。

步骤10 选中导入的素材，按鼠标左键将其拖动至PowerClip图文框中，如图3-125所示。

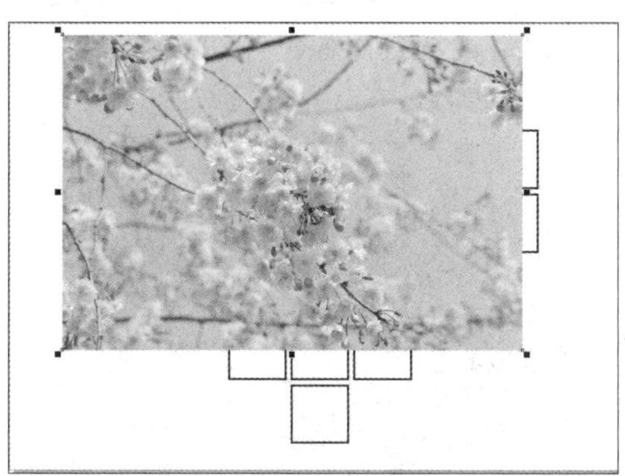

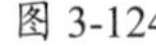

图 3-124

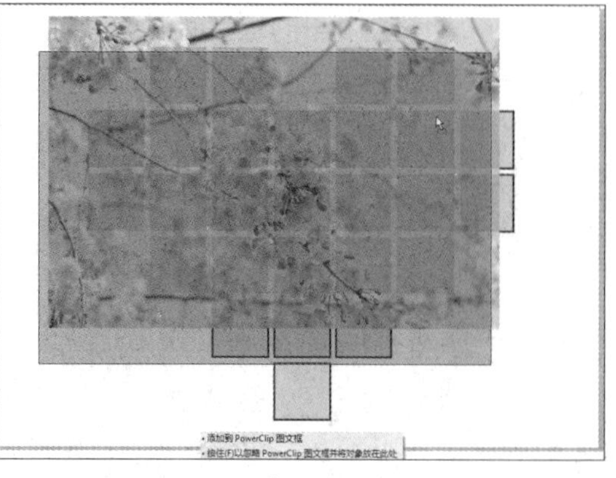

图 3-125

步骤11 选中PowerClip图文框，绘图区中出现“编辑”按钮，单击“编辑”按钮，调整图形的尺寸，如图3-126所示。

步骤12 完成调整后，单击“完成编辑”按钮（如图3-127所示），效果如图3-128所示。

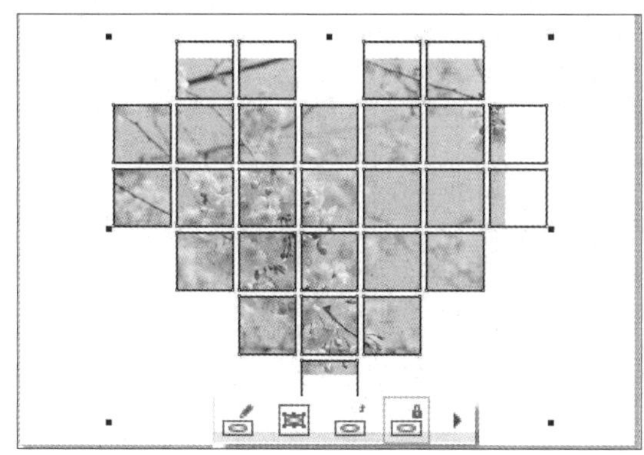

图 3-126

图 3-127

步骤13 在属性栏中设置“轮廓宽度”为“无”，如图3-129所示。

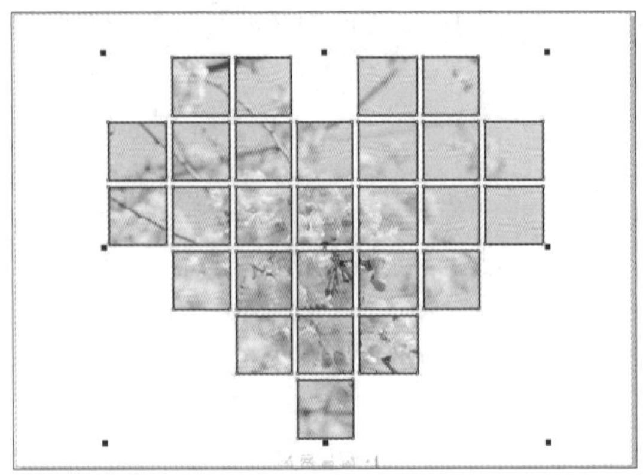
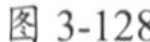

图 3-128

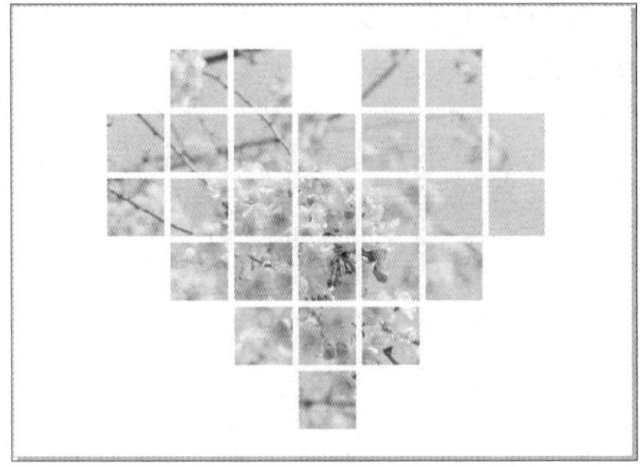

图 3-129

至此，完成心形方格图形。

3.2.6 螺纹工具

利用“螺纹工具”可以绘制螺旋线。选择“螺纹工具”，在属性栏中的“螺纹回圈”数值框中可调整绘制出的螺纹的圈数，在绘图区中按住鼠标左键进行拖动，松开鼠标即可完成绘制。如图3-130、图3-131所示分别为对称式螺纹和对数式螺纹。

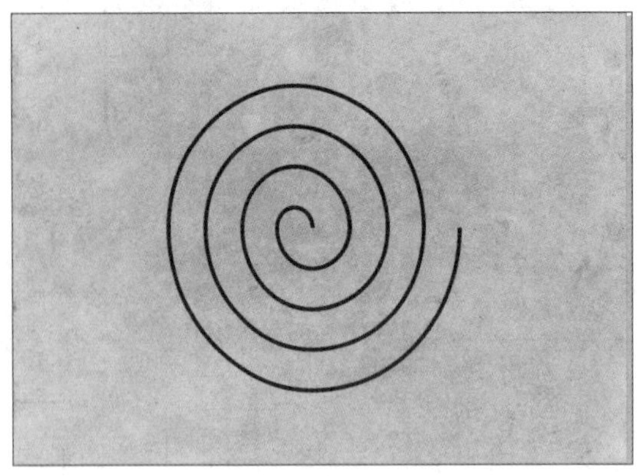

图 3-130

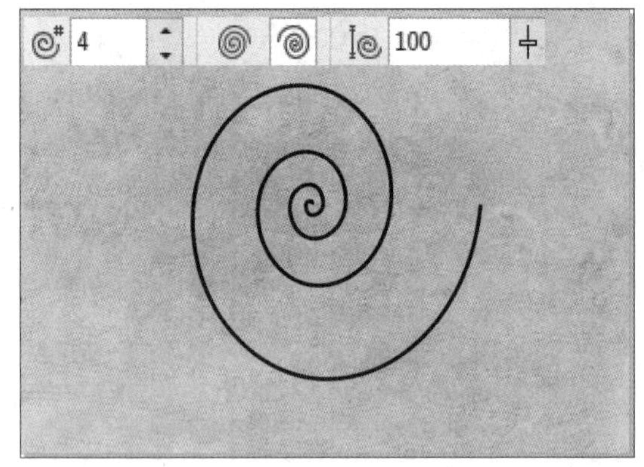

图 3-131

3.2.7 基本形状工具

除了一些基础几何图形的绘制工具外，还有一系列的形状绘制工具，可以用于快速完成图形的绘制。选择“基本形状工具”，在属性栏中单击“完美形状”按钮，在其下拉列表中选择要绘制的形状样式，如图3-132所示。

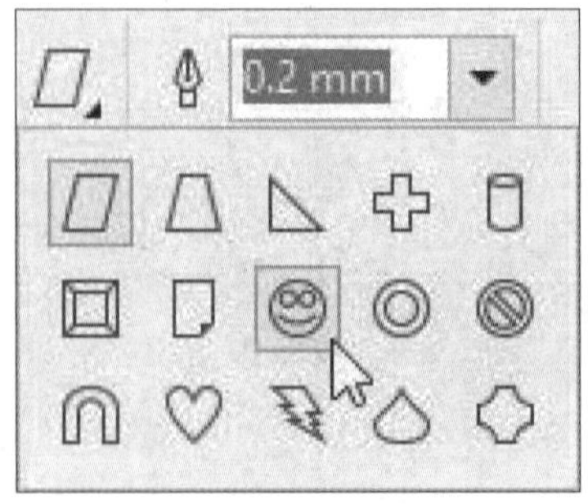

图 3-132

按住鼠标左键在绘图区中绘制形状，此时形状上显示出一个红色的节点（在嘴部形状附近），拖动红点即可调整形状的效果，如图3-133、图3-134所示。

图 3-133

图 3-134

■ 3.2.8 箭头形状工具

利用“箭头形状工具”可以快速绘制多种预设的箭头形状。选择“箭头形状工具”，在属性栏中单击“完美形状”按钮，在其下拉列表中选择要绘制的形状，如图3-135所示。选择相应的箭头样式后，在绘图区中单击并拖动光标进行绘制，按住红色/黄色节点可调整箭头的效果，如图3-136所示。

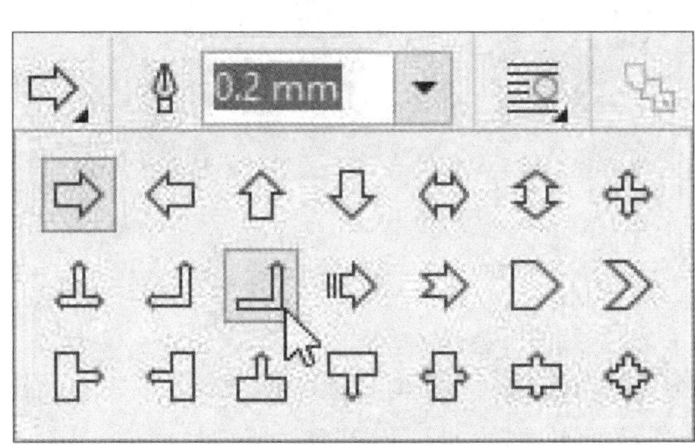

图 3-135

图 3-136

■ 3.2.9 流程图形状工具

结合“流程图形状工具”“箭头形状工具”“文本工具”等工具进行运用，可以制作出工作流程图等图形。选择“流程图形状工具”，在属性栏中单击“完美形状”按钮，在其下拉列表中选择要绘制的形状，如图3-137所示。选择相应的形状样式后，在绘图区中单击并拖动光标进行绘制，效果如图3-138所示。

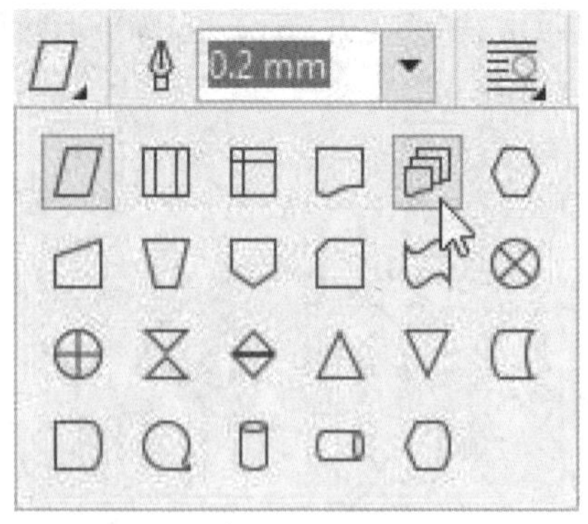

图 3-137

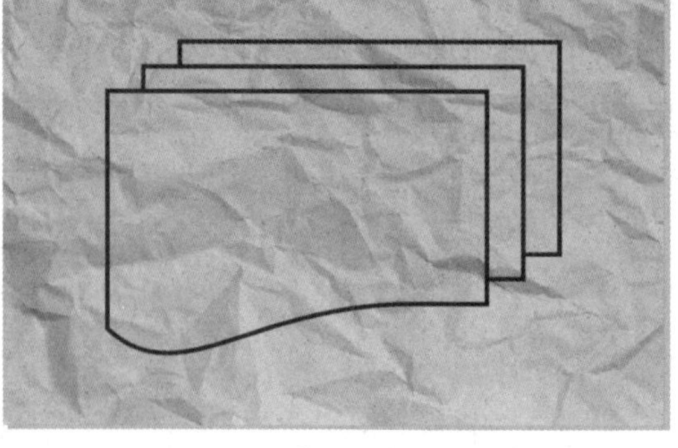
图 3-138

■ 3.2.10　标题形状工具

“标题形状工具”用于绘制一些预设的标题图形。选择“标题形状工具”，在属性栏中单击“完美形状”按钮，在其下拉列表中选择要绘制的标题形状，如图3-139所示。选择相应的标题形状样式后，在绘图区中单击并拖动光标进行绘制，效果如图3-140所示。

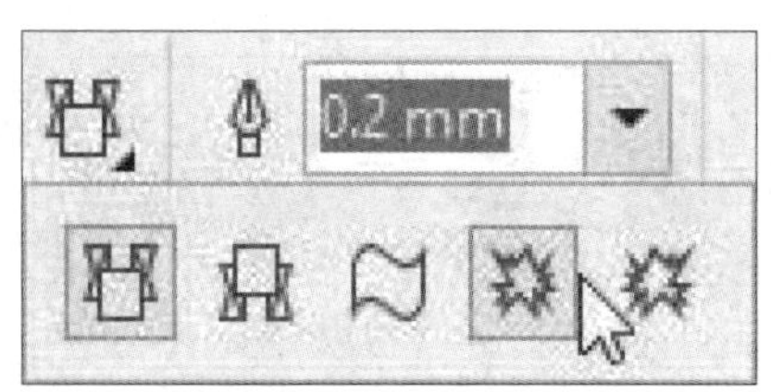

图 3-139

图 3-140

■ 3.2.11　标注形状工具

“标注形状工具”用于绘制一些解释说明性的对话框图形。选择“标注形状工具”，在属性栏中单击“完美形状”按钮，在其下拉列表中选择要绘制的对话框形状，如图3-141所示。选择相应的对话框形状样式后，在绘图区中单击并拖动光标进行绘制，效果如图3-142所示。

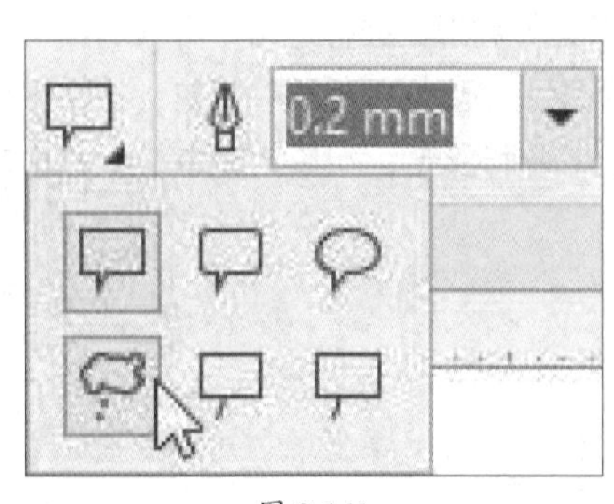

图 3-141

图 3-142

实战演练 绘制扁平风插画

在完成本章的学习后，将利用“贝塞尔工具”“矩形工具”“钢笔工具”“椭圆形工具”绘制扁平风插画。下面介绍具体的绘制过程。

扫码观看视频

步骤01 执行“文件”→“新建”命令，新建A4尺寸文档，如图3-143所示。

步骤02 单击标准工具栏中的“选项”按钮，在打开的“选项”对话框中设置背景颜色，如图3-144所示。

图 3-143

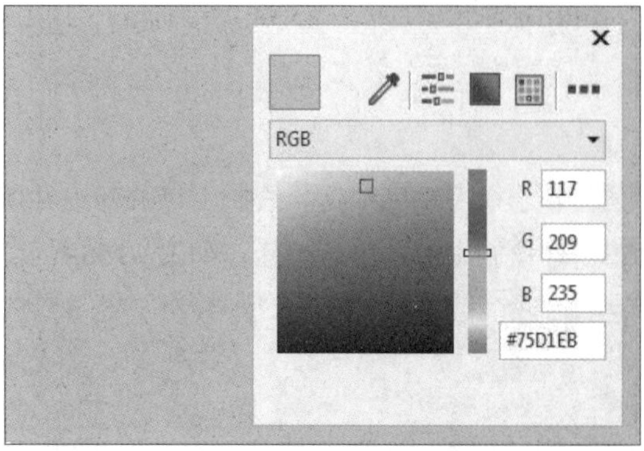

图 3-144

步骤03 选择“贝塞尔工具”，设置“轮廓宽度”为“无”，绘制图形并填充颜色，如图3-145所示。

步骤04 选中绘制的图形并调整位置，在属性栏中单击“垂直镜像”按钮，如图3-146所示。

图 3-145

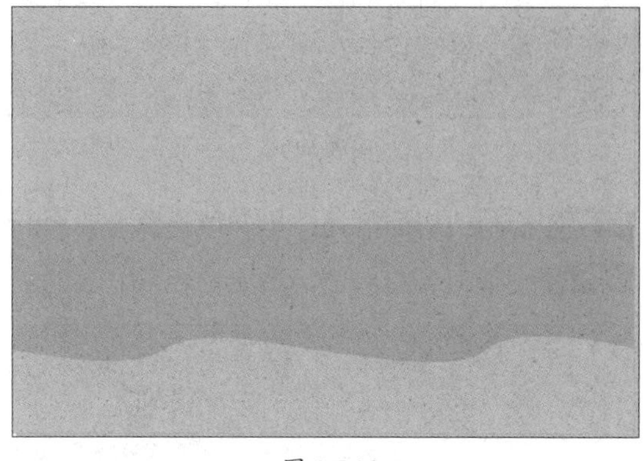
图 3-146

步骤05 选择“矩形工具”，绘制图形并填充颜色，如图3-147所示。

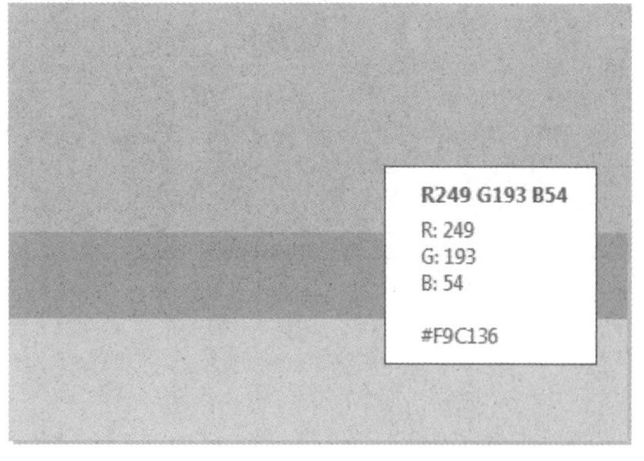

图 3-147

步骤06 选择该图形，右击，在弹出的快捷菜单中选择“顺序”→“到图层后面”命令，如图3-148所示。

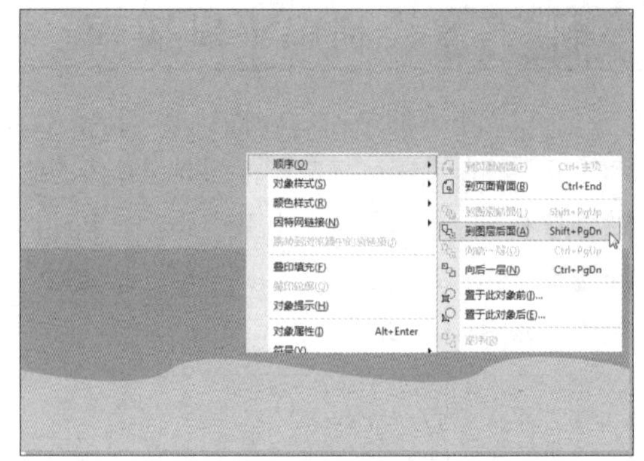

图 3-148

步骤07 选择“钢笔工具”绘制山形的基线并填充颜色，如图3-149所示。

步骤08 绘制山形并填充颜色，如图3-150所示。

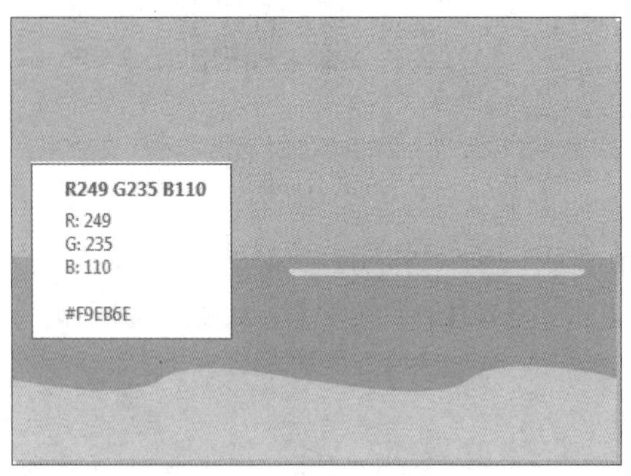

图 3-149

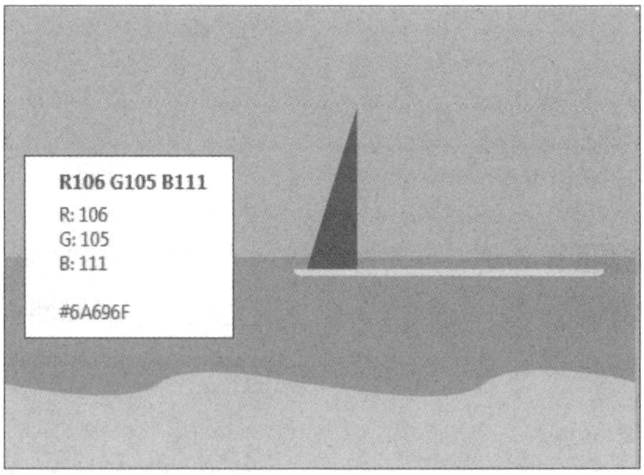

图 3-150

步骤09 绘制山形的另外一半并填充颜色，如图3-151所示。

步骤10 绘制山尖的部分，填充白色和10%的黑色，如图3-152所示。

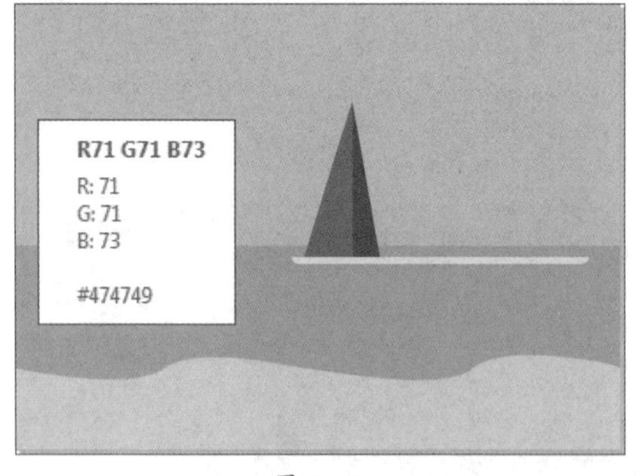

图 3-151

图 3-152

步骤 11 使用同样的方法绘制3组山形，如图3-153所示。

步骤 12 按Ctrl+G组合键组合对象并调整其顺序，如图3-154所示。

图 3-153

图 3-154

步骤 13 选择“钢笔工具”和“矩形工具”绘制小船，如图3-155所示。

步骤 14 绘制阴影部分，如图3-156所示。

图 3-155

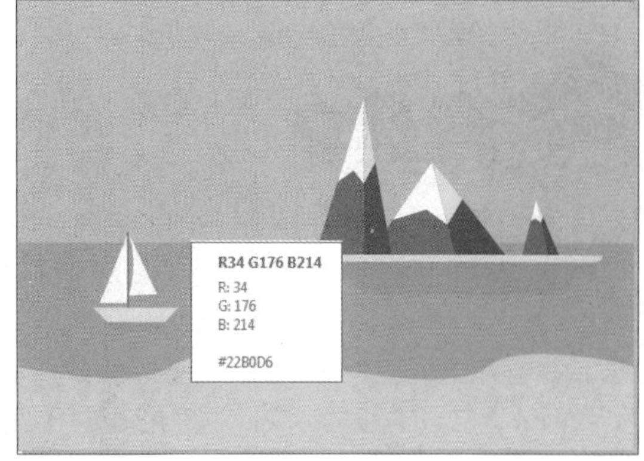

图 3-156

步骤 15 复制蓝色的海洋，重新填充颜色并调整图层，如图3-157所示。

步骤 16 选择“椭圆形工具”，绘制不同的椭圆形叠放在一起，如图3-158所示。

图 3-157

图 3-158

步骤17 在属性栏中单击“焊接”按钮，如图3-159所示，完成一处白云的绘制。

步骤18 复制白云并缩小复制得到的白云，如图3-160所示。

图 3-159

图 3-160

至此，完成扁平风插画的绘制。

你学会了吗?

课后作业

一、选择题

1. 在CorelDRAW中单击需选择的对象，同时按住（　　）键可选择多个对象。

A. Ctrl　　　　B. Shift

C. Ctrl+Alt　　　　D. Ctrl+ Shift

2.当用鼠标选中一个对象时，周围会出现（　　）个控制点。

A. 4　　　　B.6

C. 8　　　　D.10

3. CorelDRAW是基于（　　）的绘图软件。

A. 位图图形　　　　B. 高动态图形

C. 矢量图形　　　　D. 光栅图形

4. 使用“矩形工具”绘制正方形，需要按住（　　）键。

A. Shift　　　　B. Ctrl

C. Alt　　　　D. Shift+Alt

5. 选择“椭圆形工具”，按住Shift键的同时单击并拖动光标，可以绘制出（　　）。

A. 以起始点为圆心的椭圆形　　　　B. 以起始点为圆心的正圆形

C. 正圆形　　　　D. 以上说法都不对

二、填空题

1. 使用“手绘工具”在起点处单击，光标变为形状，将光标移动到下一个目标点处单击，即可绘制出______。

2. 使用“贝塞尔工具”可以______绘制直线，还可以对曲线上的节点进行拖动，实现一边绘制曲线一边调整曲线______的操作。

3. 使用“B样条工具”可通过调整______的方式绘制曲线路径。控制点和控制点之间形成的______会影响曲线的弧度。

4. 使用“椭圆形工具”可以绘制出______、______、______和______。

三、上机题

1. 绘制足球，效果如图3-161所示。

图 3-161

思路提示

- 选择“多边形工具”，按住Shift键绘制正六边形。
- 依次复制正六边形进行排列组合（排列成34543）。
- 为部分正六边形填充黑色。
- 选择“椭圆形工具”，按住Shift键绘制正圆形。
- 执行“效果”→“透镜”命令，选择“鱼眼”效果并调整参数。

2. 绘制咖啡杯，效果如图3-162所示。

图 3-162

思路提示

- 选择“椭圆形工具”，绘制杯口和杯垫。
- 选择“贝塞尔工具”，绘制杯身。
- 选择“形状工具”，调整图形。

第4章

颜色填充

内容概要

矢量图的颜色设置包括两部分，即填充对象与填充对象轮廓。本章将会讲解多种对象颜色的填充工具，并运用交互式填充工具进行多种方式的精确填充，以及填充对象轮廓的相关知识。通过对本章的学习，可以充分掌握图形填充的编辑操作，并可以对这些操作熟练运用。

知识要点

- CorelDRAW中的颜色模式。
- 填充对象颜色操作。
- 精确填充对象颜色操作。
- 填充对象轮廓与样式的设置操作。

数字资源

【本章素材来源】："素材文件\第4章"目录下

【本章实战演练最终文件】："素材文件\第4章\实战演练"目录下

4.1 填充对象颜色

色彩在视觉设计中扮演着重要的角色，必须熟练掌握颜色填充的方法及要领，以更好地对对象进行填充。

■ 4.1.1 CorelDRAW 中的颜色模式

不同的颜色模式显示了不同的颜色效果，并根据其独特的属性以不同的字母表示，在颜色的设置上同一颜色可以用不同的数值来表达。CorelDRAW提供了CMYK、RGB、HSB、Lab、灰度等多种颜色模式，以便用户根据不同的需求进行选择。

1. CMYK模式

CMYK是一种减色模式，主要用于印刷领域。CMYK是青色（Cyan）、品红色（Magenta）、黄色（Yellow）和黑色（Black）4种颜色英文名称的简写。使用CMYK模式得到的颜色被称为相减色，是因为该颜色模式减少了系统视觉识别颜色所需要的反射光。

2. RGB模式

RGB模式是一种发光屏幕的加色模式。其中，R表示红色，G表示绿色，B表示蓝色，3种颜色叠加形成了其他颜色。显示器、投影仪和电视机等设备都依赖于这种加色模式来实现。

3. HSB模式

HSB模式是基于人类对颜色的感觉而开发的颜色模式，H表示色相，S表示饱和度，B表示亮度。人们在看到某种颜色后，首先感知的是该颜色的色相，如红色或者绿色，其次才是该颜色的饱和度和亮度。饱和度即颜色的彩度，颜色越饱和越鲜艳，不饱和则偏向灰色。亮度即颜色的明亮度，颜色越亮越接近白色，颜色越暗则越接近黑色。

4. Lab模式

Lab颜色模式是由亮度或光亮度分量（L）和两个色度分量组成的。两个色度分量分别是a分量（从绿色到红色）和b分量（从蓝色到黄色）。该模式主要影响色调的明暗。

5. 灰度模式

灰度模式的图像中只存在灰度，没有色度、饱和度等彩色信息。灰度图像的每个像素有一个0～255之间的亮度值，可以用黑色油墨覆盖的百分比来表示。该亮度值为0%时表示白色，为100%时表示黑色。

■ 4.1.2 颜色泊坞窗

执行“窗口”→“泊坞窗”→“彩色”命令，打开“颜色泊坞窗”，如图4-1所示。

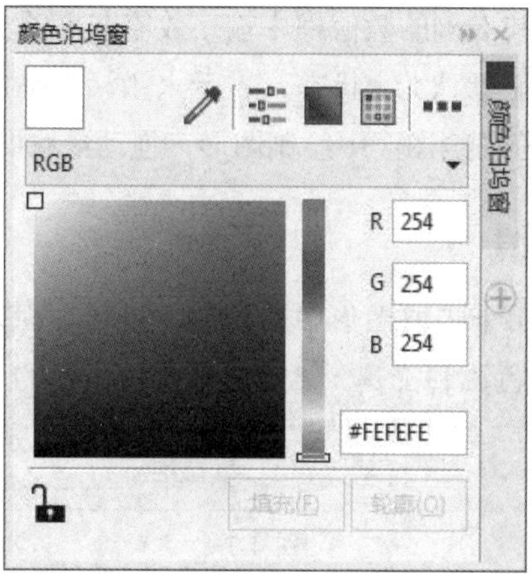

图 4-1

其中，主要选项的功能介绍如下：

- **参考颜色和新颜色**：显示参考颜色（上）和新选定的颜色（下）。
- **颜色滴管**：对屏幕中（程序软件内、外都可以）的颜色进行取样。
- **显示按钮组**：该组按钮从左到右依次为“显示颜色滑块”按钮、“显示颜色查看器”按钮和“显示调色板”按钮。单击相应的按钮，即可将泊坞窗切换到相应的显示状态，如图4-2～图4-4所示。

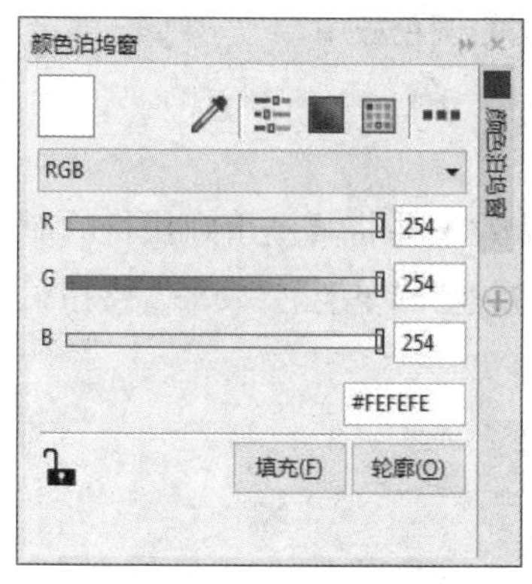

图 4-2

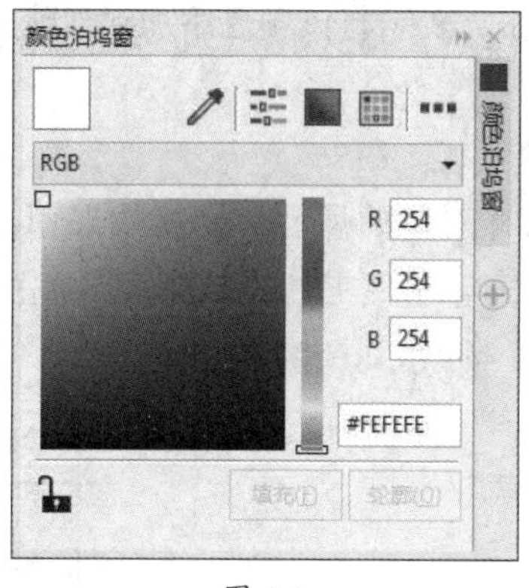

图 4-3

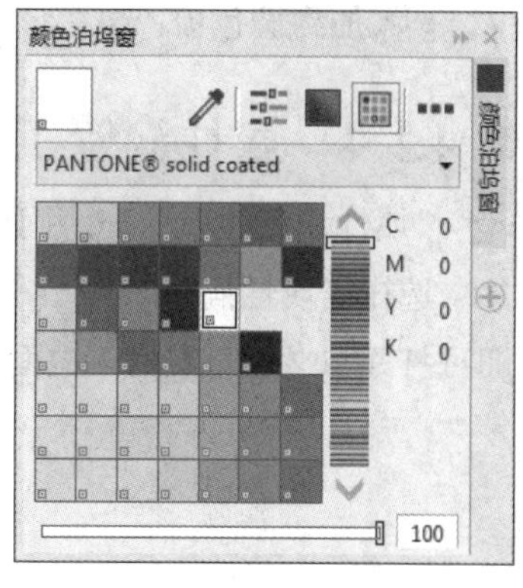

图 4-4

- **更多颜色选项**：选择其他颜色选项，如图4-5所示。
- **颜色模型**：默认情况下显示CMYK模式，该下拉列表中将CorelDRAW的9种颜色模式收录其中，如图4-6所示，选择某一选项即可显示颜色模式的滑块图像。

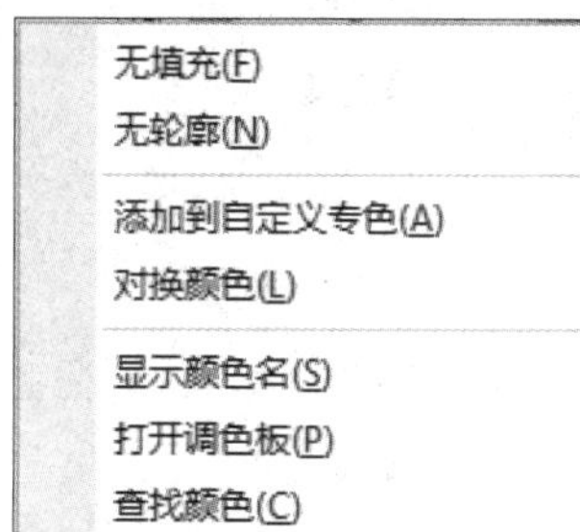

图 4-5

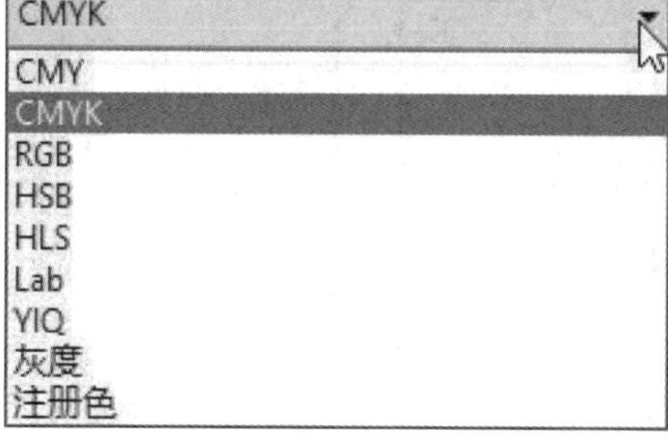

图 4-6

- **滑块组**：拖动滑块或在其右侧的数值框中输入数值即可调整颜色。
- **自动应用颜色**：该按钮默认为状态，表示未激活自动应用颜色工具。单击该按钮，当其显示为状态时，若在绘图区中绘制图形，拖动滑块即可调整图形的填充颜色。

■ 4.1.3 颜色滴管工具

“颜色滴管工具”主要用于吸取图形中的颜色，包括桌面颜色、页面颜色、位图图像颜色和矢量图形颜色。选择“颜色滴管工具”，显示出该工具的属性栏，如图4-7所示。

图 4-7

“颜色滴管工具”属性栏中的主要选项介绍如下：

- **选择颜色**：默认情况下该按钮处于选中状态，此时可从文档窗口进行颜色取样。
- **应用颜色**：单击该按钮，可将所选颜色直接应用到对象上。
- **从桌面选择**：单击该按钮，可对应用程序外的对象进行颜色取样。
- **1×1**：单击该按钮，表示对单像素颜色取样。
- **2×2**：单击该按钮，表示对2×2像素区域中的平均颜色值进行取样。
- **5×5**：单击该按钮，表示对5×5像素区域中的平均颜色值进行取样。
- **添加到调色板**：单击该按钮，表示将该颜色添加到当前文档的调色板中。

■ 4.1.4 属性滴管工具

“属性滴管工具”用于取样对象的属性、变换效果和特殊效果并将其应用到执行的对象。选择“属性滴管工具”，显示出该工具的属性栏，单击“属性”“变换”“效果”按钮，即可打开与之相对应的下拉面板，如图4-8～图4-10所示。

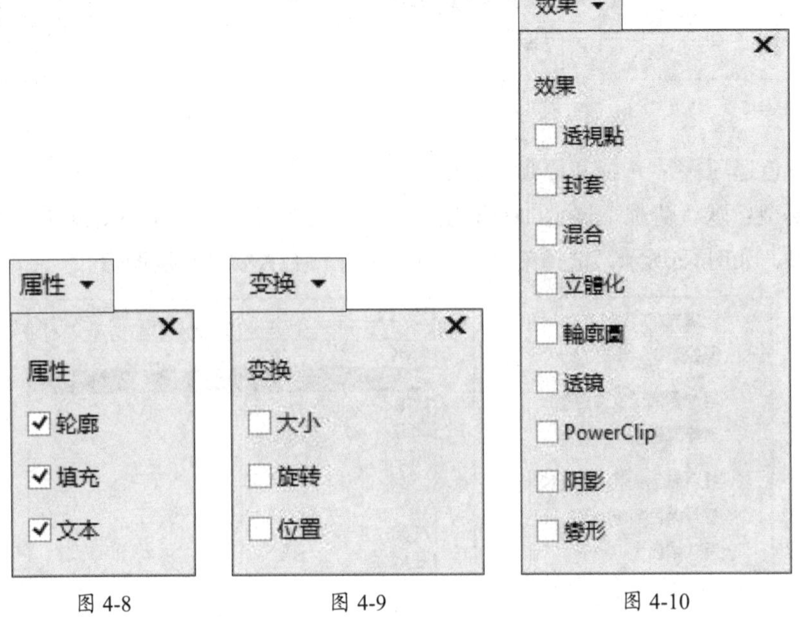

图 4-8　　图 4-9　　图 4-10

实例 “属性滴管工具”的应用

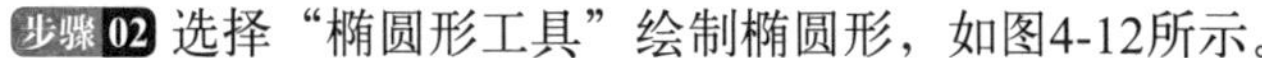

本案例将利用“属性滴管工具”绘制简单的组合图形。下面介绍具体的制作过程。

扫码观看视频

步骤01 执行“文件”→“新建”命令，新建A4文档，如图4-11所示。

步骤02 选择“椭圆形工具”绘制椭圆形，如图4-12所示。

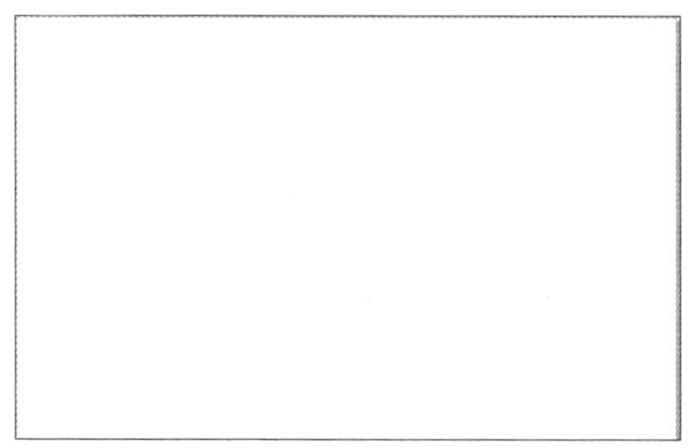

图 4-11

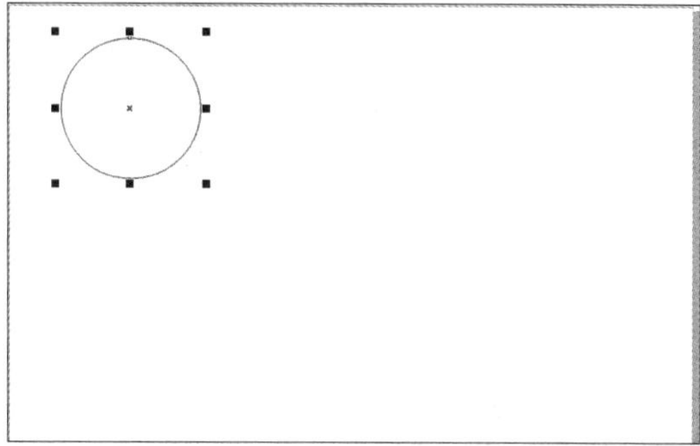

图 4-12

步骤03 选择“交互式填充工具”，在属性栏中单击“均匀填充”按钮，单击“填充色”按钮，在其下拉面板中选择颜色进行填充，如图4-13所示。

步骤04 在属性栏中设置“轮廓宽度”为“无”，效果如图4-14所示。

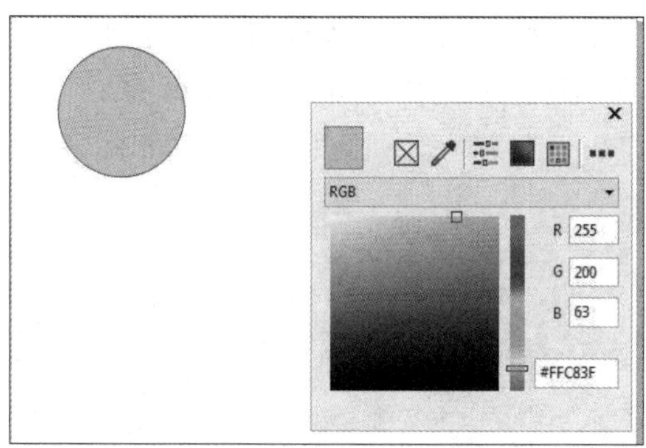

图 4-13

图 4-14

步骤05 选择“复杂星形工具”进行绘制，在属性栏中更改参数并填充粉色，如图4-15所示。

步骤06 在工具箱中选择“属性滴管工具”，将滴管图标移动至椭圆形上取样，如图4-16所示。

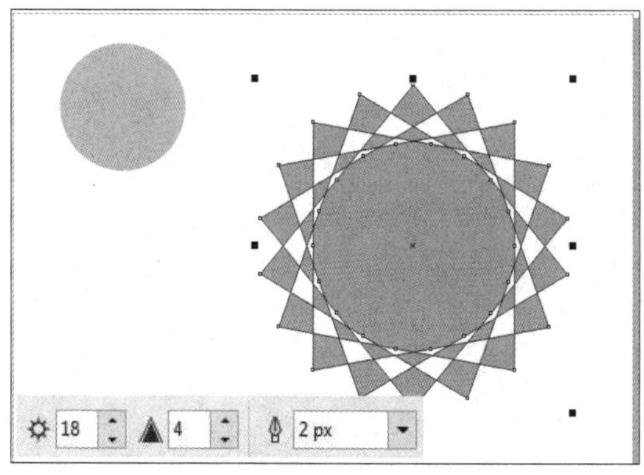

图 4-15

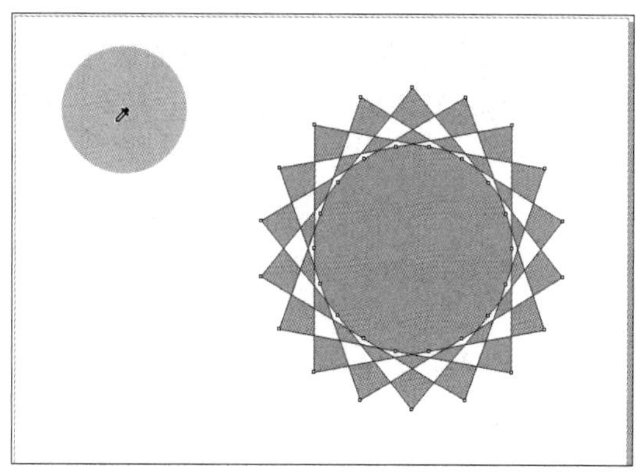

图 4-16

步骤07 单击完成取样，图标变成◈状态，将其移动至星形图形上，如图4-17所示。

步骤08 单击确定应用，最终效果如图4-18所示。

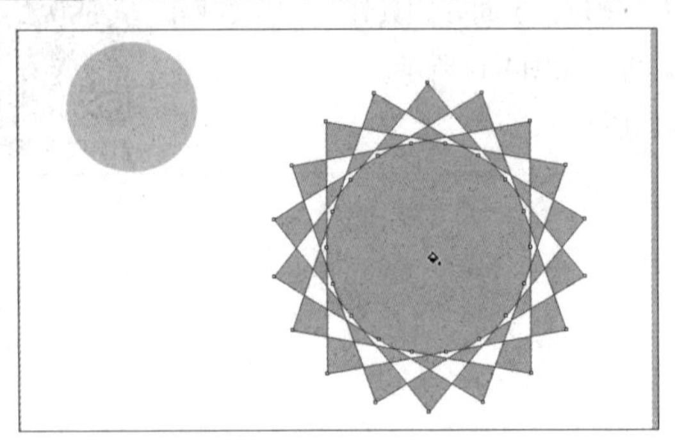
图 4-17

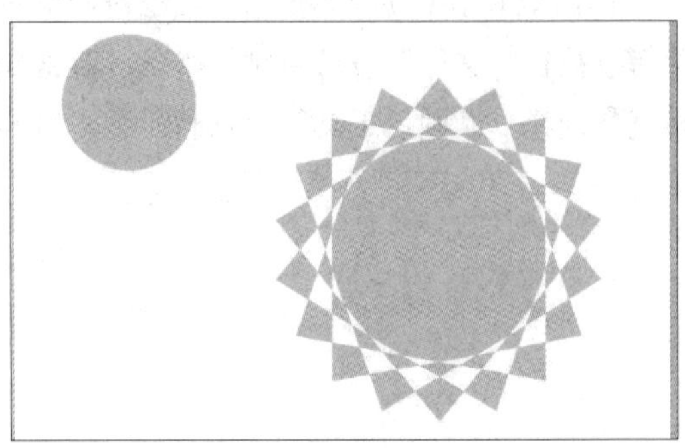
图 4-18

至此，完成“属性滴管工具”的应用。

■ 4.1.5 网状填充工具

网状填充是指通过调整网状方格中的多种颜色来填充对象，可用于创建复杂多变的网状填充效果，还可以为每一个网格填充不同的颜色并定义颜色的扭曲方向。选择“网状填充工具”井，在属性栏中设置网格的数量，在绘图区中显示出相应的网状结构。将光标移动到节点上，可进行拖动调整，如图4-19所示。单击节点，在属性栏中单击“网状填充颜色”按钮，在其下拉面板中选择合适的颜色填充，此时节点周围呈现出过渡颜色效果，如图4-20所示。

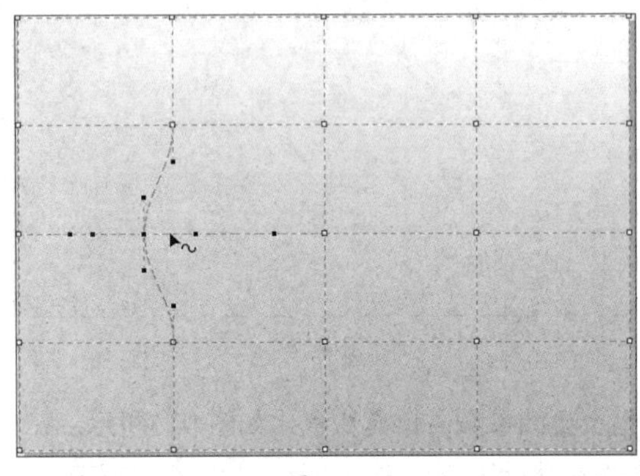
图 4-19

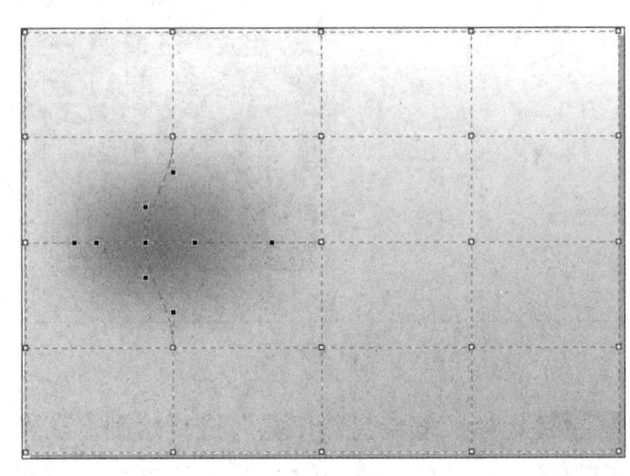
图 4-20

若要添加节点，只需在相应的位置双击即可，如图4-21所示。

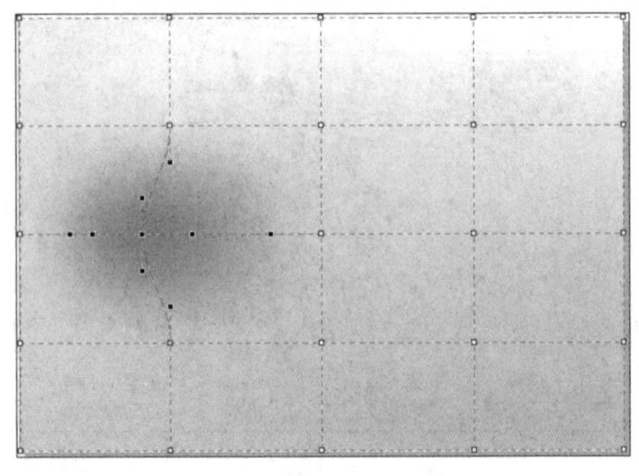
图 4-21

若要删除节点，只需双击节点，或选中节点后按Delete键删除，如图4-22所示。

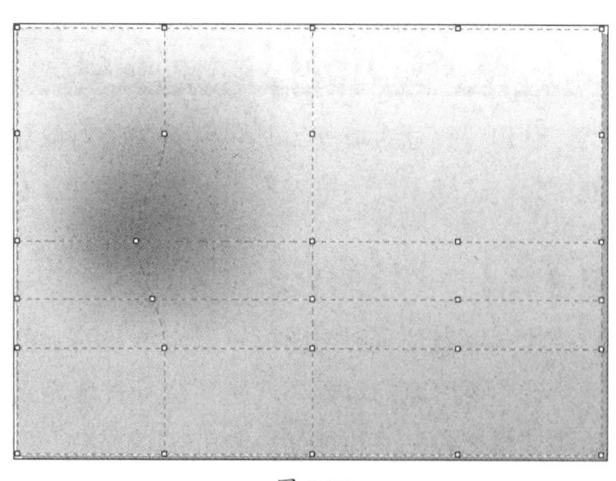

图 4-22

■ 4.1.6 智能填充工具

利用智能填充可对任意闭合的图形填充颜色，也可同时对两个或多个叠加图形的相交区域填充颜色，或者在绘图区中任意单击，对绘图区中所有镂空图形填充颜色。选择“智能填充工具”，显示出该工具的属性栏，如图4-23所示。

图 4-23

“智能填充工具”属性栏中的选项介绍如下：

- **填充选项：**选择将默认或自定义填充设置应用到新对象，在该下拉列表中有“使用默认值”“指定”“无填充”3个选项。
- **填充色：**在该下拉面板中设置填充的颜色。
- **轮廓：**选择将默认或自定义轮廓设置应用到新对象，在该下拉列表中有“使用默认值”“指定”“无轮廓”3个选项。
- **轮廓宽度** .2 mm **：**在该下拉列表中设置填充对象时添加的轮廓的宽度。
- **轮廓色：**在该下拉面板中设置填充对象时添加的轮廓的颜色。

选择“智能填充工具”，在属性栏中设置参数，将光标移动到要填充的区域，单击鼠标左键进行填充，如图4-24所示。选择并移动被填充的图形，可发现被填充的图形是作为独立图形存在的，原图形没有被破坏，如图4-25所示。

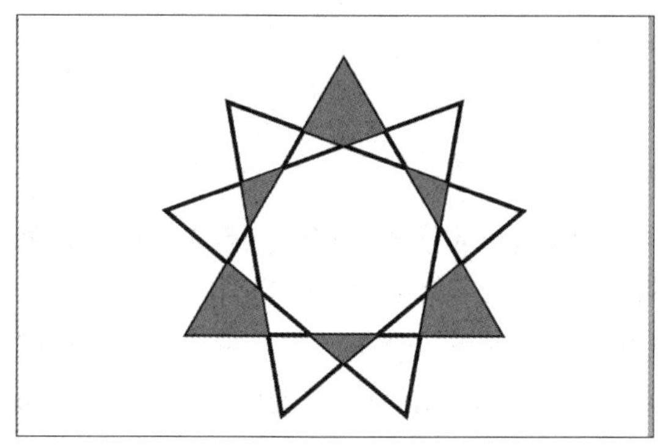

图 4-24

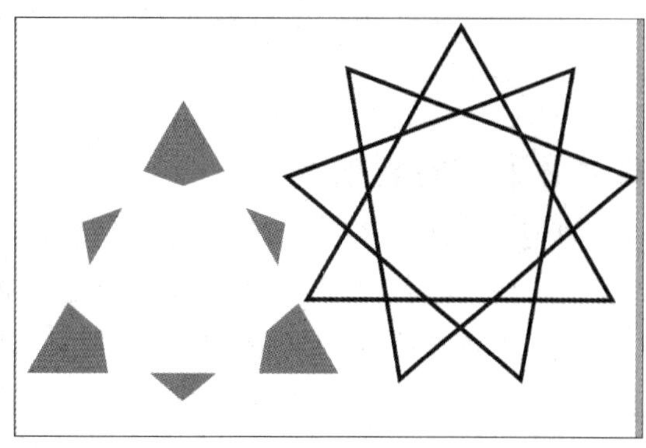

图 4-25

4.2 精确填充对象颜色

利用“交互式填充工具”可对矢量对象精确设置任意角度的纯色、渐变、图案等多种形式的填充。选择不同的填充形式，属性栏中会显示不同的设置选项。

4.2.1 均匀填充

均匀填充是在封闭图形中填充单一的颜色。

选中要填充的对象，选择“交互式填充工具”，在属性栏中单击“均匀填充”按钮，单击“填充色”下拉按钮，打开“填充色”下拉面板，选择合适的颜色进行填充，如图4-26、图4-27所示。

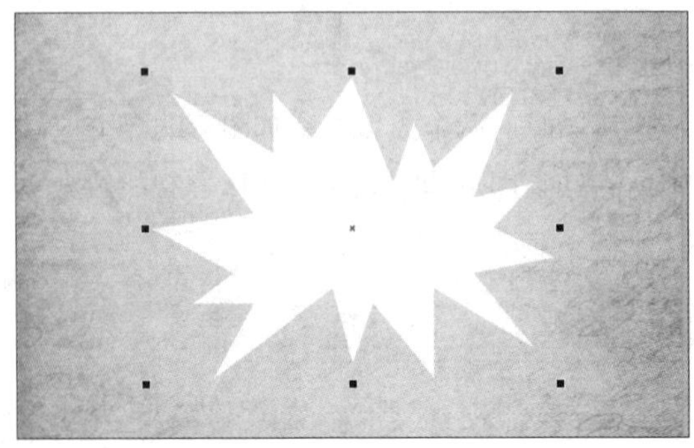

图 4-26

图 4-27

单击属性栏中的“编辑填充”按钮，可在打开的“编辑填充”对话框中调整参数，变换颜色填充样式，如图4-28所示。

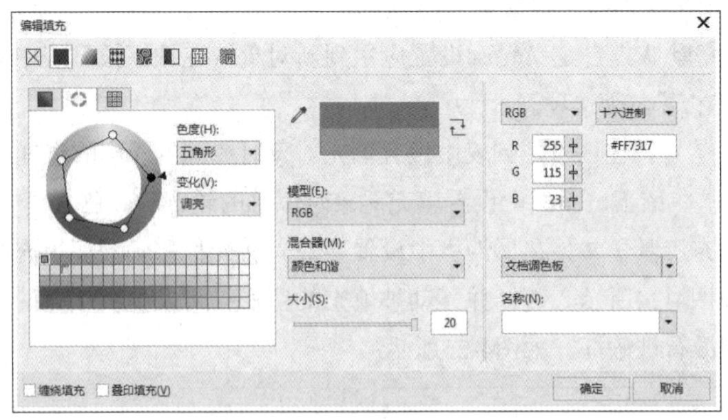

图 4-28

4.2.2 渐变填充

渐变填充是指两种或两种以上颜色过渡的填充效果。CorelDRAW提供了4种不同的渐变类型，如“线性渐变填充”“椭圆形渐变填充”“圆锥形渐变填充”“矩形渐变填充”。

选中要填充的对象，在属性栏中单击“渐变填充”按钮，单击“填充挑选器”下拉按钮，打开“填充挑选器”下拉面板，如图4-29所示，选择合适的渐变颜色进行填充，如图4-30所示为圆锥形渐变填充。

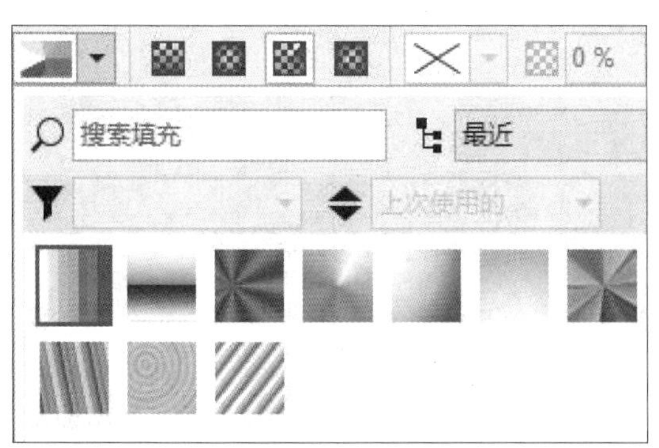

图 4-29

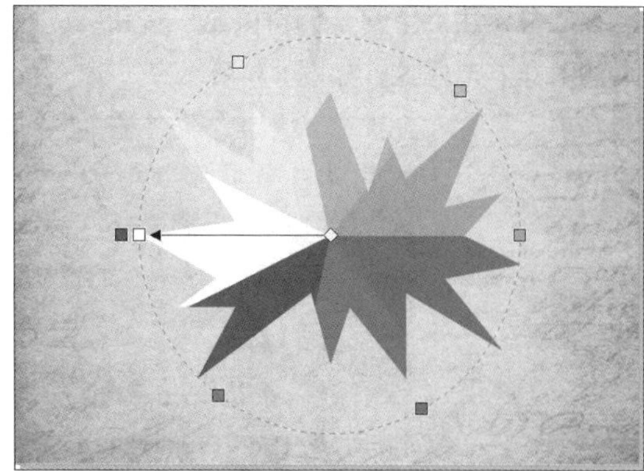

图 4-30

单击属性栏中的“编辑填充”按钮，可在打开的“编辑填充”对话框中调整参数，变换渐变填充样式，如图4-31所示。

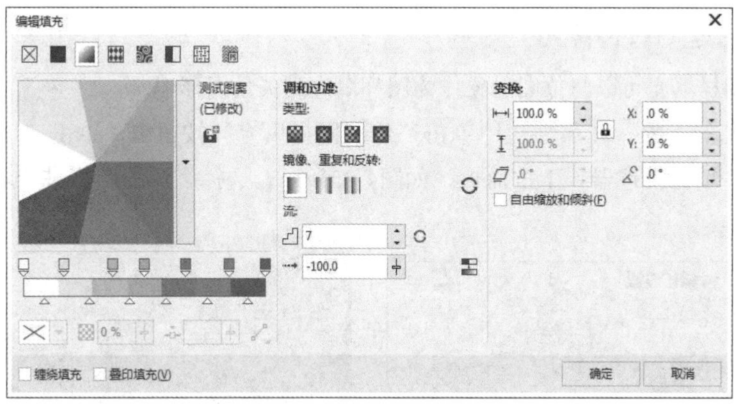

图 4-31

■ 4.2.3　向量图样填充

“向量图样填充”是指将大量重复的图案以拼贴的方式填入对象中。

选中要填充的对象，在属性栏中单击“向量图样填充”按钮，单击“填充挑选器”下拉按钮，随即显示“填充挑选器”下拉面板，如图4-32所示，选择合适的图样进行填充，如图4-33所示。

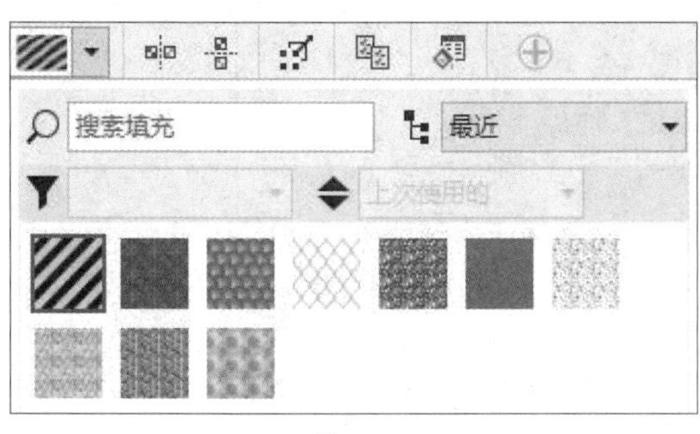

图 4-32

图 4-33

单击属性栏中的“编辑填充”按钮，可在打开的“编辑填充”对话框中调整参数，变换向量图样填充样式，如图4-34所示。

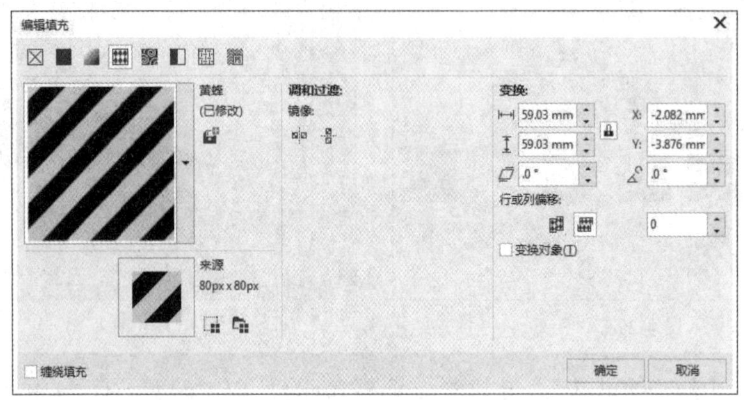

图 4-34

■ 4.2.4　位图图样填充

利用位图图样填充可以将位图对象作为图样填充到矢量图形中。

选中要填充的对象，在属性栏中单击“位图图样填充”按钮，单击“填充挑选器”下拉按钮，打开“填充挑选器”下拉面板，如图4-35所示，选择合适的图样进行填充，如图4-36所示。

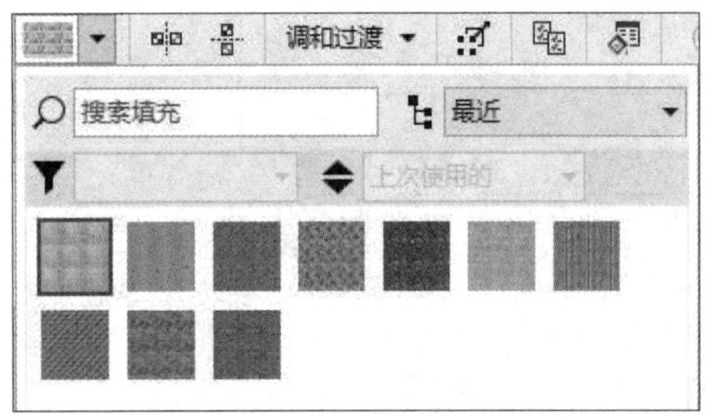

图 4-35

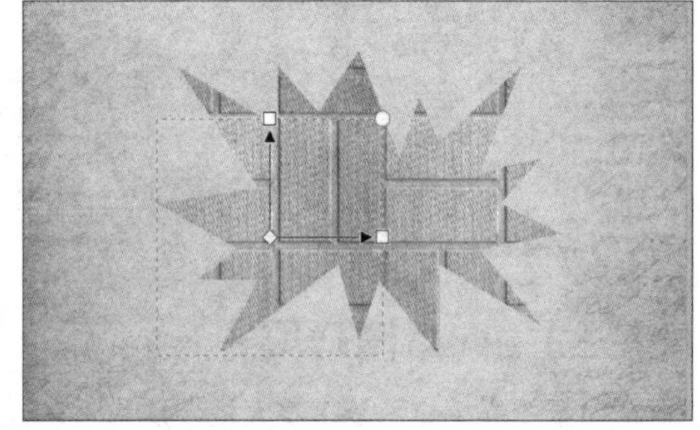

图 4-36

单击属性栏中的“编辑填充”按钮，可在打开的“编辑填充”对话框中调整参数，变换位图图样填充样式，如图4-37所示。

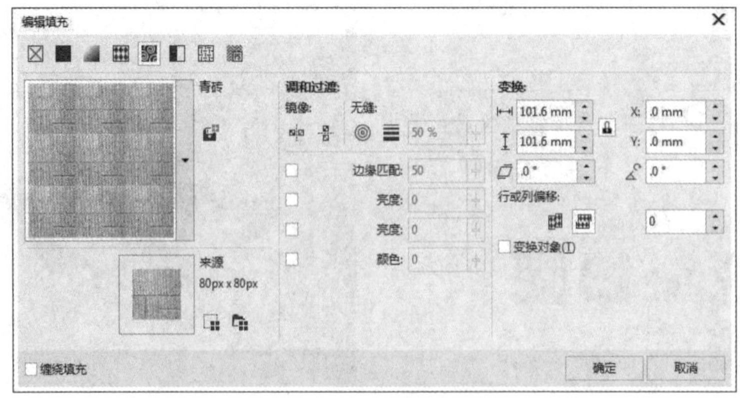

图 4-37

■ 4.2.5 双色图样填充

利用双色图样填充可以通过在预设列表中选择一种黑白双色图样，然后分别设置前景色和背景色区域的颜色来改变图样效果。

选中要填充的对象，在属性栏中单击“双色图样填充”按钮◧，单击“填充挑选器”下拉按钮，打开“填充挑选器”下拉面板，如图4-38所示，选择合适的图样和颜色进行填充，如图4-39所示。

图 4-38

图 4-39

单击属性栏中的“编辑填充”按钮，可在打开的“编辑填充”对话框中调整参数，变换双色图样填充样式，如图4-40所示。

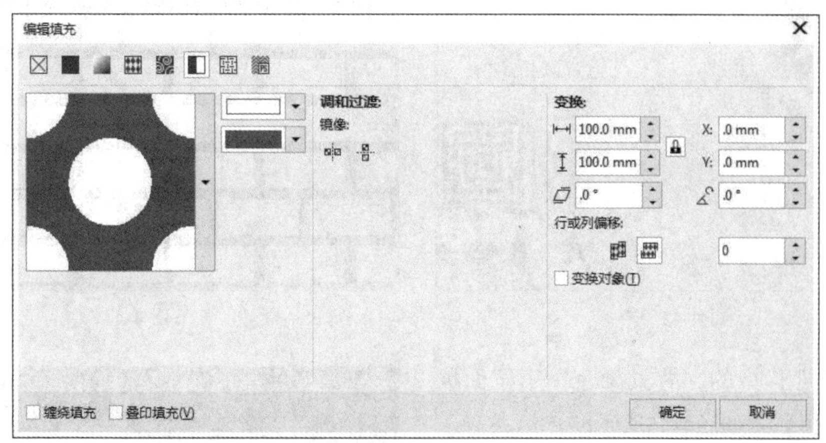

图 4-40

实例 制作墙砖效果

本案例将利用“双色图样填充”功能制作墙砖效果。下面介绍具体的制作过程。

扫码观看视频

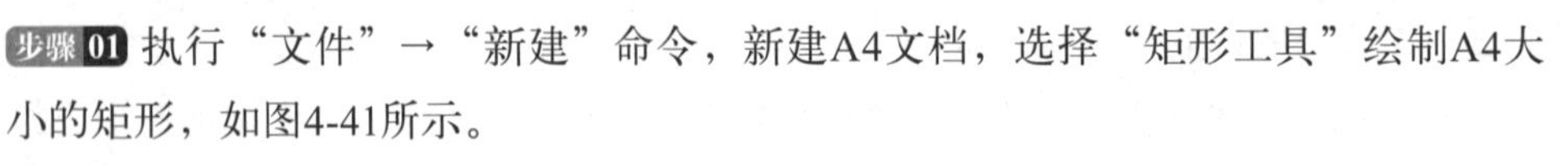

步骤01 执行“文件”→“新建”命令，新建A4文档，选择“矩形工具”绘制A4大小的矩形，如图4-41所示。

步骤02 在工具箱中选择“交互式填充工具”，在属性栏中单击“双色图样填充”按钮，效果如图4-42所示。

图 4-41

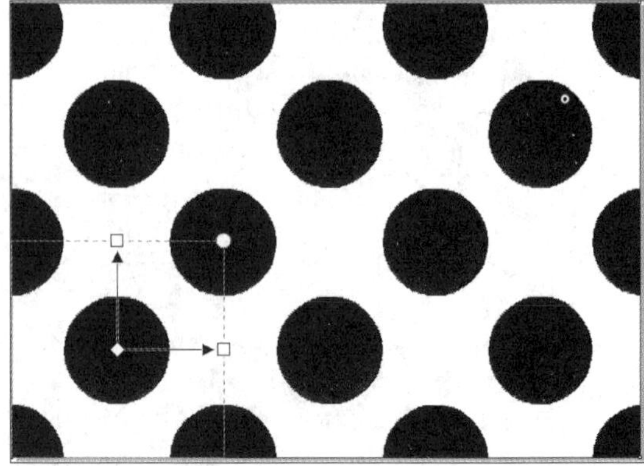
图 4-42

步骤03 单击“第一种填充色或图样”下拉按钮，在其下拉列表中选择图样，如图4-43、图4-44所示。

图 4-43

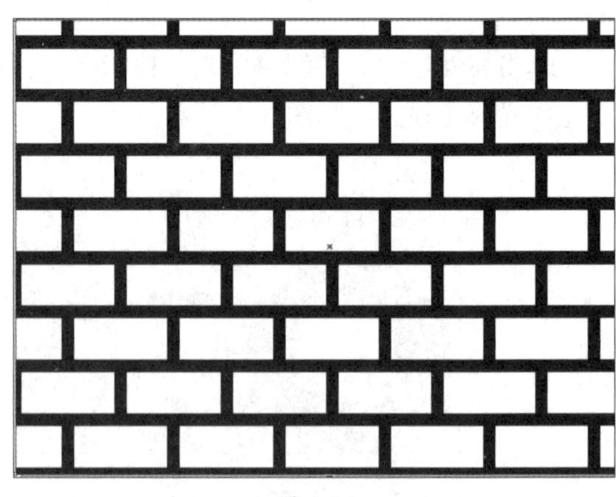
图 4-44

步骤04 在属性栏中的“背景颜色”下拉面板中设置背景颜色，如图4-45所示。

图 4-45

步骤05 在属性栏中的“前景颜色”下拉面板中设置前景颜色为白色，如图4-46所示。

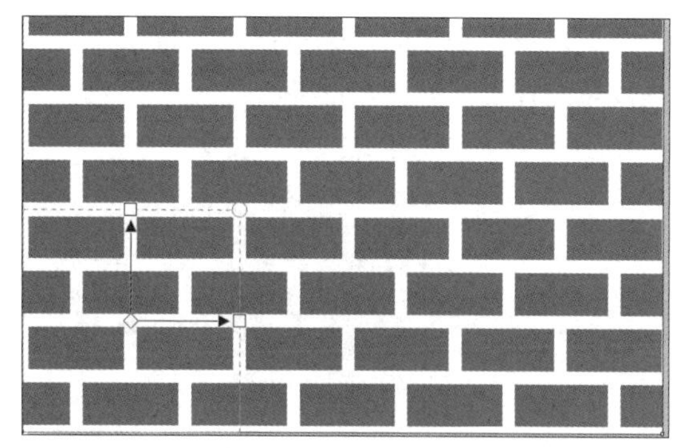

图 4-46

步骤06 调整控制柄以调整图样的大小和位置，如图4-47、图4-48所示。

图 4-47

图 4-48

至此，完成墙砖效果的制作。

4.2.6 底纹填充

底纹填充是指应用预设底纹进行填充，以创建各种自然界中的纹理效果。

选中要填充的对象，在属性栏中单击“双色图样填充”按钮，在其下拉列表中选择“底纹填充”选项，单击“底纹库”按钮，在其下拉列表中选择合适的底纹库，如图4-49所示。单击“填充挑选器”下拉按钮，在“填充挑选器”下拉列表中选择合适的底纹进行填充，如图4-50、图4-51所示。

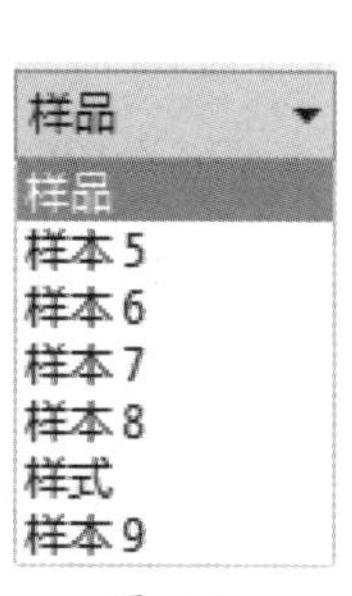

图 4-49

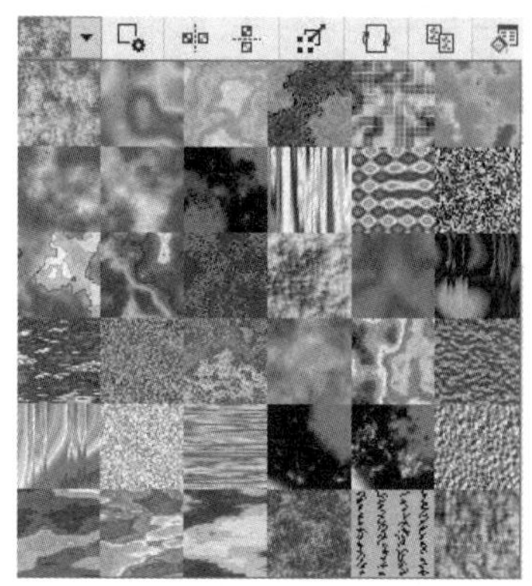

图 4-50

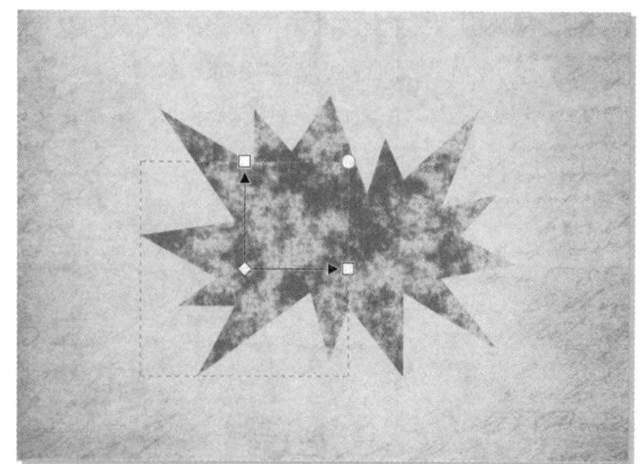

图 4-51

单击属性栏中的“编辑填充”按钮，可在打开的“编辑填充”对话框中调整参数，变换底纹填充样式，如图4-52所示。

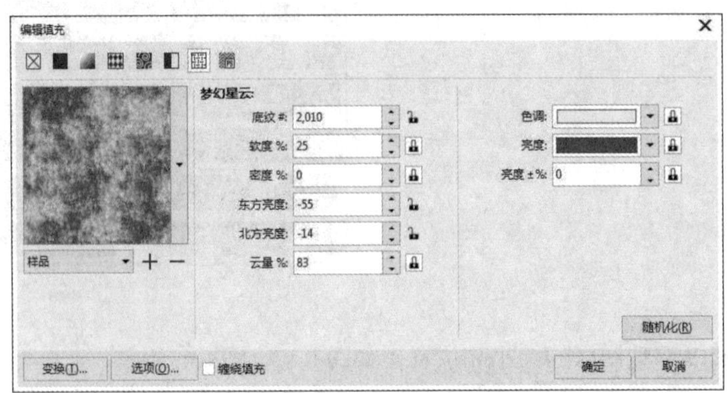

图 4-52

■ 4.2.7　PostScript 填充

PostScript填充是一种由PostScript语言计算出来的花纹填充，这种填充纹路细腻、占用空间小，适用于较大面积的花纹设计。

选中要填充的对象，在属性栏中单击“双色图样填充”按钮，在其下拉列表中选择“PostScript填充”选项，单击“PostScript填充底纹”，在其下拉列表中选择合适的底纹进行填充，如图4-53、图4-54所示。

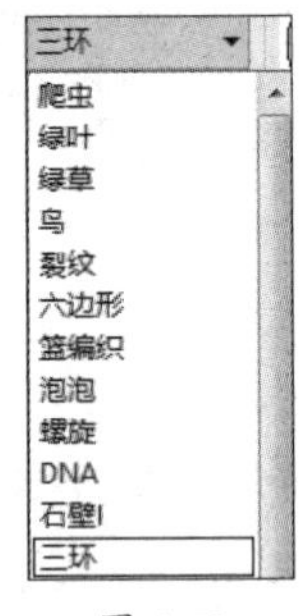

图 4-53

图 4-54

单击属性栏中的“编辑填充”按钮，可在打开的“编辑填充”对话框中调整参数，变换PostScript填充样式，如图4-55所示。

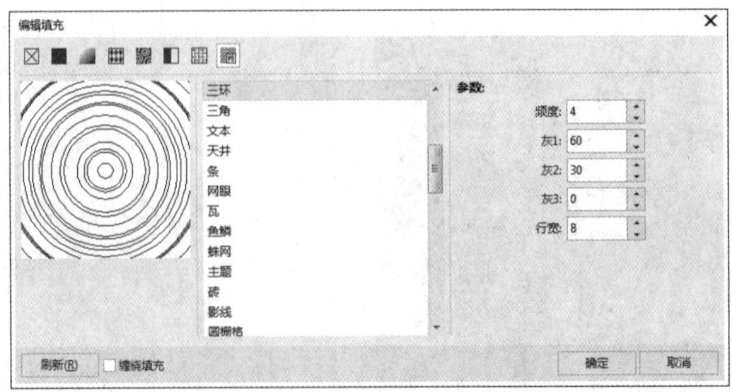

图 4-55

4.3 填充对象轮廓颜色

利用“轮廓笔工具”可对图形的轮廓线进行填充和编辑，以丰富图形的轮廓效果。在绘制图形时，轮廓的颜色默认为0.2 mm的黑色线条。

4.3.1 轮廓笔

“轮廓笔工具”主要用于调整图形对象的轮廓宽度、颜色和样式等属性。按F12键，或者在状态栏中双击“轮廓笔工具”按钮，打开“轮廓笔”对话框，如图4-56所示。

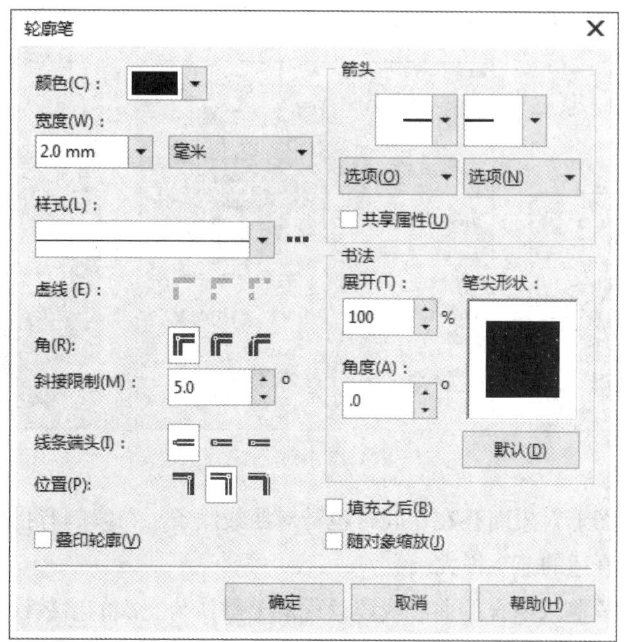

图 4-56

“轮廓笔”对话框中的选项介绍如下：

- **颜色：**默认情况下，轮廓线的颜色为黑色。单击该下拉按钮，在打开的颜色面板中可以选择轮廓线的颜色。
- **宽度：**用于设置轮廓线的宽度，在其右侧的下拉列表中还可对其单位进行调整。
- **样式：**用于设置轮廓线的样式。
- **虚线：**在“样式”里选择除“直线”外的其他轮廓线样式后，都可以为其设置虚线样式，有“默认虚线”“对齐虚线”“固定虚线”3种选项。
- **角：**用于设置轮廓线拐角处的显示样式，有“斜接角”“圆角”“斜角”3种选项。
- **斜接限制：**用于设置以锐角相交的两条线从点化（斜接）结合点向方格化（斜接修饰）结合点切换的值。
- **线条端头：**用于设置轮廓线端头处的显示样式，有“方形端头”“圆形端头”“延伸方形端头”3种选项。
- **位置：**用于设置描边路径的相对位置，有“外部轮廓”“居中的轮廓”“内部轮廓”3种选项。

- **箭头：**单击其下拉按钮，可在打开的下拉列表中设置在闭合的曲线线条起点和终点处的箭头样式。
- **书法：**在“展开”和“角度”数值框中设置轮廓线笔尖的宽度和倾斜角度。
- **填充之后：**勾选该复选框后，会调整轮廓线在当前对象的后面显示。
- **随对象缩放：**勾选该复选框后，轮廓线会随着图形大小的变化而改变。

■ 4.3.2 设置轮廓线颜色和样式

选择目标图形对象，按F12键打开“轮廓笔”对话框，对其中的“颜色”“宽度”“样式”选项进行设置，单击“确定”按钮。设置过程如图4-57～图4-59所示。

图 4-57

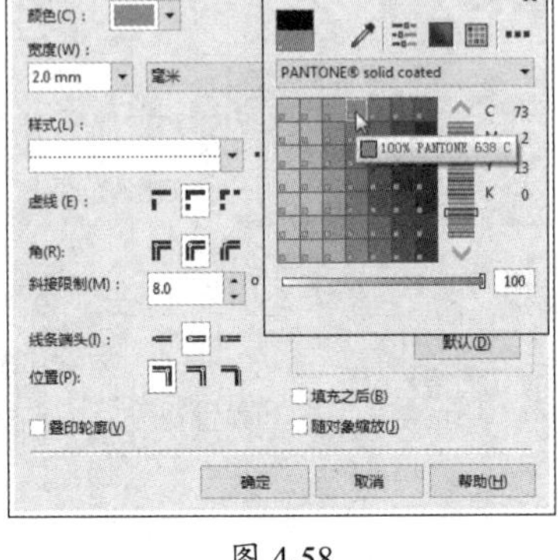

图 4-58

图 4-59

轮廓线不仅针对图形对象而存在，同时也针对曲线线条。在绘制有指向性的曲线线条时，有时会需要为其添加合适的箭头样式。

选择绘制工具，绘制未闭合的曲线线段（轮廓笔默认为上次的参数设置），如图4-60所示。按F12键打开“轮廓笔”对话框，分别在“起点和终点箭头样式”下拉列表中设置线条的箭头样式，完成后单击“确定”按钮，此时的曲线线条两端会变成带有箭头样式的效果，如图4-61所示。

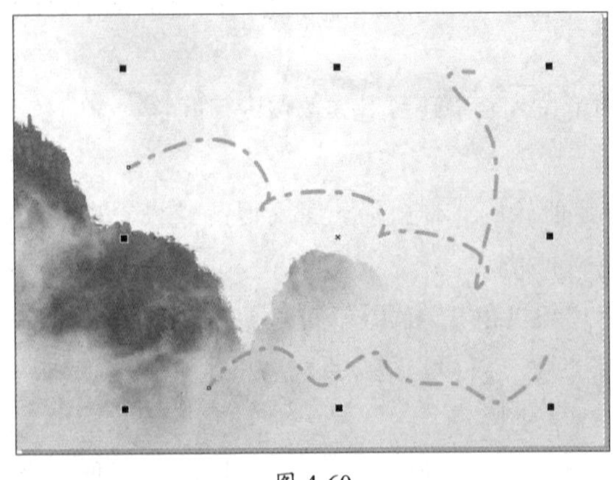

图 4-60

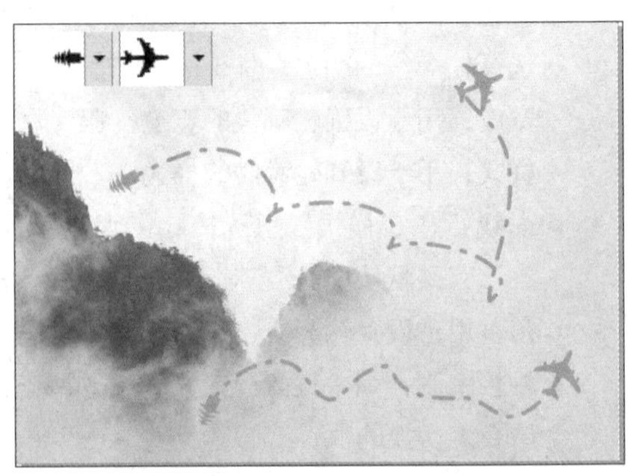

图 4-61

实战演练 绘制渐变背景海报

扫码观看视频

在完成本章的学习后，将利用“椭圆形工具”“属性吸管工具”“渐变填充”等工具制作渐变背景海报。下面介绍具体的制作过程。

步骤 01 执行“文件”→“新建”命令，新建A4尺寸的文档，选择“矩形工具”绘制A4大小的矩形，效果如图4-62所示。

图 4-62

步骤 02 单击属性栏中的“填充”按钮，在打开的“编辑填充”对话框中单击“渐变填充”按钮，参数设置如图4-63所示，单击“确定”按钮。

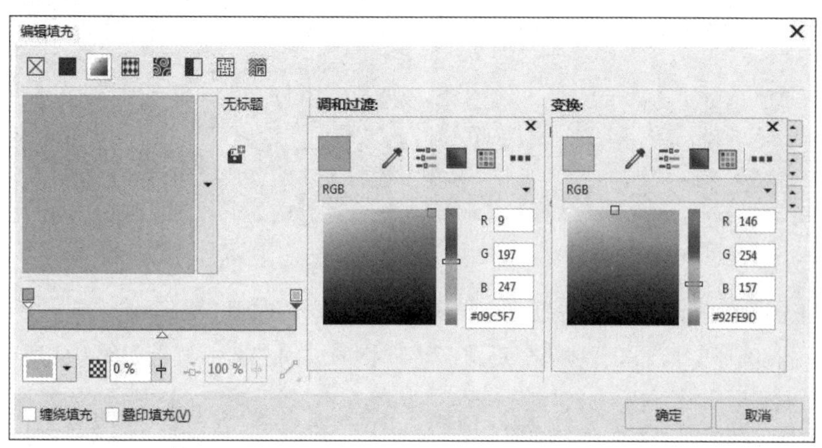

图 4-63

步骤 03 在属性栏中设置“轮廓宽度”为“无”，效果如图4-64所示。

图 4-64

步骤04 创建居中辅助线，效果如图4-65所示。

图 4-65

步骤05 选择“椭圆形工具”，按住Ctrl键绘制正圆形，效果如图4-66所示。

步骤06 选择“属性吸管工具”，吸取矩形渐变以填充正圆形，效果如图4-67所示。

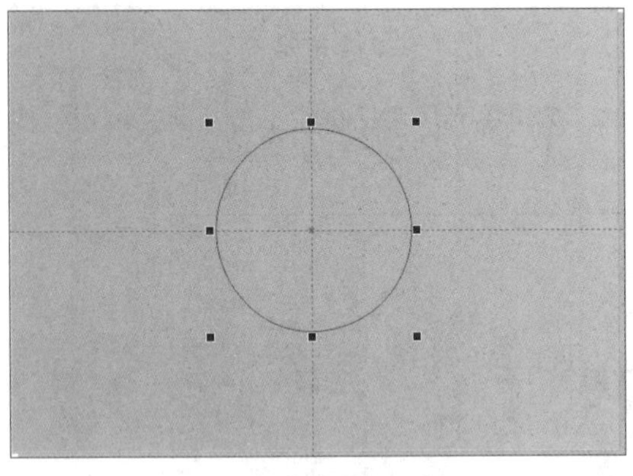

图 4-66

图 4-67

步骤07 选中正圆形，在属性栏中设置“旋转角度”为90°，如图4-68所示。

步骤08 选择“椭圆形工具”，绘制两个正圆形，重叠形成同心圆，效果如图4-69所示。

图 4-68

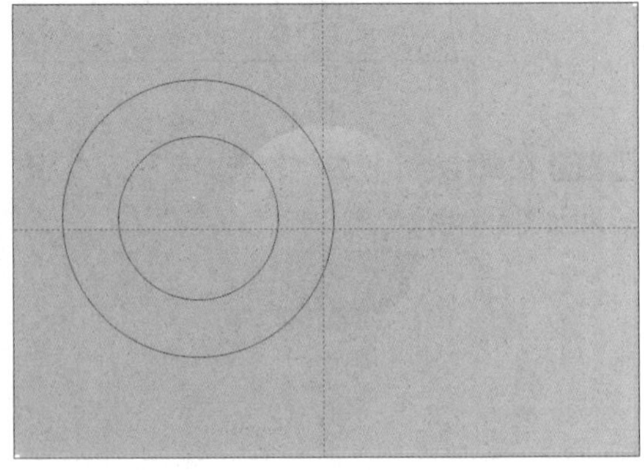

图 4-69

步骤09 选中两个同心正圆形，在属性栏中单击“合并”按钮，形成圆环，如图4-70所示。

步骤10 在属性栏中设置“轮廓宽度”为“无”，效果如图4-71所示。

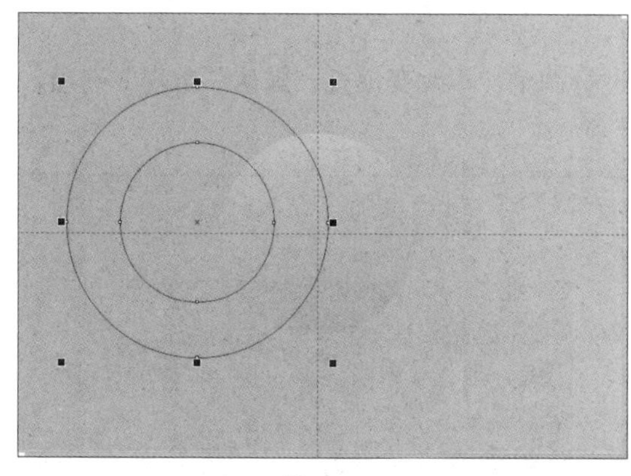
图 4-70

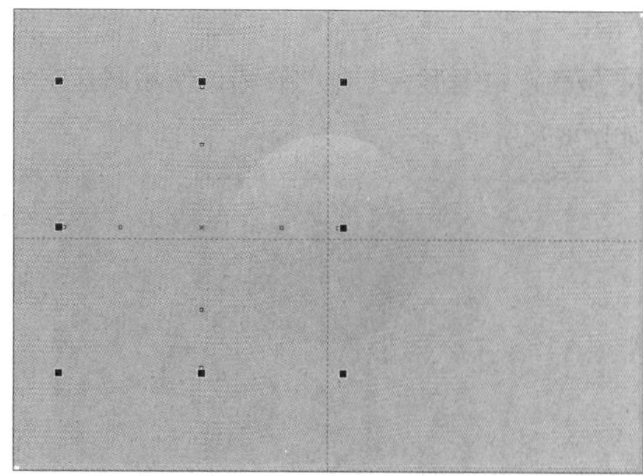
图 4-71

步骤11 单击状态栏中的“填充”按钮，在打开的“编辑填充”对话框中单击“渐变填充”按钮，参数设置如图4-72所示，单击“确定”按钮，效果如图4-73所示。

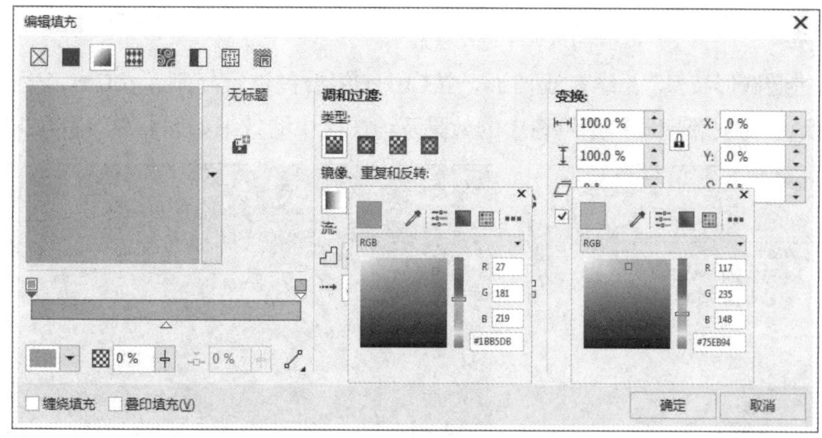

图 4-72

步骤12 将圆环旋转180°并进行复制，将两个圆环分别放至矩形的左下角和右上角，效果如图4-74所示。

图 4-73

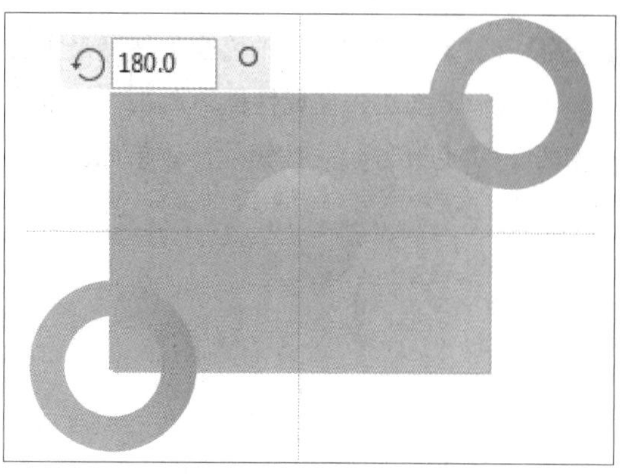

图 4-74

步骤 13 选中矩形左下角的圆环，在工具箱中选择“透明度工具”，在属性栏中单击“渐变透明度”按钮，在“合并模式”下拉列表中选择“颜色加深”选项，调整控制柄，效果如图4-75所示。

步骤 14 选中矩形右上角的圆环，使用同样的方法进行调整，不改变模式，默认“常规”选项，如图4-76所示。

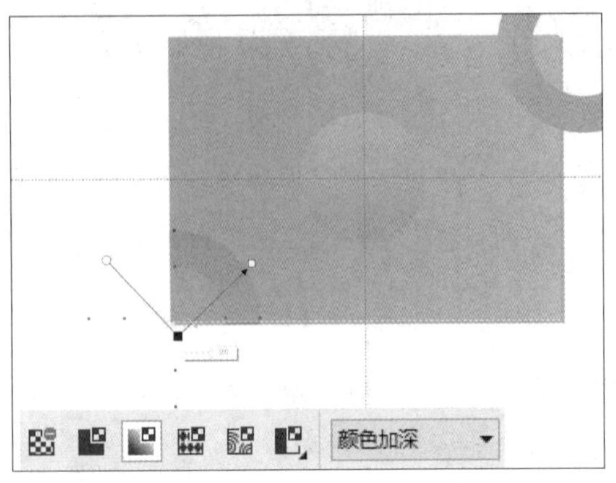

图 4-75　　图 4-76

步骤 15 选择“椭圆形工具”，绘制正圆形，按Ctrl+C组合键进行复制，按Ctrl+V组合键进行粘贴，连续两次，“对象管理器”泊坞窗中的效果及绘图区中的效果如图4-77、图4-78所示。

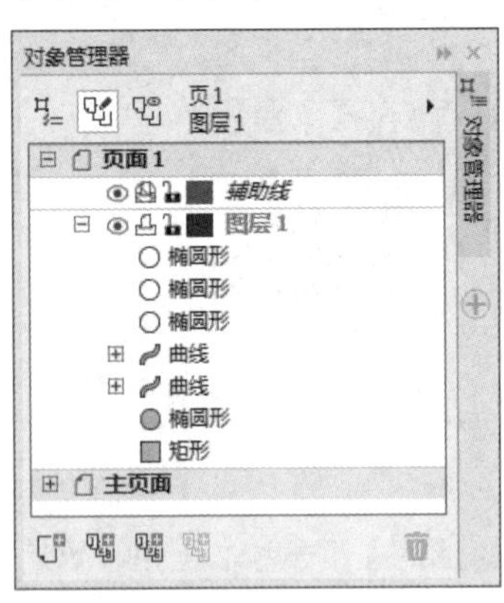

图 4-77

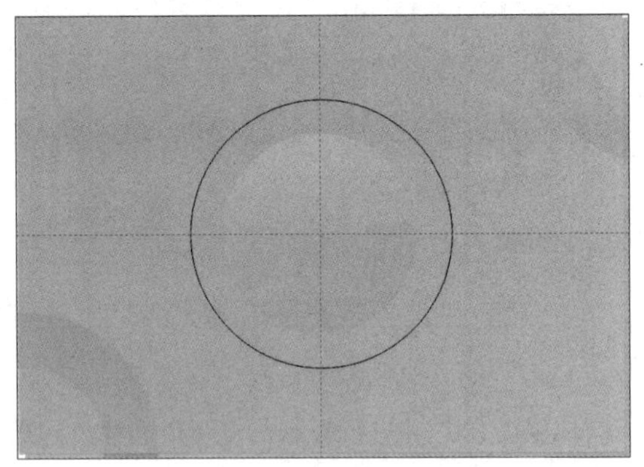

图 4-78

步骤 16 在“对象管理器”泊坞窗中选择最上方的“椭圆形”图层，在属性栏中单击“弧形”按钮◡和“更改方向”按钮◷，效果如图4-79所示。

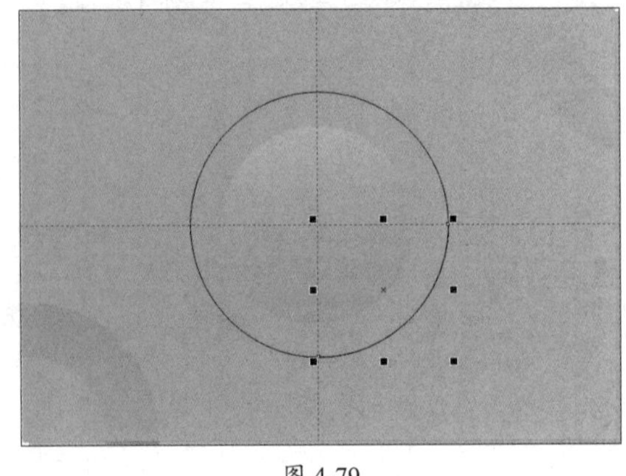

图 4-79

步骤17 在“对象管理器”泊坞窗中选择中间的“椭圆形”图层，在属性栏中单击“弧形”按钮◡，设置“旋转角度”为120°，单击“更改方向”按钮◷，效果如图4-80所示。

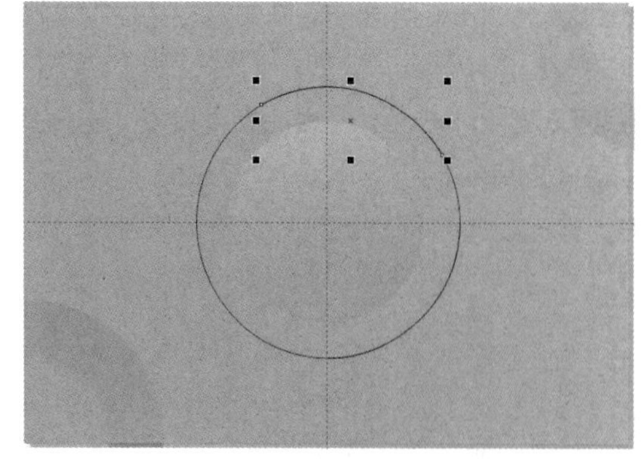

图 4-80

步骤18 在“对象管理器”泊坞窗中选择最下方的“椭圆形”图层，在属性栏中单击“弧形”按钮◡，设置“旋转角度”为240°，单击“更改方向”按钮◷，效果如图4-81所示。

步骤19 按Shift键选中3个圆弧，双击状态栏中的“轮廓笔工具”按钮，在打开的“轮廓笔”对话框中设置参数，如图4-82所示，单击“确定”按钮。

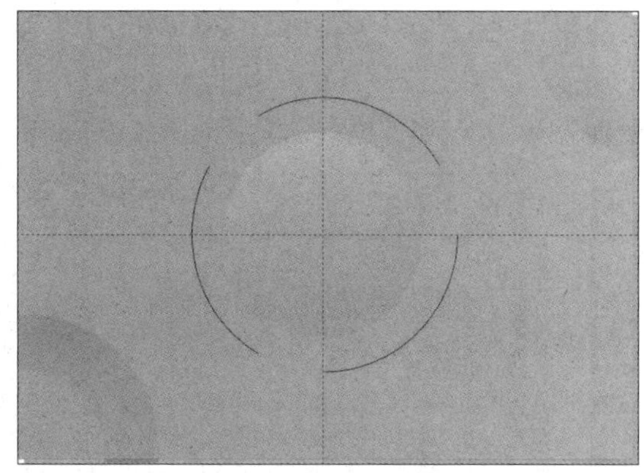

图 4-81

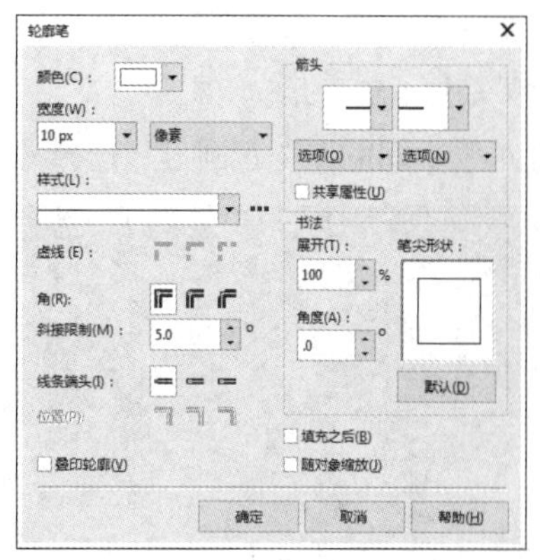

图 4-82

步骤20 按Ctrl+G组合键组合对象，效果如图4-83所示。

步骤21 按Shift键等比例缩小对象，效果如图4-84所示。

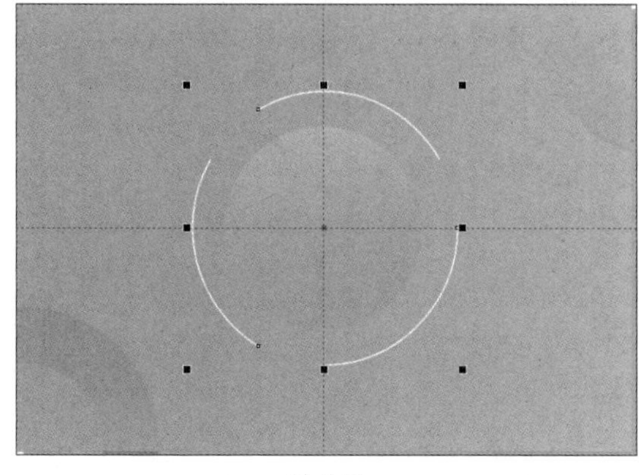

图 4-83

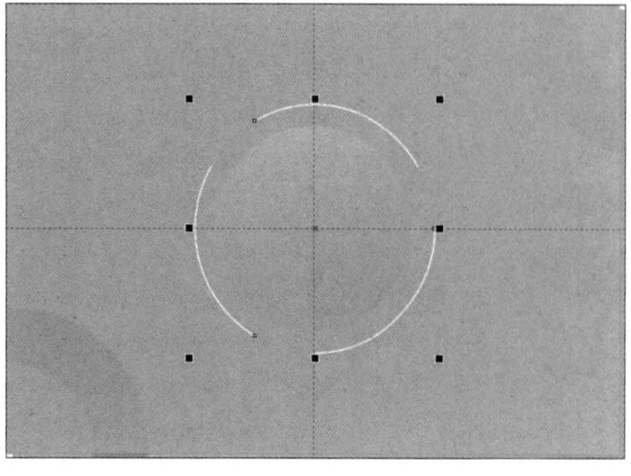

图 4-84

步骤22 按Ctrl+C组合键复制对象，按Ctrl+V组合键粘贴对象，按Shift键等比例放大对象，效果如图4-85所示。

步骤23 删除辅助线，在属性栏中设置“旋转角度”为180°，并更改“轮廓宽度”为5 px，效果如图4-86所示。

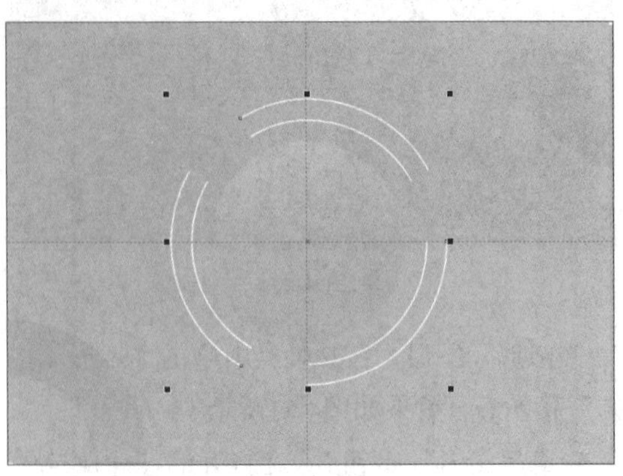

图 4-85

图 4-86

步骤24 绘制3个“轮廓宽度”为10 px、颜色为白色的正圆形；绘制两个填充颜色为白色的正圆形，效果如图4-87所示。

步骤25 选中中间的渐变正圆形，选择“透明度工具”，在属性栏中设置参数，如图4-88所示。

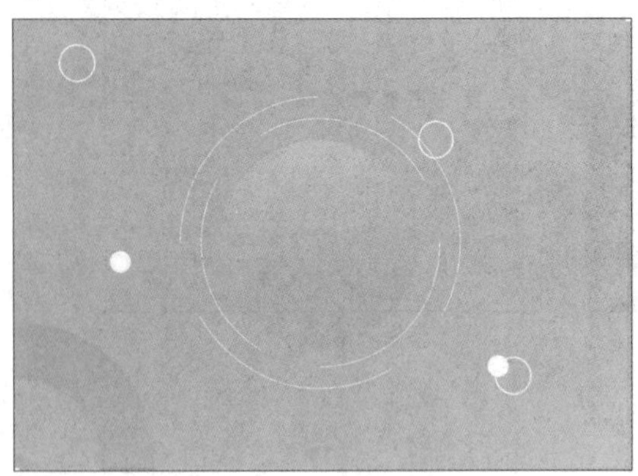

图 4-87

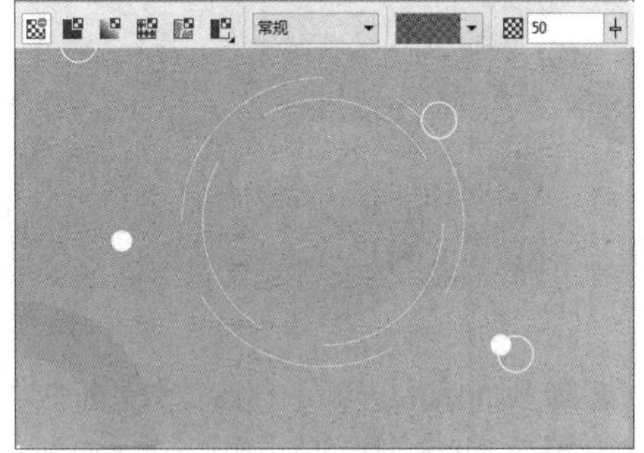

图 4-88

至此，完成渐变背景海报的制作。

课后作业

一、选择题

1. 在颜色模式中，（　　）说法是不正确的。

A. CMYK表示的是青色、洋红、黄色和黑色

B. RGB表示的是红色、绿色、白色

C. HSB模式中，H表示色相，S表示饱和度，B表示亮度

D. 灰度模式的图像中只存在灰度，而没有色度、饱和度等彩色信息

2. CorelDRAW提供了（　　）4种不同的渐变类型。

A. 线性渐变填充、径向渐变填充、圆锥形渐变填充、矩形渐变填充

B. 线性渐变填充、椭圆形渐变填充、对称渐变填充、矩形渐变填充

C. 线性渐变填充、椭圆形渐变填充、圆锥形渐变填充、菱形渐变填充

D. 线性渐变填充、椭圆形渐变填充、圆锥形渐变填充、矩形渐变填充

3. 图样填充不包括（　　）。

A. 向量图像　　B. 位图图样

C. 矢量图样　　D. 双色图样

4. 要增加线条宽度，要选择（　　）。

A. 填充工具　　B. 轮廓笔工具

C. 线条工具　　D. 自由手工具

二、填空题

1. “颜色滴管工具”主要应用于吸取画面中图形的颜色，包括______、______、______和______。

2. “属性滴管工具”用于取样______、______和______，并将其应用到执行的对象。

3. “智能填充工具”可对______图形填充颜色，也可同时对两个或多个叠加图形的______填充颜色，或者在绘图区中任意单击，对绘图区中所有______填充颜色。

4. “轮廓笔工具”主要用于调整图形对象的______、______和______等属性。

三、上机题

1. 绘制标签，效果如图4-89所示。

图 4-89

思路提示

- 设置“矩形工具”的参数并绘制圆角矩形。
- 使用“修剪工具”得到白色标签部分。
- 使用“阴影工具”制作阴影效果。
- 使用“透明度工具”添加透明度。
- 使用“椭圆形工具”和“调和工具”制作下方的阴影。

2. 绘制铅笔和钢笔，效果如图4-90所示。

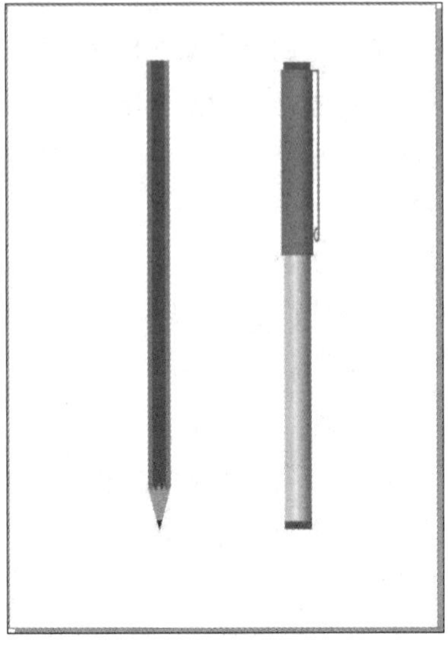

图 4-90

思路提示

- 使用“矩形工具”绘制矩形。
- 使用“多边形工具”配合“PowerClip”制作铅笔头。
- 使用“渐变填充”制作渐变效果。
- 使用“贝塞尔工具”绘制笔帽。

第5章

对象的编辑与操作

内容概要

本章以图形对象为载体，分别从基本操作、变换、管理、编辑4个方面对图形对象的相关操作进行介绍。通过对本章进行学习，可以充分掌握图形对象的编辑操作，并对这些操作熟练运用。

知识要点

- 图形对象的基本操作。
- 变换对象操作。
- 管理对象操作。
- 编辑对象操作。

数字资源

【本章素材来源】："素材文件\第5章"目录下

【本章实战演练最终文件】："素材文件\第5章\实战演练"目录下

5.1 图形对象的基本操作

在实操过程中，针对图形对象的基本操作包括复制对象、剪切对象、粘贴对象、再制对象，以及步长和重复、撤销和重做等。

■5.1.1 复制对象

复制对象是指复制出一个与原对象完全相同的图形对象。选中图形对象，执行“编辑”→“复制”命令，再执行“编辑”→“粘贴”命令，或按Ctrl+C组合键进行复制，按Ctrl+V组合键进行粘贴，即可在图形对象原有位置上复制出一个与之完全相同的图形对象。按住鼠标左键不放，拖动图形对象，可将复制得到的图形对象移动到任意位置进行查看，如图5-1、图5-2所示。

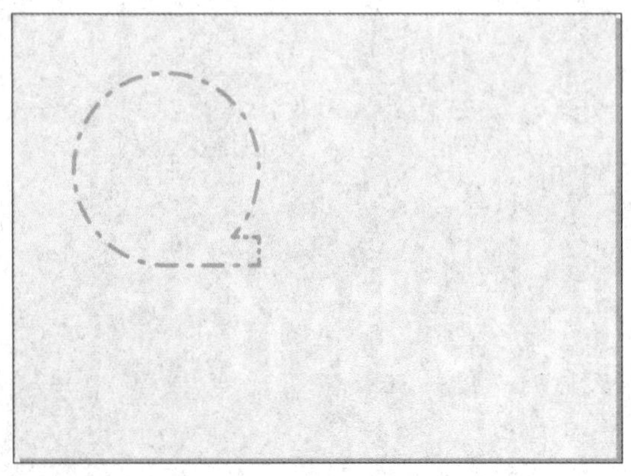

图 5-1

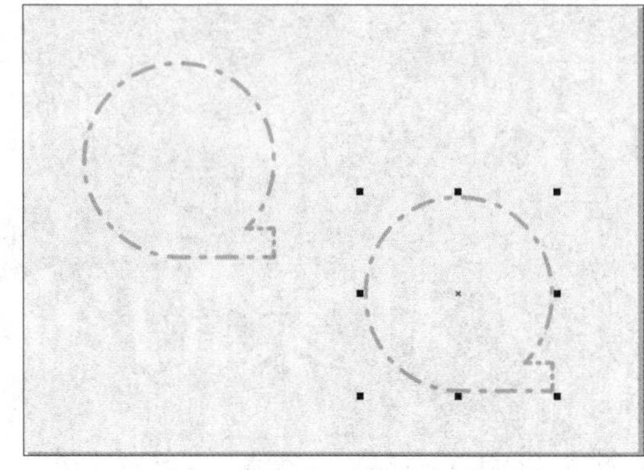

图 5-2

■5.1.2 剪切与粘贴对象

选中图形对象，执行“编辑”→“剪切”命令，或按Ctrl+X组合键剪切对象，将所选对象剪切到剪贴板，被剪切对象消失，再执行“编辑”→“粘贴”命令，或按Ctrl+V组合键复制对象，将剪切的对象粘贴到原位置，但对象顺序发生了改变，粘贴的对象位于图形对象的最顶端，如图5-3～图5-5所示。

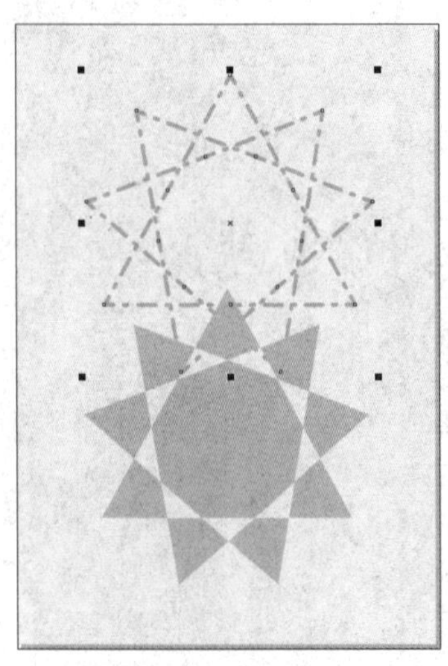

图 5-3

图 5-4

图 5-5

知识点拨

剪切对象、复制对象和粘贴对象都可在不同的图形文件或不同的页面之间进行操作，以方便用户对图形内容的快速运用。

5.1.3 再制对象

再制对象与复制对象相似，不同的是，再制对象是将对象副本直接放置在页面中，而不是通过剪贴板进行中转，所以不需要进行粘贴。此外，再制的图形对象并非出现在图形对象的初始位置，而是与初始位置之间有一个默认的位移。

选中图形对象，执行“编辑”→“再制”命令或按Ctrl+D组合键，即可在原对象的右侧再制出一个与原对象完全相同的图形，如图5-6、图5-7所示。

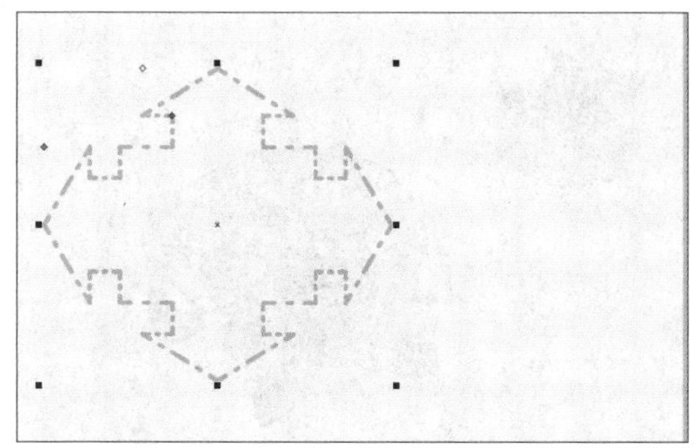

图 5-6

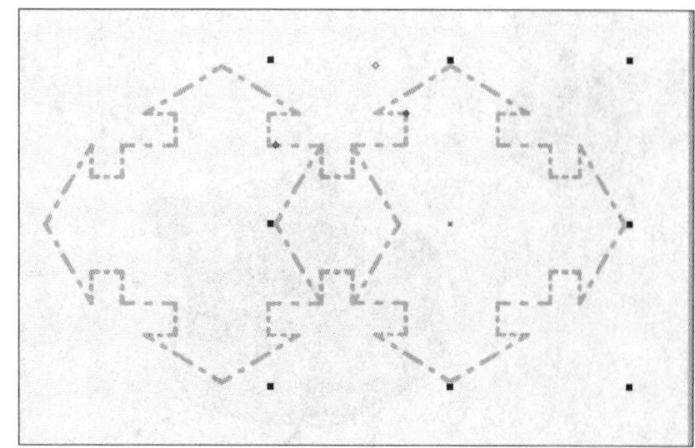

图 5-7

知识点拨

再制对象还有另一种方法：选择图形对象，然后按住鼠标右键拖动图形对象，到达合适的位置后释放鼠标，在弹出的快捷菜单中选择“复制”选项。

5.1.4 步长和重复

利用“步长和重复”命令可以通过设置对象副本偏移的位置和数量快速、精确地复制出多个相同的、排列规则的对象。选中图形对象，执行“编辑”→“步长和重复”命令，或按Ctrl+Shift+D组合键，即可在绘图区右侧显示出“步长和重复”泊坞窗，设置参数，然后单击“应用”按钮，如图5-8～图5-10所示。

图 5-8

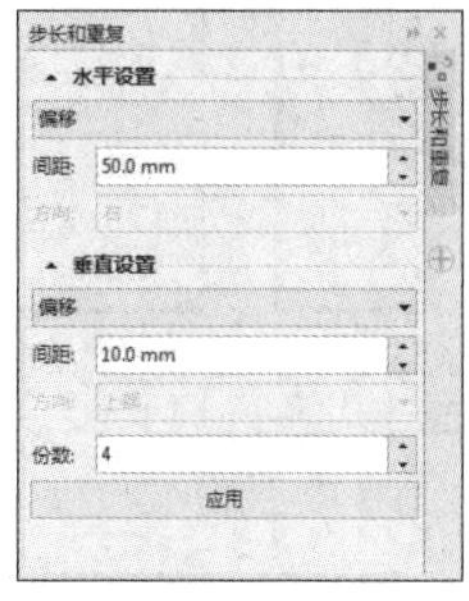

图 5-9

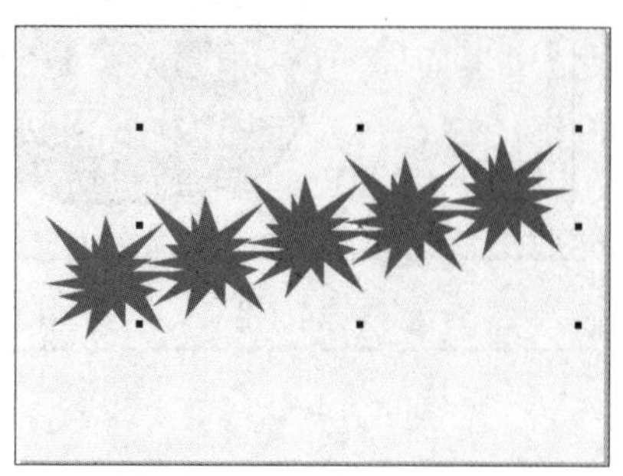

图 5-10

5.2 变换对象

图形对象的变换操作包括镜像对象、对象的自由变换、对象的精确变换、对象的坐标和对象的造型等。

5.2.1 镜像对象

镜像对象是指对象在水平或垂直方向上镜像翻转。水平镜像是指对象沿垂直方向的直线进行180°水平翻转；垂直镜像是指对象沿水平方向的直线进行180°垂直翻转。

选中图形对象，在属性栏中单击“水平镜像”按钮或“垂直镜像”按钮即可执行相应的操作。如图5-11、图5-12所示分别为水平镜像和垂直镜像图形对象的效果（两图左上角为原图小样）。

图 5-11

图 5-12

知识点拨

将光标定位在对象四角的控制点上，按住鼠标左键进行拖动，可以等比例缩放对象，如图 5-13 所示。如果按住对象四边中间的控制点进行拖动，可以单独调整对象的宽度和长度，此时对象将无法等比例缩放，如图 5-14 所示。

图 5-13

图 5-14

■5.2.2 对象的自由变换

可以通过直接旋转变换图形对象，也可以通过“自由变换工具”对图形对象进行自由旋转、自由镜像、自由调节、自由扭曲等操作。

1. 直接旋转图形对象

选中图形对象，在属性栏的“旋转角度” .0 °数值框中输入相应的数值，按Enter键即可。也可以在选择图形对象后再次单击该对象，此时在对象周围会出现旋转控制点，将光标移动到控制点上，单击并拖动光标，在页面中会出现以线框显示的图形对象效果。将图形对象调整到合适的位置后释放鼠标，图形对象会发生相应的变化，如图5-15、图5-16所示。

图 5-15

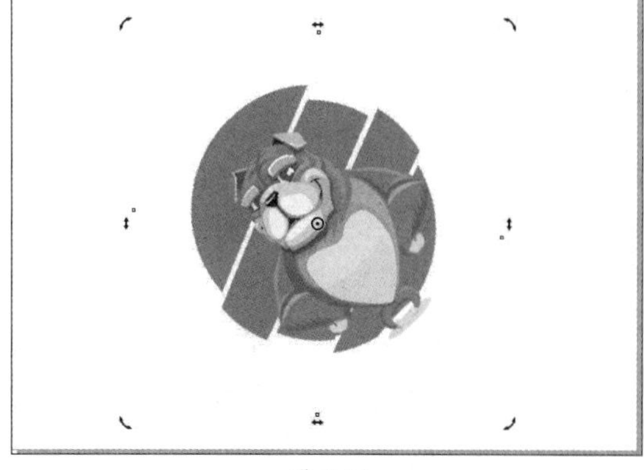

图 5-16

知识点拨

当对象处于旋转状态时，对象四边的控制点变为倾斜控制点 ⇹ 。按住鼠标左键并进行拖动，对象将产生一定的倾斜效果，如图 5-17、图 5-18 所示。

图 5-17

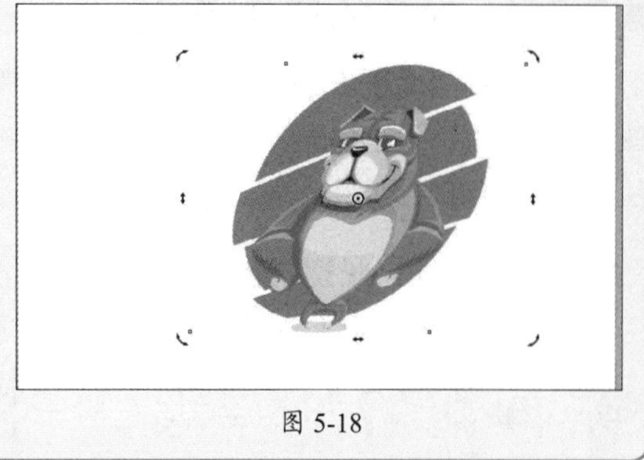

图 5-18

2. 使用工具自由变换对象

利用“自由变换工具”可以对图形对象进行自由旋转、自由镜像、自由调节、自由扭曲等操作。长按“选择工具”，在弹出的工具列表中选择“自由变换工具”，此时会显示出该工具的属性栏，如图5-19所示。

X: 143.508 mm Y: 109.762 mm | 170.392 mm 141.904 mm | 37.7 % 37.7 % | .0 ° | 143.508 mm 109.762 mm | .0 .0

图 5-19

"自由变换工具"属性栏中的部分选项介绍如下：

- **自由旋转**：选择该工具，在图形对象的任意位置单击以确认旋转中心点，然后拖动光标，此时会显示出线框图形和位于中心点的旋转轴，将图形对象旋转到合适的位置后释放鼠标，即可使图形对象沿中心点进行任意角度的自由旋转。
- **自由角度反射**：选择该工具，按住鼠标左键确认一条反射的轴线，拖动图形对象进行任意角度的自由角度反射操作。该工具一般与属性栏中的"应用到再制"按钮结合使用，可以快速复制出想要的镜像图形效果。
- **自由缩放**：该工具与"自由角度反射"工具类似，一般与属性栏中的"应用到再制"按钮结合使用。
- **自由倾斜**：选择该工具，按住鼠标左键确认一条倾斜的轴线，拖动光标调整图形对象。
- **应用到再制**：单击该按钮，对图形对象执行旋转等相关操作的同时会自动生成一个新的图形对象，这个图形对象即变换后的图形对象，而原图形对象保持不变。

如图5-20、图5-21所示是执行自由角度反射操作后应用到再制生成的效果。

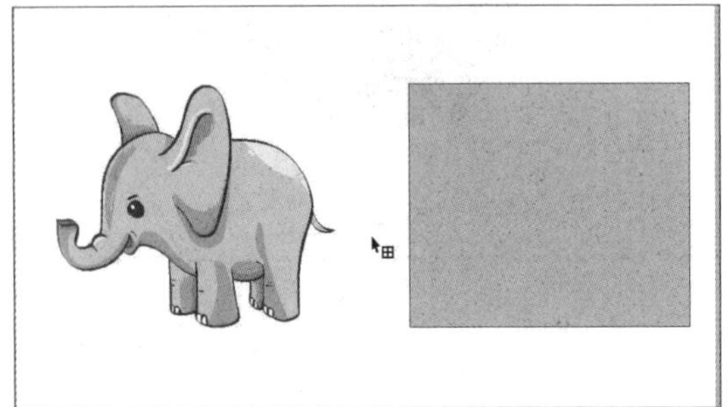

图 5-20

图 5-21

■5.2.3　对象的精确变换

对象的精确变换是指在保证图形对象的精确度不变的情况下，精确控制图形对象在整个绘图区中的位置、大小和旋转的角度等因素。要实现图形对象的精确变换，有两种比较常用的方法，下面分别进行介绍。

1. 使用属性栏变换图形对象

在使用"选择工具"选择图形对象后，显示出相应的属性栏，如图5-22所示。

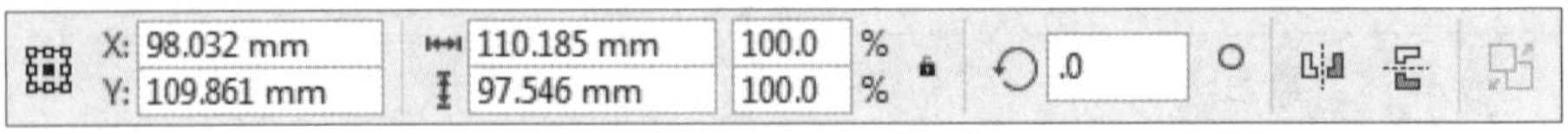

图 5-22

在该属性栏中的"对象位置"、"对象大小"、"缩放因子"和"旋转角度"数值框中输入适当的数值，即可对图形对象进行变换。同时，单击"锁定比率"按钮，还可对比率进行锁定。

可以结合"圆角/扇形角/倒棱角"泊坞窗对矩形图形对象进行调整。选择矩形图形对象后，执行"窗口"→"泊坞窗"→"圆角/扇形角/倒棱角"命令，打开"圆角/扇形角/倒棱角"泊坞窗。泊坞窗里有"圆角""扇形角""倒棱角"3个选项。选中"扇形角"单选按钮，设置

“半径”数值，会出现蓝色线条呈现的效果，如图5-23、图5-24所示。单击“应用”按钮，即可调整矩形形状。

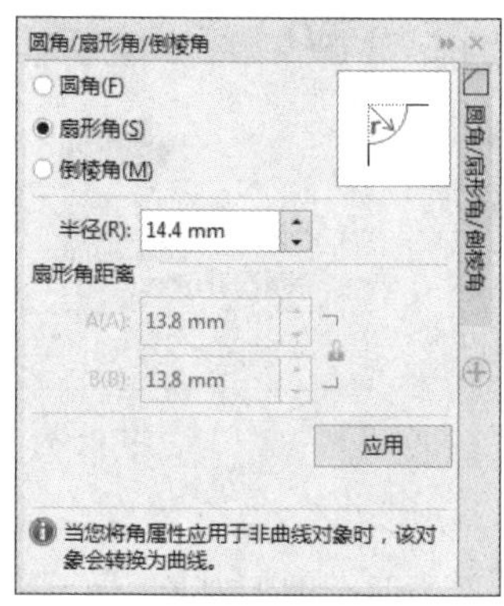

图 5-23

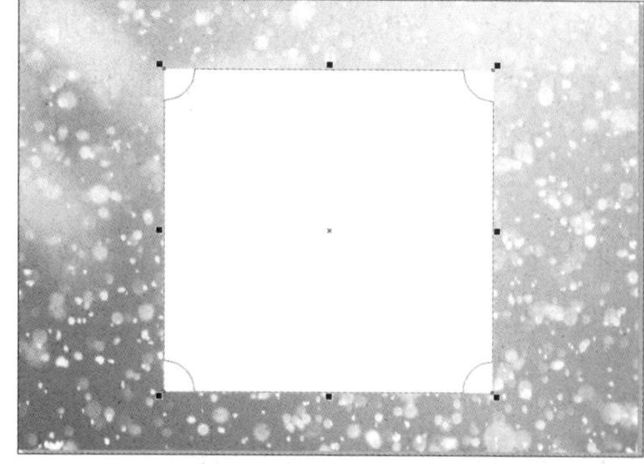

图 5-24

2. 使用“变换”泊坞窗变换图形对象

执行“窗口”→“泊坞窗”→“变换”→“位置”命令，或按Alt+F7组合键，打开“变换”泊坞窗，如图5-25所示。分别单击“位置”“旋转”“缩放和镜像”“大小”和“倾斜”按钮，可切换到不同的面板。如图5-26所示为使用“位置”命令变换图形对象的效果。

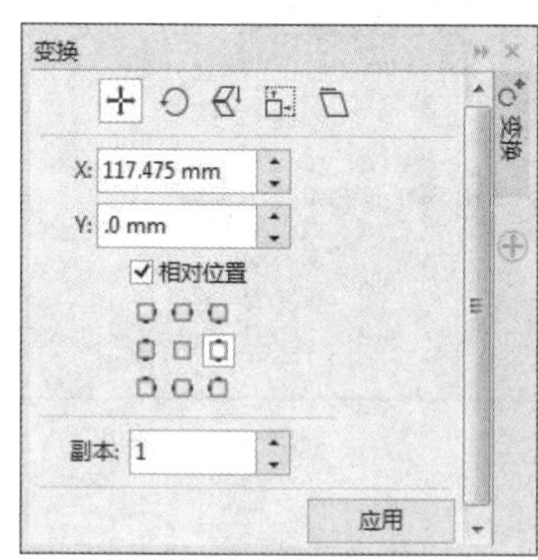

图 5-25

图 5-26

■5.2.4 对象的坐标

执行“窗口”→“泊坞窗”→“对象坐标”命令，打开“对象坐标”泊坞窗，如图5-27所示。

在“对象坐标”泊坞窗中分别单击“矩形”“椭圆形”“多边形”“2点线”“多点曲线”按钮，可以切换到不同的面板。在其中显示了图形对象在页面中相对于x轴和y轴的位置、大小和比例等相关参数，可针对不同图形在页面中的状态进行调整和控制。

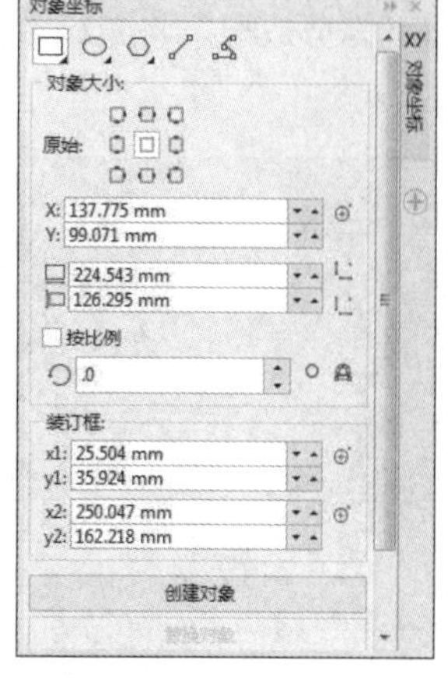

图 5-27

■5.2.5 对象的造型

执行“窗口”→“泊坞窗”→“造型”命令，打开“造型”泊坞窗。在“造型”泊坞窗的“造型”下拉列表中提供了“焊接”“修剪”“相交”“简化”“移除后面对象”“移除前面对象”“边界”7个选项，在其下方的窗口中可预览造型效果，如图5-28所示。

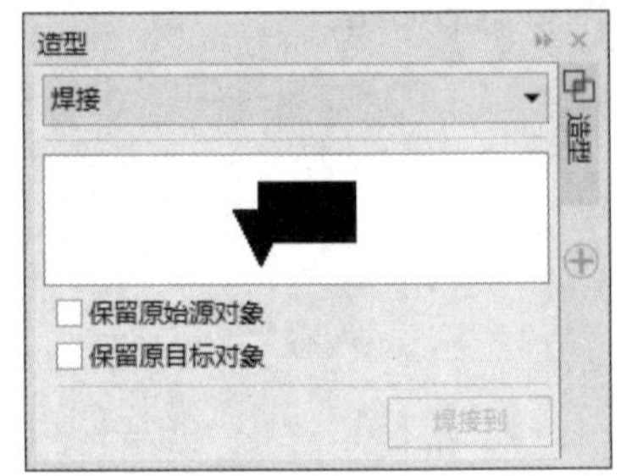

图 5-28

下面分别对图形对象的焊接、修剪、相交、简化等造型功能进行详细的介绍。

1. 焊接

“焊接”造型是指将两个或多个对象合并为一个对象。选中两个图形对象，在“造型”泊坞窗中选择“焊接”选项，单击“焊接到”按钮，将光标移动到图形对象上，光标变为形状，单击鼠标左键即可焊接造型。将光标放置在不同的图形对象上，最后效果呈现的颜色会默认为焊接到的图形对象的颜色。如图5-29、图5-30所示为将光标放置在白色饼形上的焊接效果。

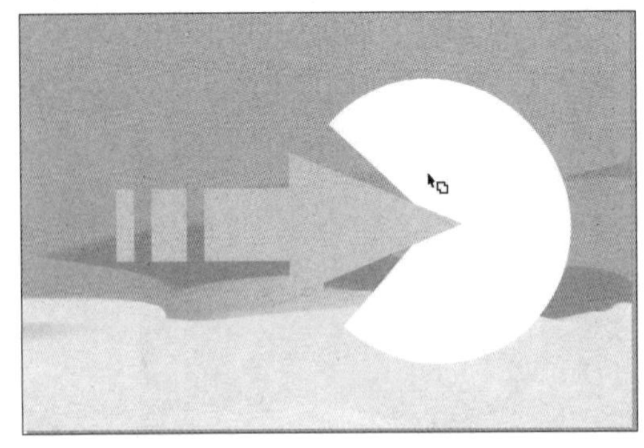

图 5-29

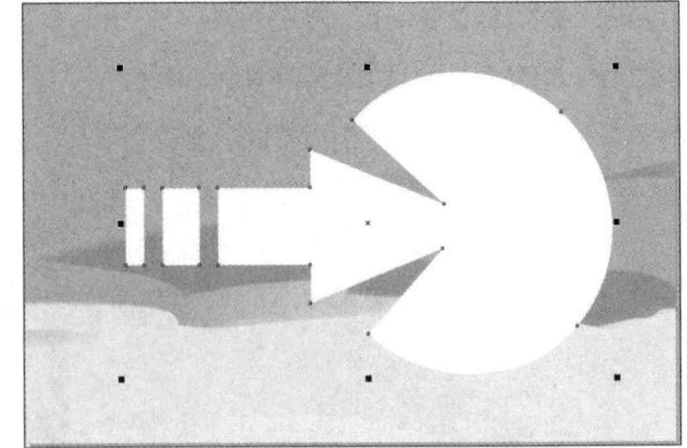

图 5-30

2. 修剪

“修剪”造型是指使用一个对象的形状去修剪另一个对象的形状，在修剪过程中仅删除两个对象的重叠部分，不改变对象的填充和轮廓属性。选中两个图形对象，在“造型”泊坞窗中选择“修剪”选项，单击“修剪”按钮，将光标移动到图形对象上，光标变为形状，单击鼠标左键即可修剪造型。将光标放置在不同的图形对象上，会有不同的修剪效果，如图5-31、图5-32所示。

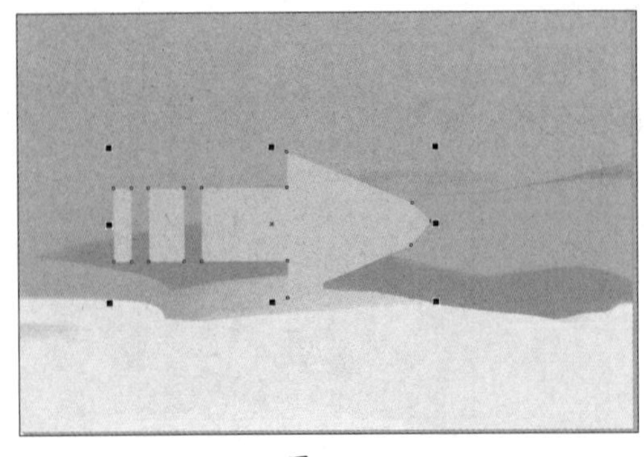

图 5-31

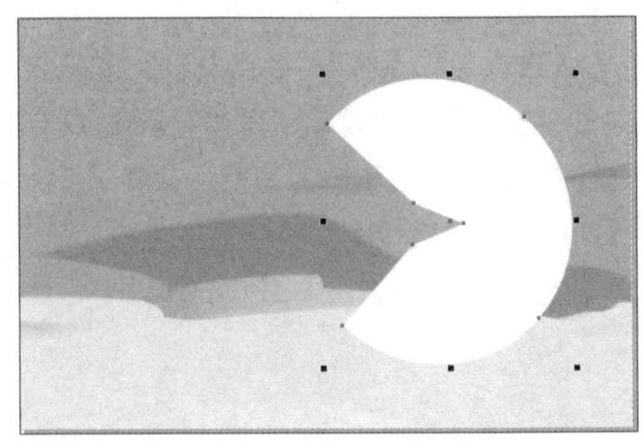

图 5-32

3. 相交

“相交”造型是指使两个对象的重叠相交区域成为一个单独的图形对象。选中两个图形对象,在“造型”泊坞窗中选择“相交”选项，单击“相交对象”按钮，将光标移动到图形对象上，光标变为形状，单击鼠标左键即可完成相交造型，如图5-33、图5-34所示。

图 5-33

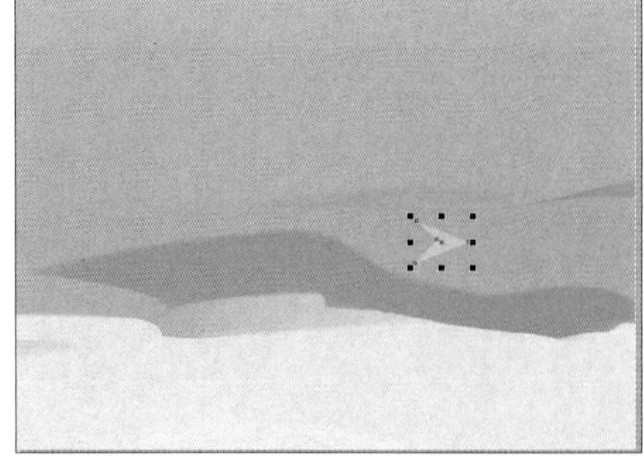

图 5-34

4. 简化

“简化”造型是“修剪”造型操作的快速方式，即沿两个对象的重叠区域进行修剪。选中两个图形对象，在“造型”泊坞窗中选择“简化”选项，单击“应用”按钮，使用“选择工具”移动图形对象，可看到简化后的图形效果，如图5-35、图5-36所示。

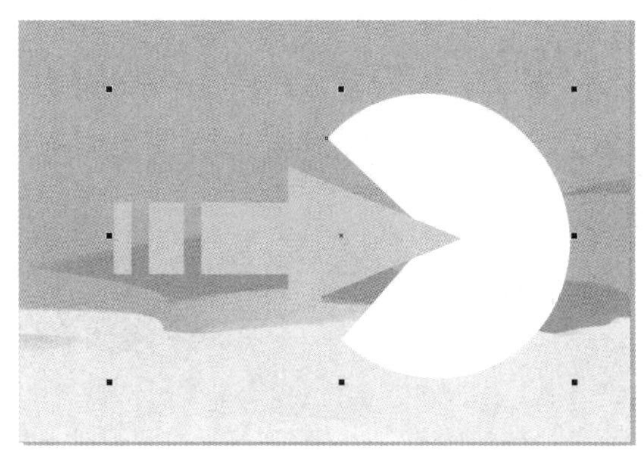

图 5-35

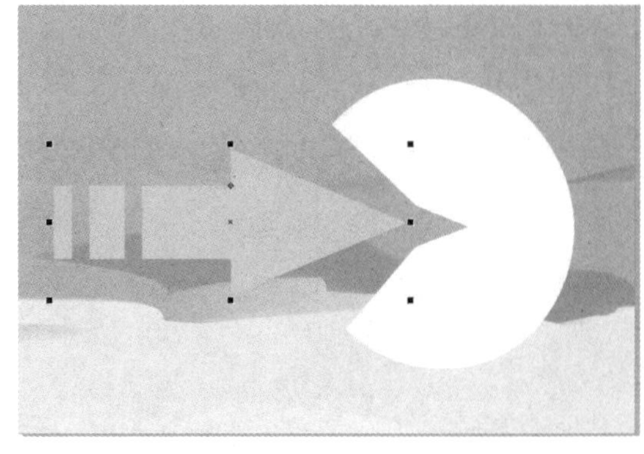

图 5-36

5. 移除后面对象

“移除后面对象”造型是指利用下层对象的形状减去上层对象中的部分。选中两个图形对象，在“造型”泊坞窗中选择“移除后面对象”选项，单击“应用”按钮，此时下层对象消失，上层对象中下层对象形状范围内的部分也同时被删除，图形效果和“修剪”造型类似。

6. 移除前面对象

“移除前面对象”造型是指利用上层对象的形状减去下层对象中的部分。选中两个图形对象，在“造型”泊坞窗中选择“移除前面对象”选项，单击“应用”按钮，此时上层对象消失，下层对象中上层对象形状范围内的部分也同时被删除，图形效果和“修剪”造型类似。

7. 边界

“边界”造型是指快速将图形对象转换为闭合的形状路径的造型方式。选中两个图形对象，在“造型”泊坞窗中选择“边界”选项，单击“应用”按钮，即可将图形对象转换为形状路径。此时边界只有节点，如图5-37所示，在属性栏中可设置“轮廓笔”参数对路径进行描边，如图5-38所示。

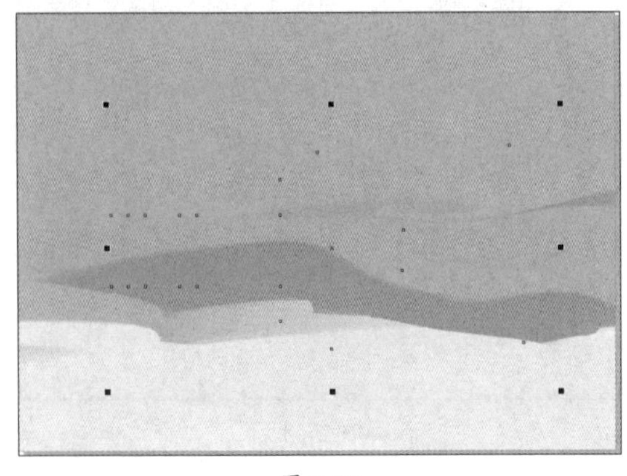

图 5-37

图 5-38

若在“造型”泊坞窗中勾选“保留原对象”复选框，则在原有图形对象的基础上另外生成一个形状路径，使用“选择工具”移动图形对象，即可单独显示形状路径，如图5-39、图5-40所示。

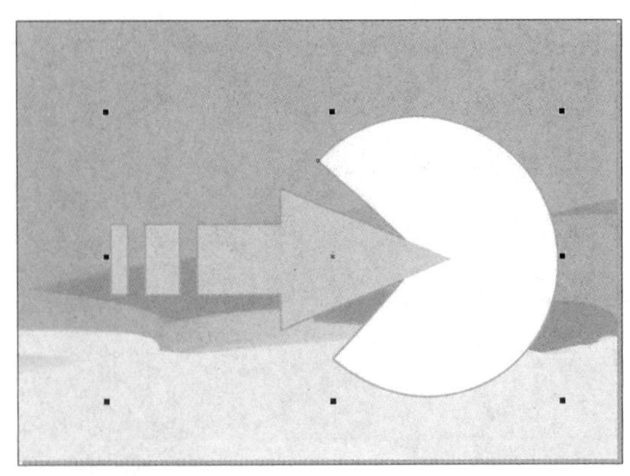

图 5-39

图 5-40

知识点拨

选中两个图形对象，此时在属性栏中会出现造型快捷方式按钮组 。单击各个按钮，即可应用相应的造型效果。

实例 绘制花形图案

本案例将执行“再制”命令绘制花形图案。下面介绍具体的制作过程。

扫码观看视频

步骤01 执行“文件”→“新建”命令，新建一个600×600 px的文档，如图5-41所示。

步骤02 单击标准工具栏中的“选项”按钮，在打开的“选项”对话框中设置“背景”参数，如图5-42所示。

图 5-41

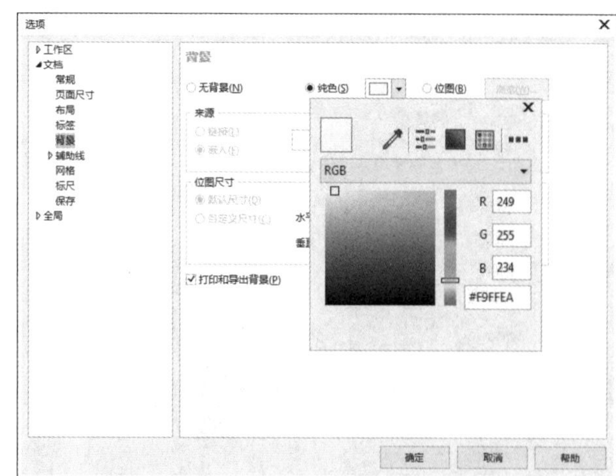

图 5-42

步骤 03 选择“椭圆形工具”绘制椭圆形，效果如图5-43所示。

步骤 04 选择“自由变换工具”，在属性栏中单击“自由旋转”和“应用到再制”按钮，按住鼠标左键在椭圆形的中心位置进行旋转，如图5-44所示。

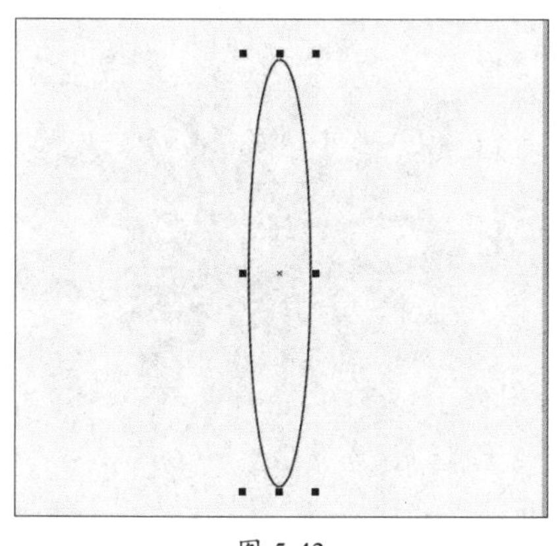

图 5-43

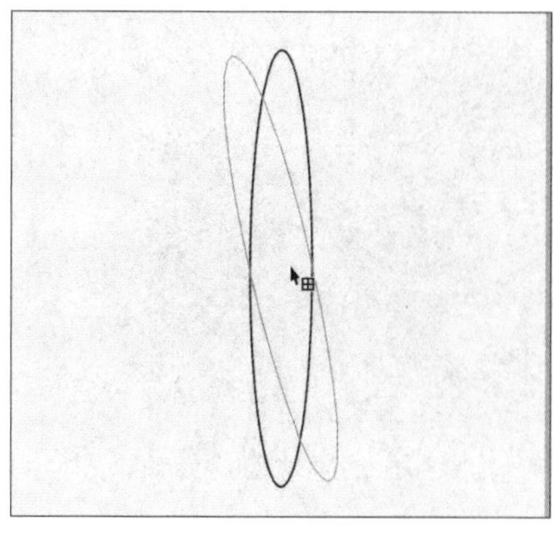

图 5-44

步骤 05 释放鼠标，效果如图5-45所示。

步骤 06 连续按Ctrl+D组合键再制对象，效果如图5-46所示。

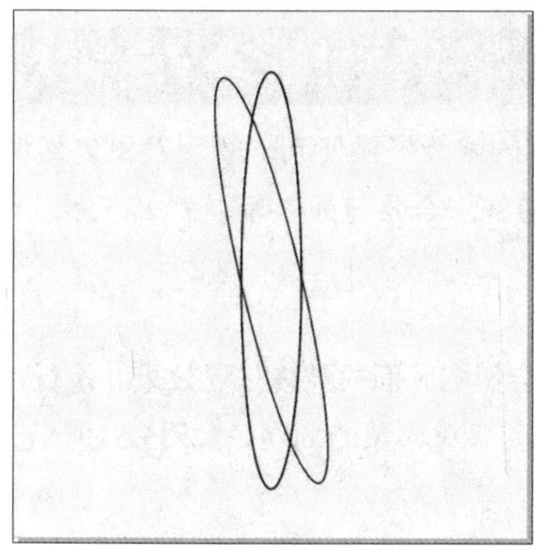

图 5-45

图 5-46

步骤 07 选择全部图形，设置“轮廓笔”的颜色，参数设置如图5-47所示，效果如图5-48所示。

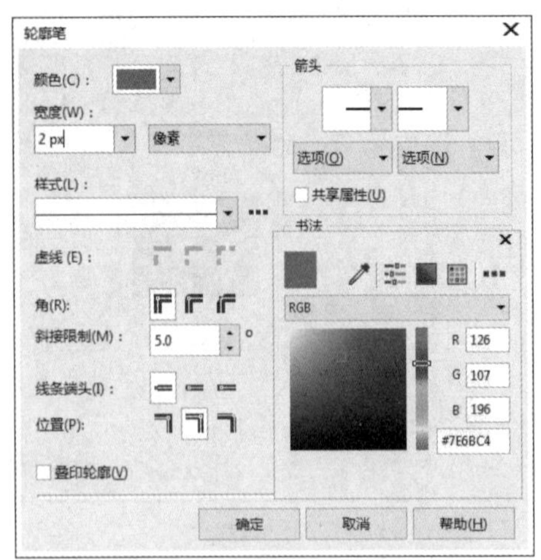

图 5-47

图 5-48

步骤 08 旋转位置不同，成图效果也不同，如图5-49、图5-50所示。

图 5-49

图 5-50

至此，完成花形图案的绘制。

5.3 管理对象

管理对象可以使绘图操作更加顺畅，为后期的修改提供便利。管理对象包括调整对象顺序、锁定与解除对象、群组和取消群组、对齐与分布、合并与拆分等。

■ 5.3.1 调整对象顺序

当文档中存在多个对象时，对象的上下顺序会影响画面的最终呈现效果。执行“对象”→“顺序”命令，在弹出的菜单中选择相应的命令即可调整对象的顺序，如图5-51所示。

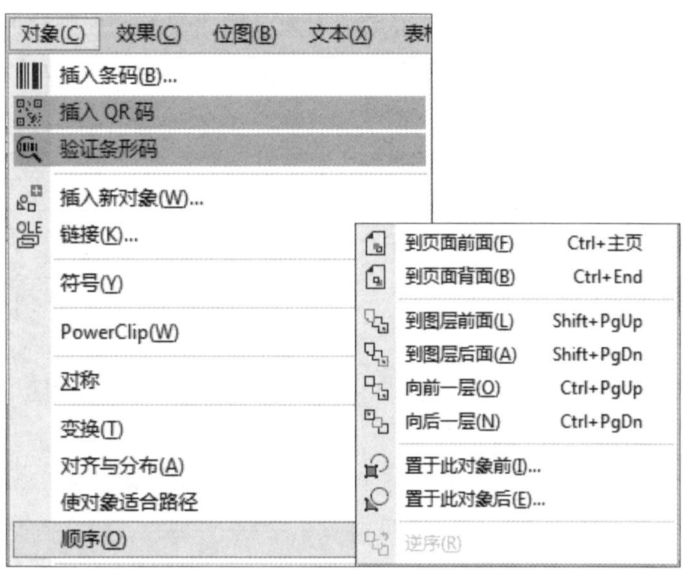

图 5-51

■5.3.2 锁定与解除对象

利用“锁定”命令可以将对象锁定，使其不能进行编辑。选择需要锁定的对象，对象四周会出现黑色的控制点，右击鼠标，在弹出的快捷菜单中选择“锁定对象”选项，被锁定的对象周围的控制点变成锁的图标，如图5-52所示。选中已锁定的对象，右击鼠标，在弹出的快捷菜单中选择“解锁对象”选项，被锁定的对象即可将锁定状态解除，如图5-53所示。

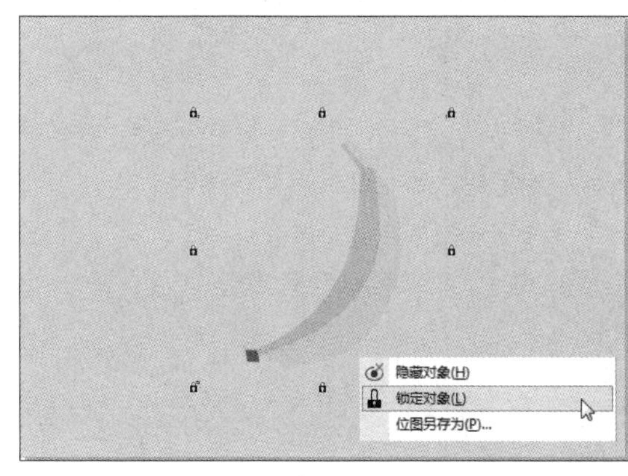

图 5-52

图 5-53

知识点拨

执行“对象”→“锁定”→“对所有对象解锁”命令，可以快速解锁文档中被锁定的多个对象。

■5.3.3 群组和取消群组

群组对象是指将多个对象组合成一个整体。选中两个图形对象，右击鼠标，在弹出的快捷菜单中选择“组合对象”选项，或按Ctrl+G组合键，即可将多个对象组成群组，群组后的对象仍保持其原始属性，可以同时进行移动和缩放等操作，如图5-54所示。

如果要取消群组，可选中需要取消群组的对象，右击鼠标，在弹出的快捷菜单中选择“取消组合对象”选项，或按Ctrl+U组合键，通过移动对象可看到对象取消了群组，如图5-55所示。

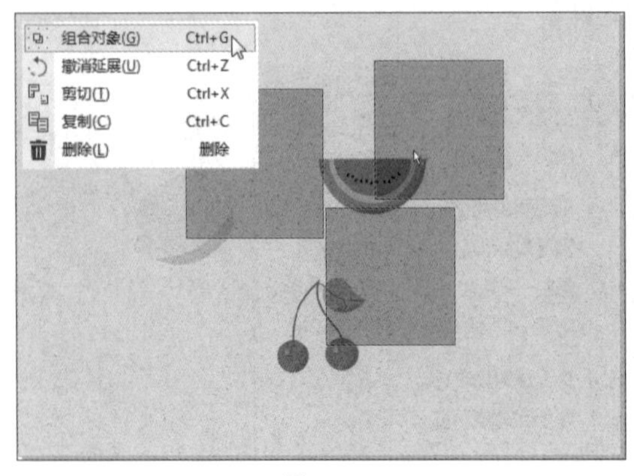

图 5-54

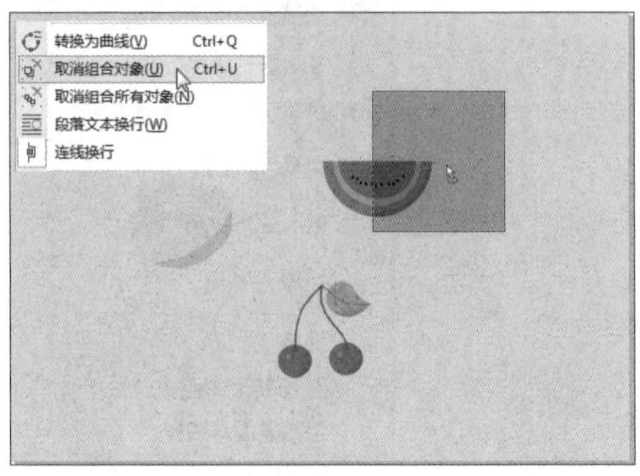

图 5-55

知识点拨

如果文档中包含多个群组，想要快速取消群组，可执行“对象”→“组合”→“取消组合所有对象”命令。

■5.3.4 对齐与分布

对齐与分布对象是指将两个及以上的多个对象均匀排列。选择多个图形对象，执行“对象”→“对齐与分布”→“对齐与分布”命令，打开“对齐与分布”泊坞窗，如图5-56所示。

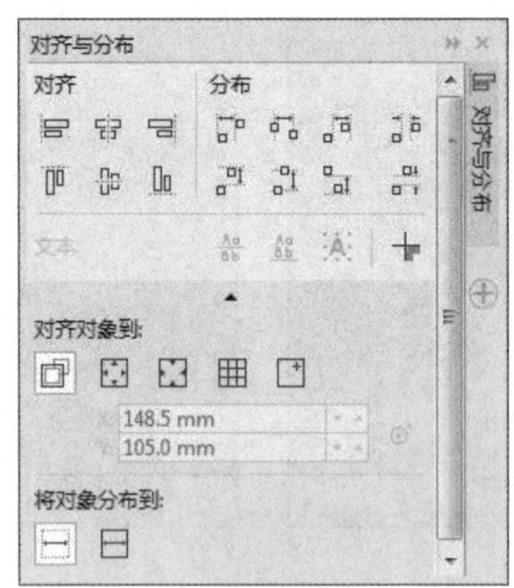

图 5-56

“对齐与分布”泊坞窗中的选项介绍如下：

- **对齐：** 依次是“左对齐”“水平居中对齐”“右对齐”； 依次是“顶端对齐”“垂直居中对齐”“底端对齐”。如图5-57所示为“垂直居中对齐”的效果。
- **分布：** 依次是“左分散排列”“水平分散排列中心”“右分散排列”“水平分散排列间距”； 依次是“顶部分散排列”“垂直分散排列中心”“底部分散排列”“垂直分散排列间距”。如图5-58所示为“水平分散排列间距”和“垂直分散排列间距”的效果。

- **文本：** 依次是“第一条线的基线”“最后一条线的基线”“装订框”“轮廓”。这4种文本方式可对文本执行对齐和分布操作。

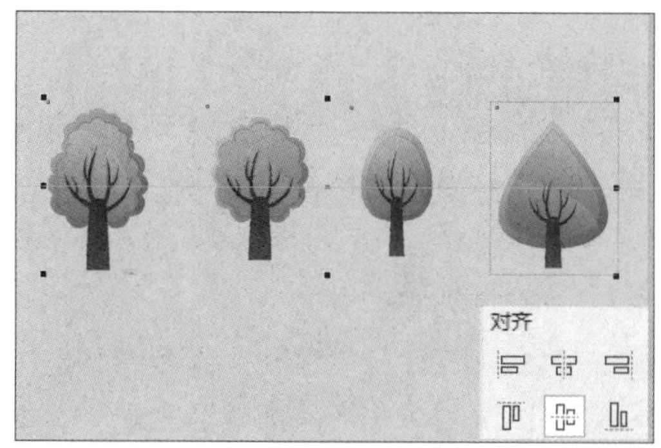

图 5-57

图 5-58

实例 绘制彩虹云

本案例将使用“对齐和分布”命令绘制彩虹云图形。下面介绍具体的制作过程。

扫码观看视频

步骤 01 执行“文件”→“新建”命令，新建A4尺寸的文档，如图5-59所示。

步骤 02 单击标准工具栏中的“选项”按钮，在打开的“选项”对话框中设置背景颜色，效果如图5-60所示。

图 5-59

图 5-60

步骤 03 选择“椭圆形工具”，绘制椭圆形，使用红色填充，如图5-61所示。

步骤 04 复制并缩小6个椭圆形，分别填充橘红、黄、绿、青、蓝、霓虹紫几种颜色，如图5-62所示。

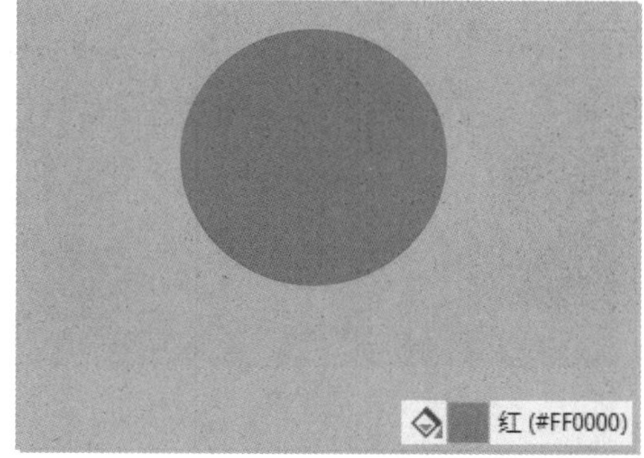

图 5-61

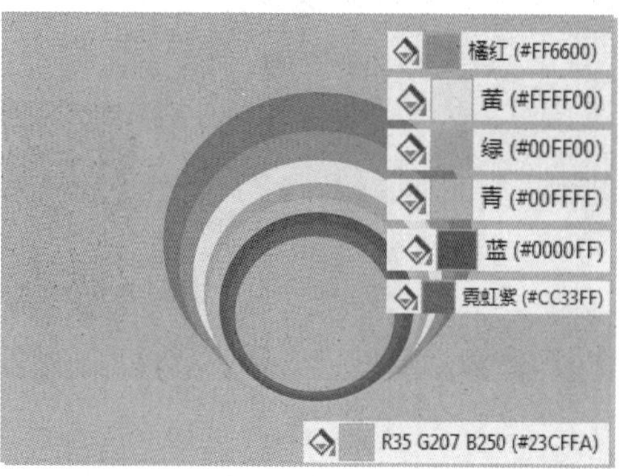

图 5-62

步骤 05 选择全部椭圆形，执行“对象”→“对齐与分布”→“对齐与分布”命令，在打开的“对齐与分布”泊坞窗中设置参数，如图5-63、图5-64所示。

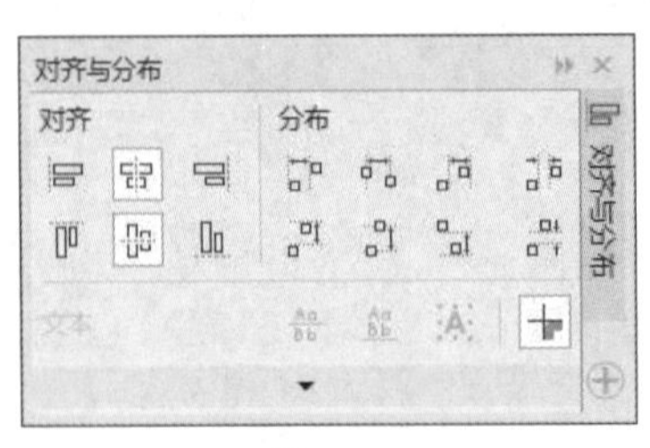

图 5-63

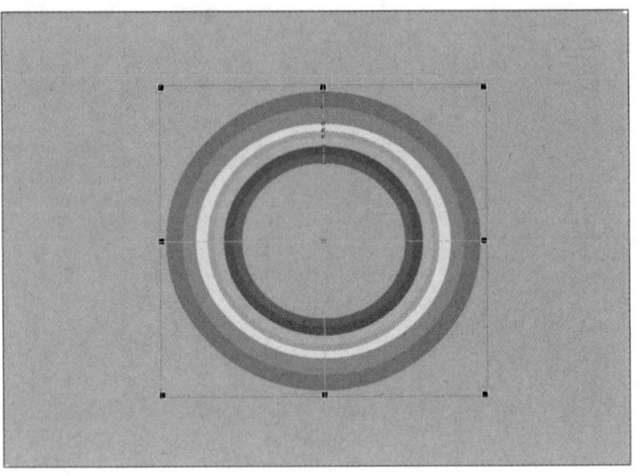

图 5-64

步骤 06 选择“裁剪工具”，裁剪出半圆形，如图5-65所示。

步骤 07 选择“椭圆形工具”，绘制椭圆形并重叠构成云形，然后将其全部选中，如图5-66所示。

图 5-65

图 5-66

步骤 08 在属性栏中单击“焊接”按钮，如图5-67所示。

步骤 09 调整并复制云形，如图5-68所示。

图 5-67

图 5-68

至此，完成彩虹云的绘制。

■5.3.5 合并与拆分

利用“合并”命令可以将多个对象合成为一个新的对象，并且合成的对象具有其中一个对象的属性。利用“拆分”命令可以将合并的对象拆分为多个独立的个体。选择多个图形对象，单击属性栏中的“合并”按钮，合并后的对象具有相同的轮廓和填充属性，如图5-69、图5-70所示。

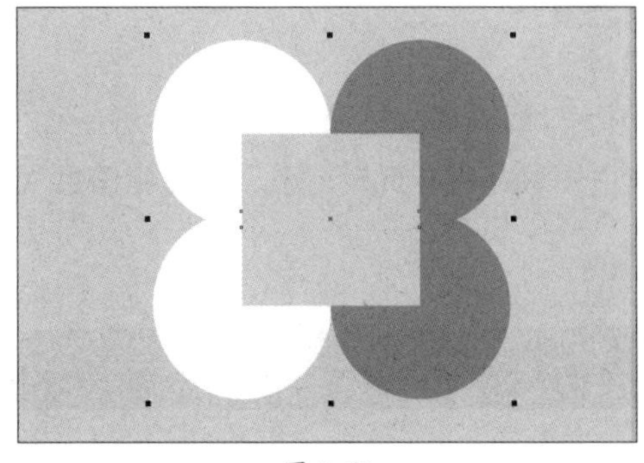

图 5-69

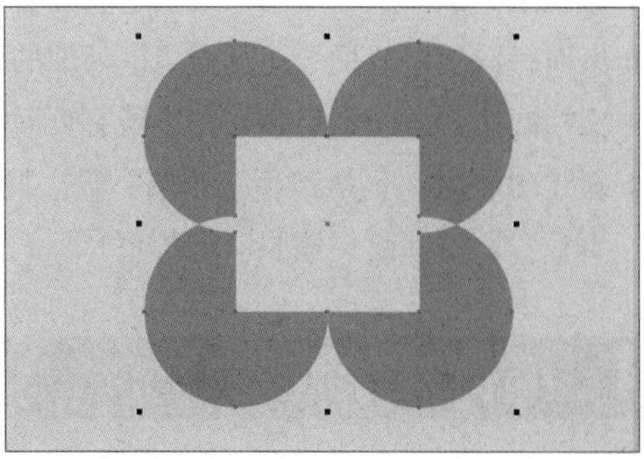

图 5-70

在属性栏中单击“拆分”按钮，或按Ctrl+K组合键，图形对象将被分为一个个单独的个体，如图5-71、图5-72所示。

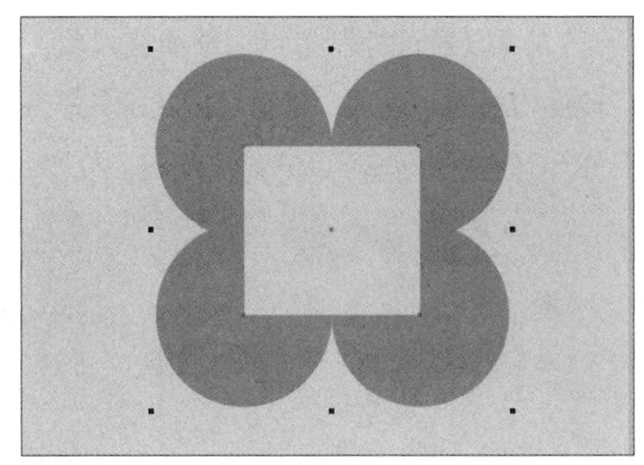

图 5-71

图 5-72

■5.3.6 使用“对象管理器”管理对象

“对象管理器”泊坞窗主要用来管理和控制图形对象。执行“窗口”→“泊坞窗”→“对象管理器”命令，打开“对象管理器”泊坞窗，如图5-73所示。泊坞窗里主要有“主页面”和“页面1”两个选项组。“主页面”中包含了应用文档中所有的虚拟信息，默认情况下有3个图层，即辅助线、桌面和文档网格。主页中的内容会出现在每一个页面中，常用于添加页眉、页脚和背景等。

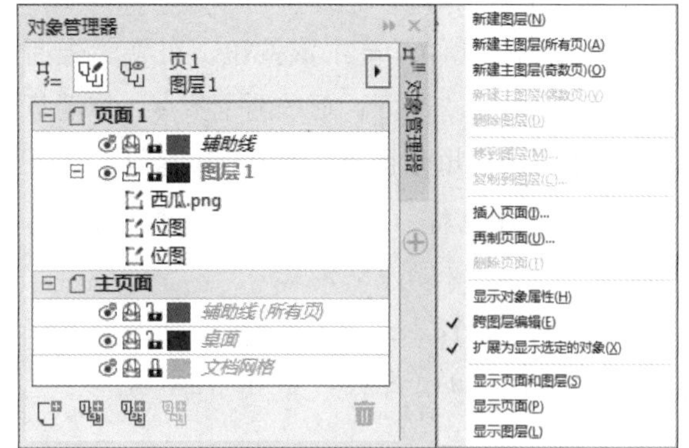

图 5-73

“对象管理器”泊坞窗中的选项介绍如下：

- **对象管理器组**：包括“显示对象属性”、“跨图层编辑”、“图层管理器视图”。单击“对象管理器选项”按钮，在弹出的菜单中可添加关于对象管理的快捷选项。
- **页面1、主页面**：包括“显示”/“隐藏”、“禁用打印和输出”/“启用打印和输出”、“锁定”/“解锁”。
- **辅助线**：该图层包含用于文档中所有页面的辅助线。
- **桌面**：该图层包括绘图页面边框外部的对象。
- **文档网格**：该图层包含文档中所有页面的网格。网格始终位于最底层。
- **新建图层组**：包括“新建图层”、“新建主图层（所有页）”、“新建主图层（奇数页）”、“新建主图层（偶数页）”。

5.4 编辑对象

使用“形状工具”“平滑工具”“涂抹工具”“转动工具”“吸引工具”“排斥工具”“弄脏工具”“粗糙工具”“裁剪工具”“刻刀工具”“橡皮擦工具”可以对图形对象的形态进行编辑操作。

5.4.1 形状工具

在编辑、绘制图形时基本上都会用到“形状工具”，可以通过控制节点调整曲线对象。选中图形对象，右击鼠标，在弹出的快捷菜单中选择“转换为曲线”选项；选择“形状工具”，此时会显示出该工具的属性栏，其中部分选项介绍如下：

- **添加节点**：单击该按钮，可在对象原有的节点上添加新的节点。
- **删除节点**：单击该按钮，可将对象上不需要的节点删除。
- **连接两个节点**：单击该按钮，可将曲线上两个分开的节点连接起来，使其成为一条闭合的曲线。
- **断开曲线**：单击该按钮，可将闭合曲线上的节点断开，形成两个节点，拖动节点可调整填充状态，如图5-74所示。
- **反转方向**：单击该按钮，可反转开始节点和结束节点的位置。
- **提取子路径**：单击该按钮，可从对象中提取所选的子路径，如图5-75所示。

图 5-74

图 5-75

- **闭合曲线**：单击该按钮，按钮图标切换为，可用于结合或分离曲线的末端节点。
- **选择所有节点**：单击该按钮，可选择所有节点。

■5.4.2 平滑工具

利用“平滑工具”可以沿对象的轮廓进行拖动，使对象变得平滑，以去除凹凸的边缘，并减少曲线对象的节点。选中矢量图形，长按“形状工具”按钮，在其工具列表中选择“平滑工具”，此时会显示出该工具的属性栏，如图5-76所示。

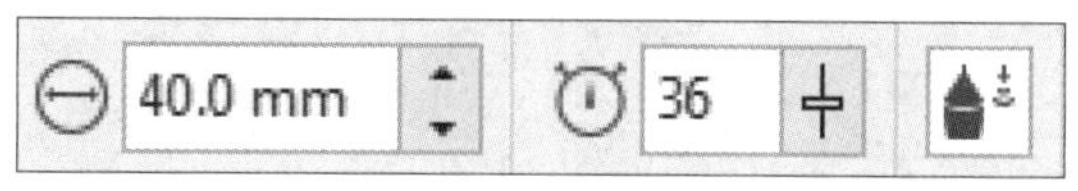

图 5-76

其中，部分选项的介绍如下：

- **笔尖半径**：设置笔尖的大小。
- **速度**：设置应用效果的速度。
- **笔压**：设置绘图时运用数位板的压力控制效果。

在属性栏中设置参数，然后在图形的边缘进行涂抹，如图5-77所示，效果如图5-78所示。

图 5-77

图 5-78

■5.4.3 涂抹工具

利用“涂抹工具”可以沿对象的轮廓进行拖动，以改变对象的边缘。选中图形对象，选择“涂抹工具”，显示出该工具的属性栏，如图5-79所示。

图 5-79

其中，部分选项的介绍如下：

- **压力**：设置涂抹效果的强度。
- **平滑涂抹**：设置涂抹的效果为平滑的曲线。
- **尖状涂抹**：设置涂抹的效果为尖角的曲线。

在属性栏中设置参数，按住鼠标左键在图形中进行涂抹，如图5-80、图5-81所示。

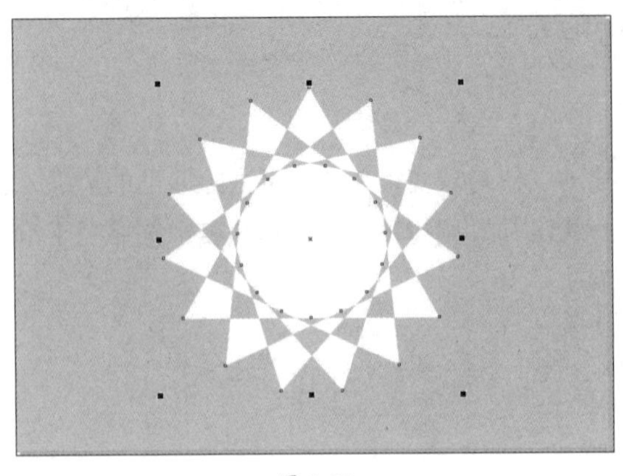
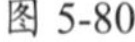

图 5-80

图 5-81

实例 绘制山水倒影

本案例将利用“涂抹工具”绘制山水倒影。下面介绍具体的制作过程。

步骤01 执行“文件”→“新建”命令，新建A4尺寸的文档，如图5-82所示。

步骤02 单击标准工具栏中的“选项”按钮，在打开的“选项”对话框中设置背景颜色，效果如图5-83所示。

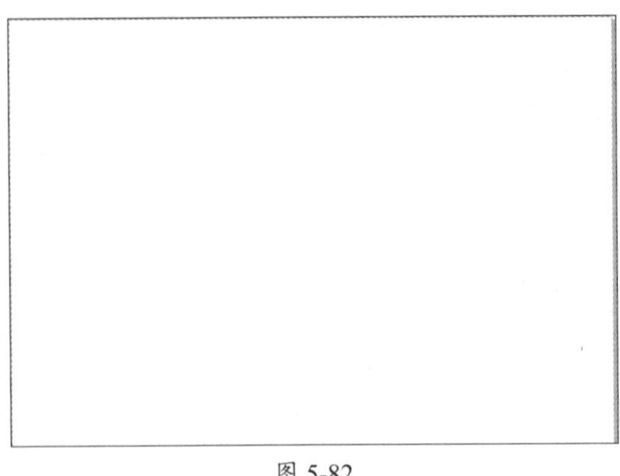

图 5-82

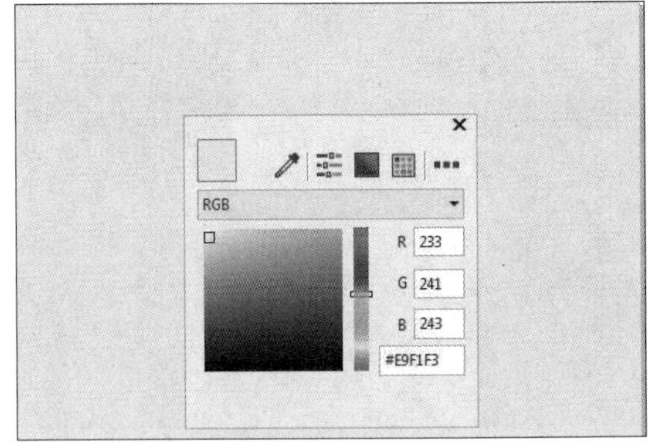

图 5-83

步骤03 创建辅助线，选择“钢笔工具”绘制山形，如图5-84所示。

步骤04 为山形填充颜色，并在属性栏中设置“轮廓宽度”为“无”，如图5-85所示。

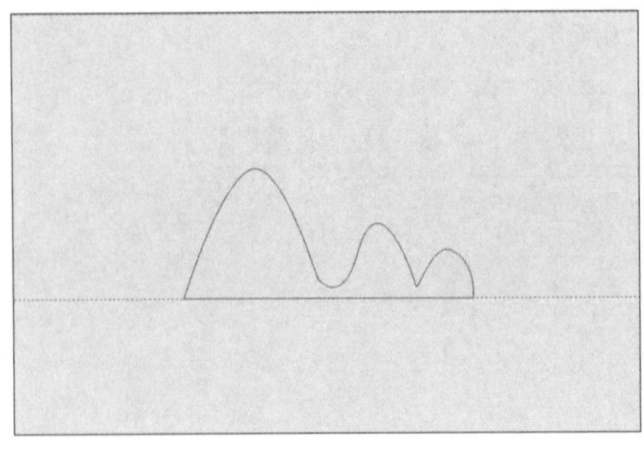

图 5-84

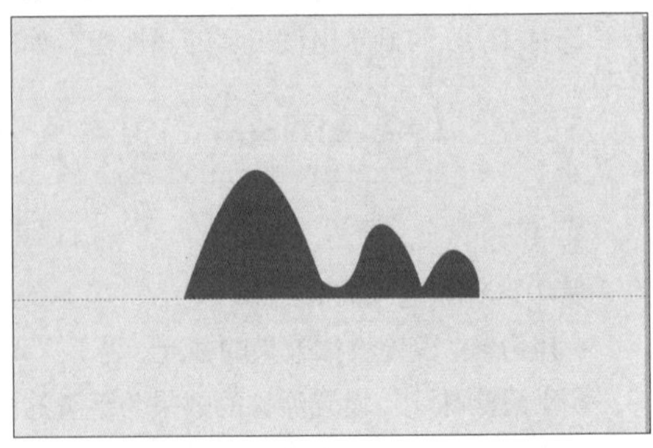

图 5-85

步骤05 按Ctrl+C组合键复制山形，按Ctrl+V组合键粘贴山形，单击属性栏中的“垂直镜像”按钮，调整副本山形的位置，如图5-86所示。

步骤06 选择“涂抹工具”，在属性栏中设置参数，然后涂抹倒影，效果如图5-87所示。

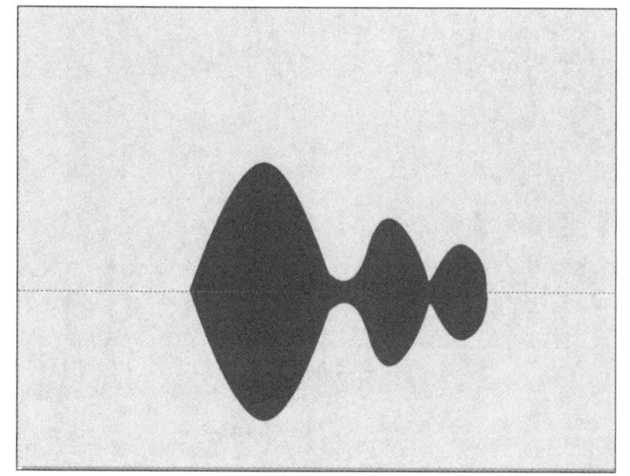

图 5-86

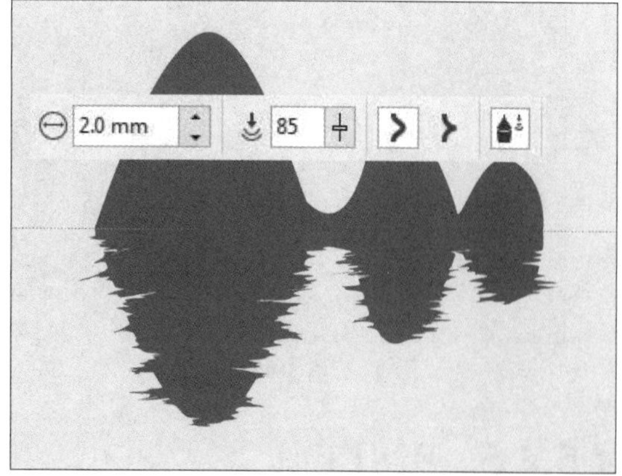

图 5-87

步骤07 选择“透明度工具”，在属性栏中设置参数，效果如图5-88所示。

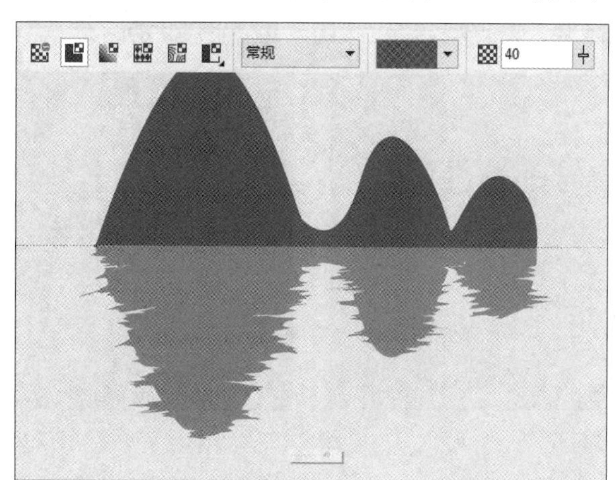

图 5-88

至此，完成山水倒影的制作。

5.4.4 转动工具

利用“转动工具”可以沿对象的轮廓进行拖动，以添加转动效果。选中图形对象，选择“转动工具”，显示出该工具的属性栏，如图5-89所示。

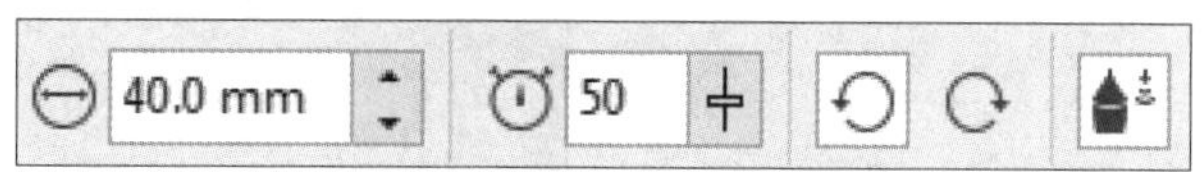

图 5-89

其中，部分选项的介绍如下：

- **顺时针转动**：沿顺时针方向转动。
- **逆时针转动**：沿逆时针方向转动。

在属性栏中设置参数，按住鼠标左键在图形上方进行拖动，即可产生转动变形效果。按住鼠标的时间越长，变形效果越强烈，释放鼠标结束变形，如图5-90、图5-91所示。

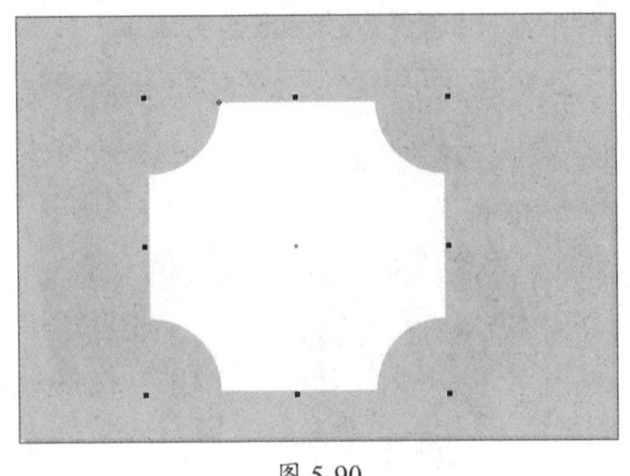

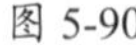

图 5-90

图 5-91

■5.4.5 吸引工具

利用“吸引工具”可以通过吸引节点并移动节点的位置改变对象的形状。选中图形对象，选择“吸引工具”，在属性栏中设置参数，将光标覆盖在对象要调整的节点上，按住鼠标左键，按住鼠标的时间越长，节点越靠近，如图5-92、图5-93所示。

图 5-92

图 5-93

■5.4.6 排斥工具

利用“排斥工具”可以通过排斥节点的位置，使节点远离光标所处的位置，从而改变对象的形状。选中图形对象，选择“排斥工具”，在属性栏中设置参数，将光标覆盖在对象要调整的节点上，按住鼠标左键，按住鼠标的时间越长，节点越远离光标，如图5-94、图5-95所示。

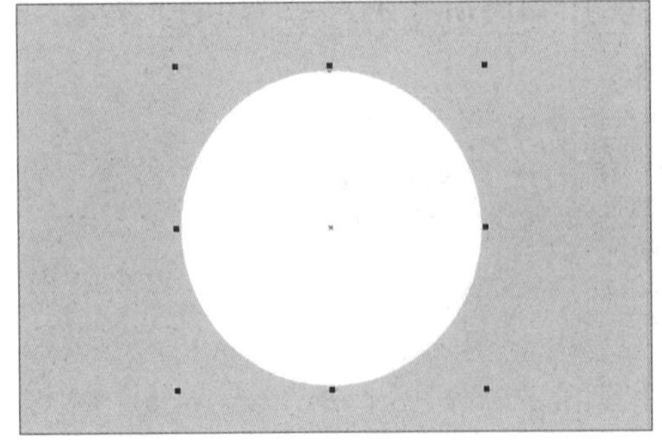

图 5-94

图 5-95

■5.4.7 弄脏工具

利用“弄脏工具” 可以沿对象的轮廓进行拖动以改变对象的形状。选中图形对象，选择“弄脏工具”，显示出该工具的属性栏，如图5-96所示。

图 5-96

其中，部分选项的介绍如下：

- **干燥**：使涂抹效果变宽或变窄。
- **笔倾斜**：当使用笔和数位板时，更改工具的角度，以改变涂抹对象的形状。
- **使用笔方位**：当使用笔和数位板时，启用笔方位设置。
- **笔方位**：通过指定固定值，改变“涂抹工具”的方位。

在属性栏中设置参数，按住鼠标左键在图形的边缘进行拖动。如图5-97所示为在图形的边缘向外拖动，以增加图形的区域；如图5-98所示为按住鼠标向内挤压，以减少图形的区域。（左上为等比例缩小原图。）

图 5-97

图 5-98

■5.4.8 粗糙工具

利用“粗糙工具” 可以沿对象的轮廓进行拖动以改变对象的形状。选中图形对象，选择“粗糙工具”，显示出该工具的属性栏，如图5-99所示。

图 5-99

其中，部分选项的介绍如下：

- **尖突的频率**：通过设置数值，改变粗糙区域的尖突频率。
- **尖突方向** 自动：用于更改粗化尖突的方向。

在属性栏中设置参数，按住鼠标左键在图形边缘处拖动光标。如图5-100、图5-101所示分别为尖突频率1和3的效果。

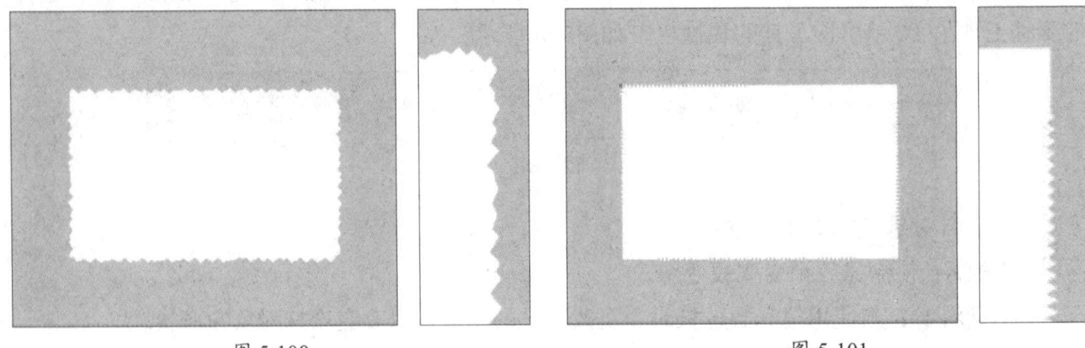

图 5-100　　图 5-101

■5.4.9　裁剪工具

利用“裁剪工具”可以将图形中不需要的区域删除，同时保留需要的区域。选择“裁剪工具”，当光标变为形状时，在图形中单击并拖动裁剪控制框。此时框选部分为保留区域，颜色呈正常显示；框外部分为裁剪掉的区域，如图5-102所示。可在裁剪控制框内双击或按Enter键确认裁剪，裁剪后得到的效果如图5-103所示。

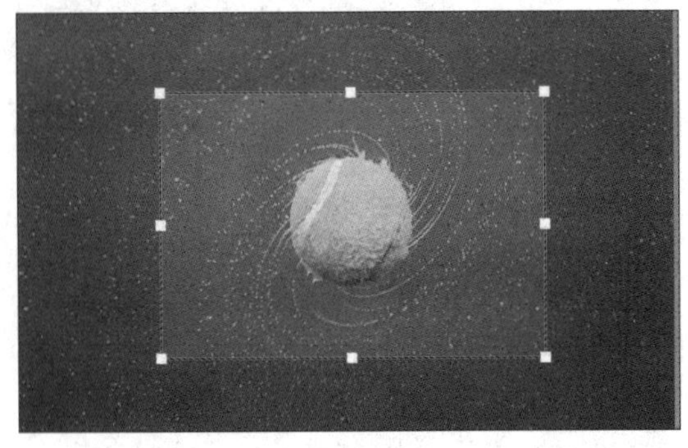

图 5-102

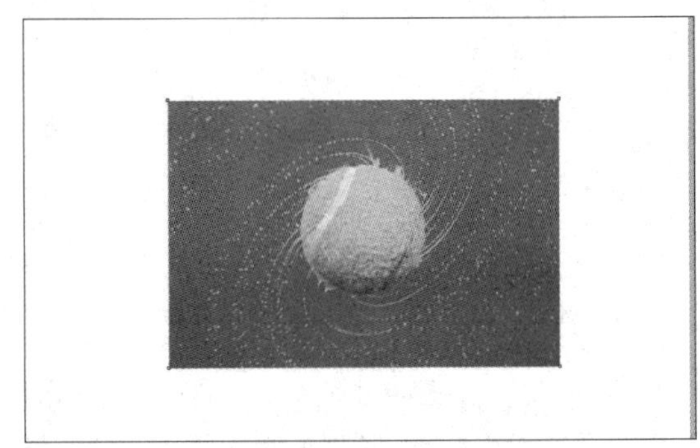

图 5-103

知识点拨

在属性栏中设置旋转角度参数，再次单击裁剪框可以旋转图形，按 Enter 键确认操作。

■5.4.10　刻刀工具

利用“刻刀工具”可以将图形对象拆分为多个独立对象。选择“刻刀工具”，显示出该工具的属性栏，如图5-104所示。

图 5-104

其中，部分选项的介绍如下：

- **2点线模式**：沿直线切割对象。
- **手绘模式**：沿手绘曲线切割对象。
- **贝塞尔模式**：沿贝塞尔曲线切割对象。
- **剪切时自动闭合**：闭合切割对象形成的路径。

选择“刻刀工具”，当光标变为形状时，在对象的边缘单击，然后拖动光标至对象的另一处边缘，释放鼠标即可将对象分为两个部分，使用“选择工具”可移动切割后的对象，如图5-105、图5-106所示。

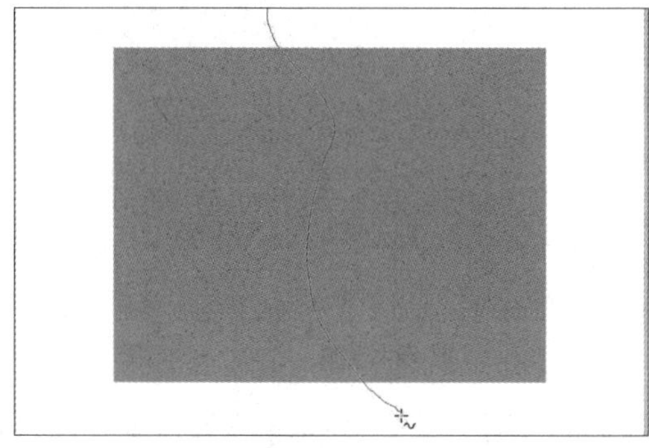

图 5-105

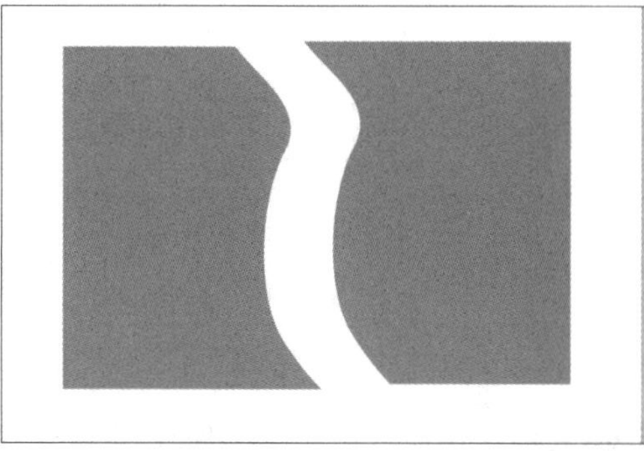

图 5-106

■5.4.11 橡皮擦工具

利用“橡皮擦工具”可以快速对图形对象进行擦除，从而使其达到更为令人满意的效果。选择“橡皮擦工具”，在属性栏的“橡皮擦厚度”数值框中设置参数，调整橡皮擦擦头的大小。橡皮擦擦头的形状有两种，分别为“圆形笔尖”○和“方形笔尖”□，默认为圆形。完成设置后，在图形对象中需要擦除的区域单击并拖动光标，即可擦除光标经过的区域，如图5-107、图5-108所示。

图 5-107

图 5-108

知识点拨

使用“橡皮擦工具”擦除矢量图形时，擦除部分的路径受到影响会自动闭合，并生成子路径，此时该图形会自动转换为曲线对象。“橡皮擦工具”只能擦除单一矢量图形或位图，对于群组对象和曲线对象则不能使用该工具。

实战演练 绘制棒棒糖图形

扫码观看视频

在完成本章的学习后，将利用“矩形工具”“转动工具”“椭圆形工具”“刻刀工具”“创建空PowerClip图文框”命令绘制棒棒糖。下面介绍具体的制作过程。

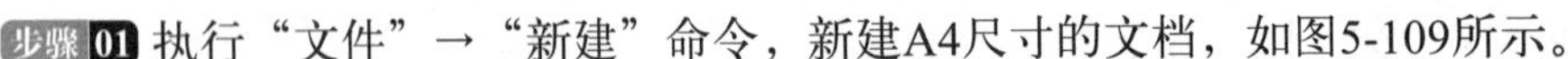
步骤01 执行“文件”→“新建”命令，新建A4尺寸的文档，如图5-109所示。

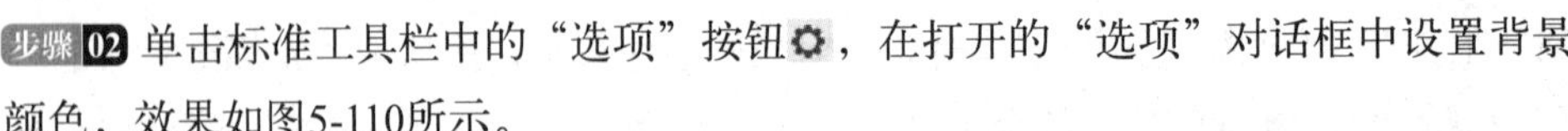
步骤02 单击标准工具栏中的“选项”按钮⚙，在打开的“选项”对话框中设置背景颜色，效果如图5-110所示。

图 5-109

图 5-110

步骤03 选择“矩形工具”，在属性栏中设置“轮廓宽度”为“无”，绘制矩形并填充颜色，如图5-111所示。

步骤04 选择“转动工具”，在属性栏中设置参数，然后分别在矩形的4个端点处长按鼠标左键，形成旋转的效果，如图5-112所示。

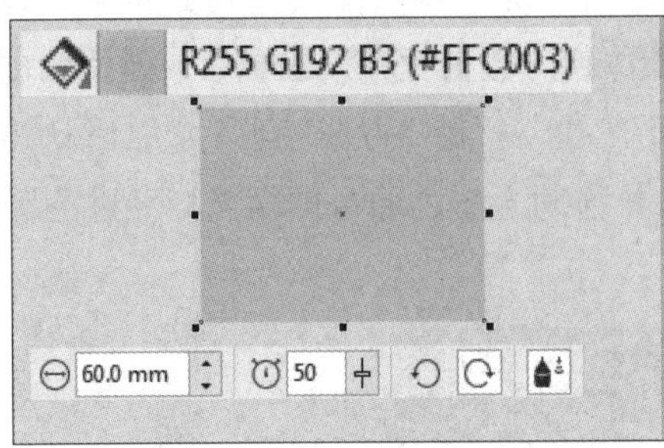

图 5-111

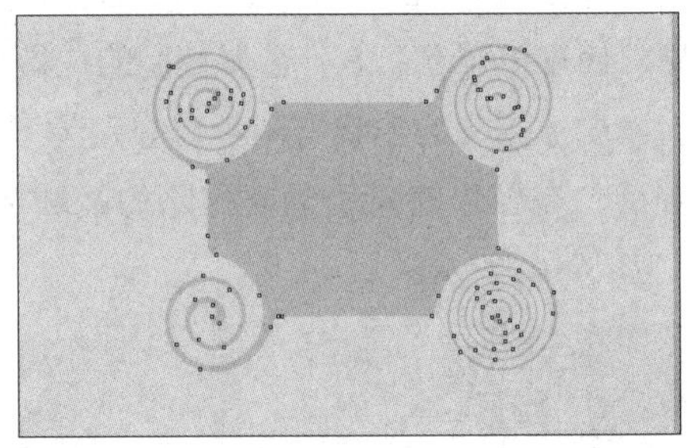
图 5-112

步骤05 选择“刻刀工具”，在属性栏中选择“手绘模式”，沿手绘曲线切割对象，效果如图5-113所示。

步骤06 根据上述方法切割矩形的另外3个角，并删除多余部分，效果如图5-114所示。

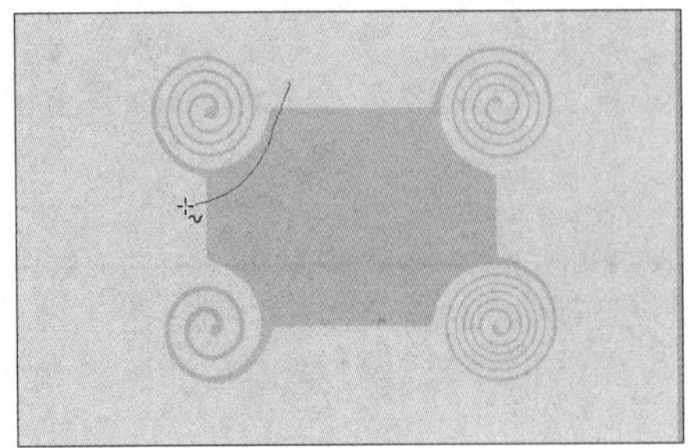
图 5-113

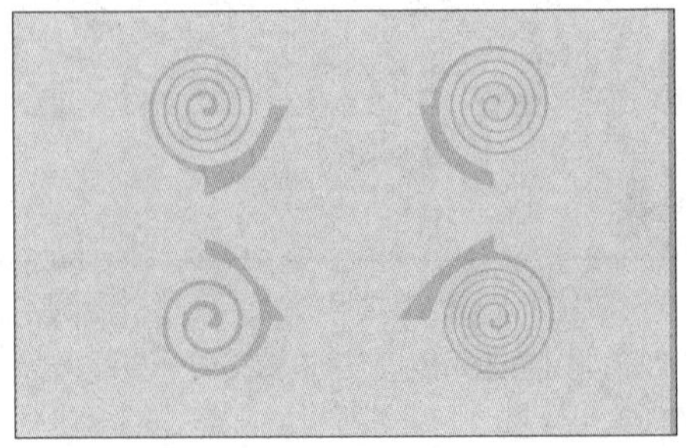
图 5-114

步骤 07 选择“椭圆形工具”，按住Ctrl键绘制白色正圆形，如图5-115所示。

步骤 08 执行“对象”→“PowerClip”→“创建空PowerClip图文框”命令，如图5-116所示。

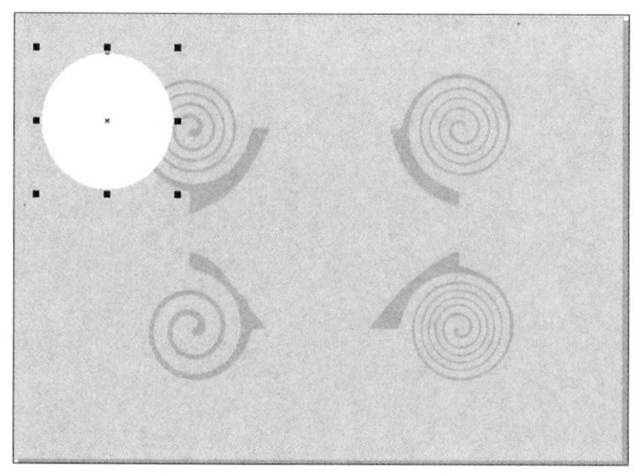
图 5-115

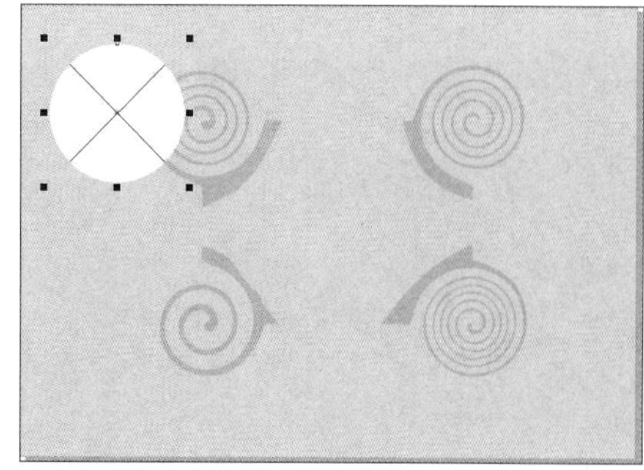
图 5-116

步骤 09 复制3个白色正圆形，效果如图5-117所示。

步骤 10 按住鼠标左键分别将旋转的图形拖至4个PowerClip图文框中，如图5-118所示。

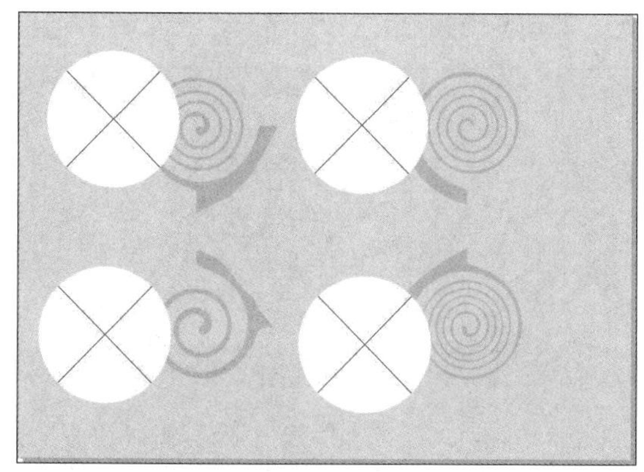
图 5-117

图 5-118

步骤 11 选中PowerClip图文框，页面中出现“编辑”按钮。单击“编辑”按钮，按住Shift键等比例放大图文框，如图5-119所示。

步骤 12 单击“完成编辑”按钮，效果如图5-120所示。

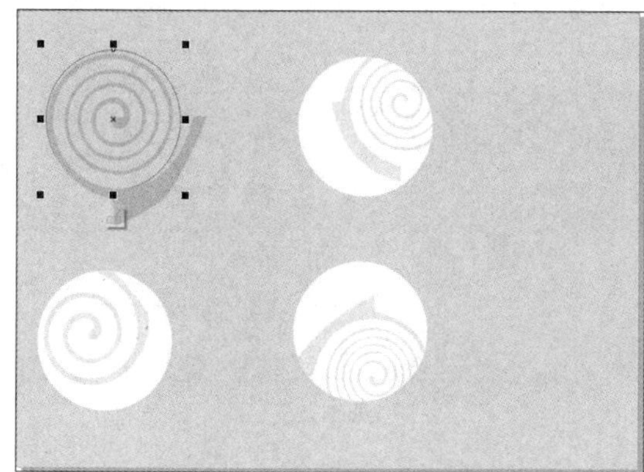
图 5-119

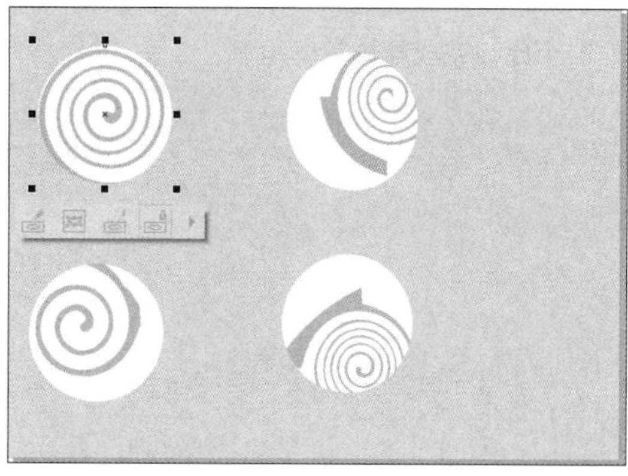
图 5-120

步骤13 依次调整剩下的3个图文框，效果如图5-121所示。

步骤14 使用“矩形工具”绘制棒棒糖的棒，在属性栏中设置参数，并复制3次，效果如图5-122所示。

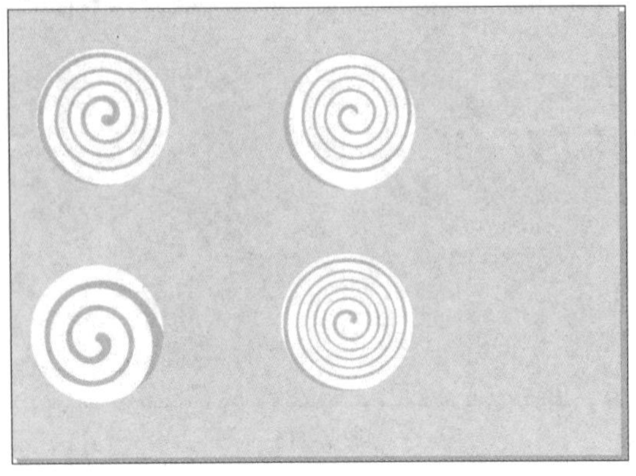

图 5-121

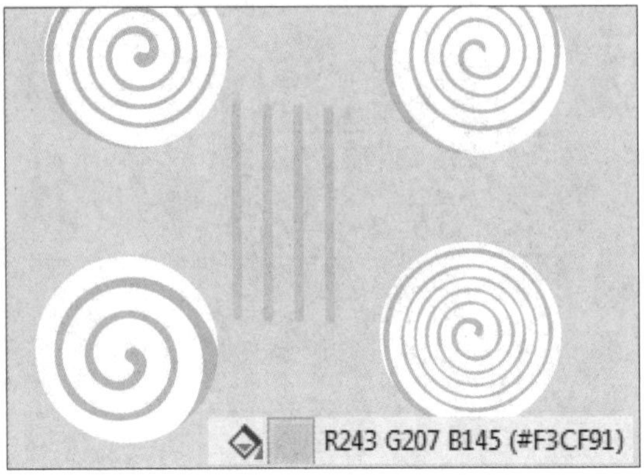

图 5-122

步骤15 调整棒棒糖棒的位置，如图5-123所示。

步骤16 按住Shift键等比例调整棒棒糖的大小和位置，如图5-124所示。

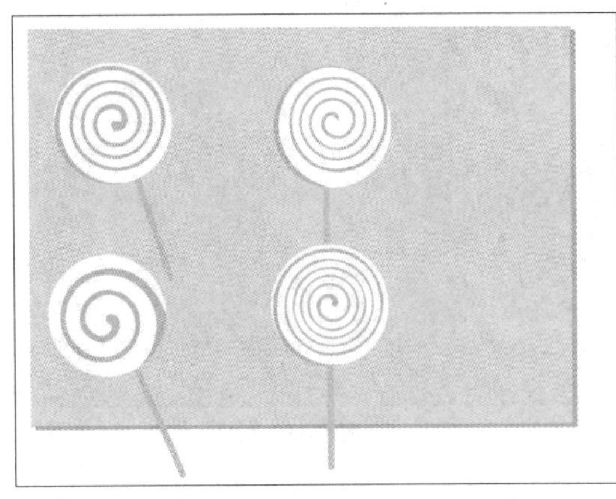

图 5-123

图 5-124

步骤17 调整颜色，效果如图5-125所示。

至此，完成棒棒糖的绘制。

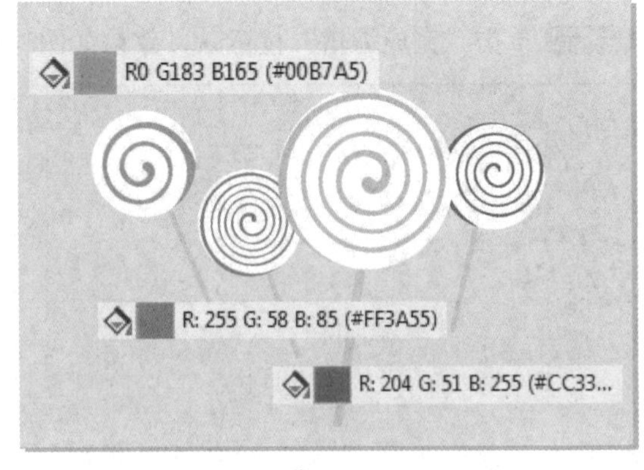

图 5-125

课后作业

一、选择题

1. 在CorelDRAW中“再制”命令的快捷键是（　　）。

A. Ctrl+A　　　　B. Ctrl+D

C. Ctrl+R　　　　D. Ctrl+E

2. 使两个对象的重叠相交区域成为一个单独的图形对象是（　　）。

A. 焊接　　　　B.合并

C. 相交　　　　D.简化

3. 使用（　　）命令后，被选取的对象会成为一个整体。

A. 群组　　　　B. 锁定对象

C. 分割　　　　D. 修剪

4. 使用（　　）可以方便地管理和控制图形对象。

A. 属性　　　　B. 视图管理器

C. 自然笔　　　　D. 对象管理器

5. 能够断开路径并将对象转换为曲线的工具是（　　）。

A. 形状工具　　　　B. 橡皮擦工具

C. 刻刀工具　　　　D. 选择工具

二、填空题

1. 执行“复制”“粘贴”命令，即可在图形______复制出一个完全相同的图形对象。

2. 再制图形对象时，选择图形对象后按住鼠标______拖动图形，到达合适的位置______鼠标，此时自动弹出快捷菜单，在其中选择______命令即可。

3. 对齐与分布操作可以将______均匀地排列。

4.________命令可以将多个对象合成为一个新的对象，并且合成的对象具有其中一个对象的属性。______命令可以将合并的对象拆分为多个独立的个体。

三、上机题

1.绘制花形，效果如图5-126所示。

图 5-126

思路提示

- 选择“椭圆形工具”绘制椭圆形。
- 选择“自由变换工具”，按Ctrl+D组合键再制对象。
- 单击属性栏中的“合并”按钮。

2. 绘制插画，效果如图5-127所示。

图 5-127

思路提示

- 选择“B样条工具”绘制波浪，再制并填充颜色。
- 在“对称”模式下选择“钢笔工具”，绘制人物的头发并填充渐变色。
- 选择“矩形工具”和“椭圆形工具”绘制人物的面部。
- 选择“钢笔工具”绘制人物的身体。
- 选择“基本形状工具”中的“完美形状”功能绘制花朵头饰。

第6章

图形特效

内容概要

本章主要讲解特效工具的应用，包括“阴影工具”“轮廓图工具”“调和工具”“变形工具”“封套工具”“立体工具”“块阴影”“透明度工具”。通过使用特效工具，可以将矢量图制作为特殊的效果。

知识要点

- 认识特效工具。
- 特效工具的效果与用法。
- 其他效果的应用。

数字资源

【本章素材来源】：“素材文件\第6章”目录下

【本章实战演练最终文件】：“素材文件\第6章\实战演练”目录下

6.1 认识特效工具

在使用CorelDRAW绘制图形的过程中，可结合软件提供的特效工具为图形对象添加特效。特效工具包括“阴影工具”“轮廓图工具”“调和工具”“变形工具”“封套工具”“立体化工具”“块阴影”“透明度工具”8种。

图形特效即指通过对图形对象进行多种特殊效果的调整和叠加，使其呈现出不同的视觉效果。也可以结合其他图形绘制工具、形状编辑工具、颜色填充工具等的运用，使设计作品的效果更为独特。

6.2 阴影效果

阴影效果是指通过为对象添加阴影，并对阴影的颜色应用不同的混合操作，从而丰富阴影与背景之间的关系，使图形的立体效果更逼真。

6.2.1 认识“阴影工具”

利用“阴影工具”可以为对象添加阴影效果，并设置阴影的方向、羽化及颜色等，以使阴影效果更为真实。选择“阴影工具”，显示出该工具的属性栏，如图6-1所示。

图 6-1

“阴影工具”属性栏中的选项介绍如下：

- **阴影角度**：用于显示阴影偏移的角度和位置。通常不在属性栏中进行设置，在图形中直接拖动阴影到想要的位置即可。
- **阴影延展**：用于调整阴影的长度。该数值的取值范围为0～100。
- **阴影淡出**：用于调整阴影边缘的淡出程度。取值范围同样为0～100。
- **阴影的不透明度**：用于调整阴影的不透明度。数值越小，阴影越透明，取值范围为0～100。
- **阴影羽化**：用于调整阴影的羽化程度。数值越大，阴影越虚化，取值范围为0～100。
- **羽化方向**：单击该按钮，在其下拉列表中通过选择不同的选项设置阴影扩散后不同的模糊方向，包括“高斯式模糊”“向内”“中间”“向外”“平均”5种。
- **羽化边缘**：用于设置羽化边缘的类型，包括“线性”“方形的”“反白方形”“平面”4种。
- **阴影颜色**：用于设置阴影的颜色。

6.2.2 添加阴影效果

在页面中绘制图形，然后选择“阴影工具”，按住鼠标左键在图形上进行拖动，即可为图形添加阴影效果，如图6-2所示。默认情况下，阴影效果的不透明度为50%，羽化值为15%。如图6-3、图6-4所示为不同参数设置的图形阴影效果。

图 6-2

图 6-3

图 6-4

■ 6.2.3 调整阴影颜色

为图形对象添加阴影效果后，可以在属性栏中设置阴影的颜色及合并模式，以改变阴影的效果。

在页面中绘制轮廓图形，如图6-5所示。使用“阴影工具”❏在图形上添加阴影效果，如图6-6所示，此时阴影的颜色默认为黑色。在属性栏中展开“阴影颜色”下拉面板■▾，设置阴影的颜色，可看到阴影的颜色发生了改变，如图6-7所示。

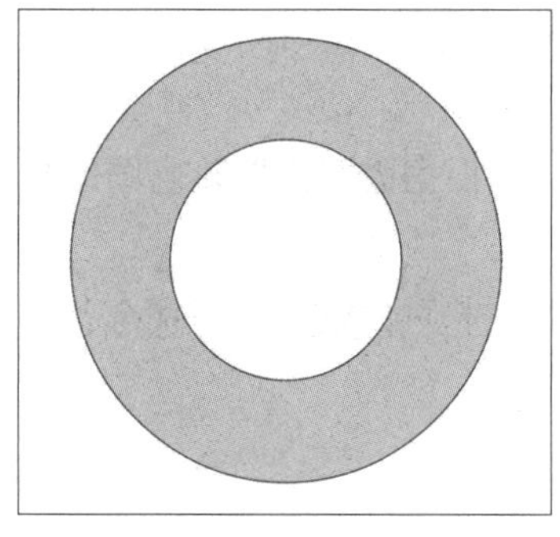

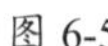

图 6-5

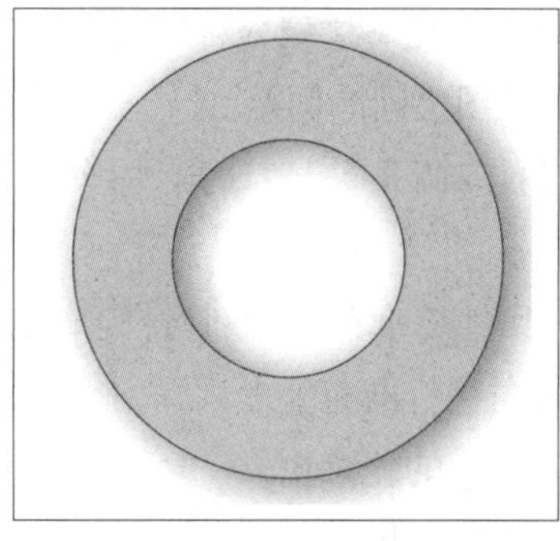

图 6-6

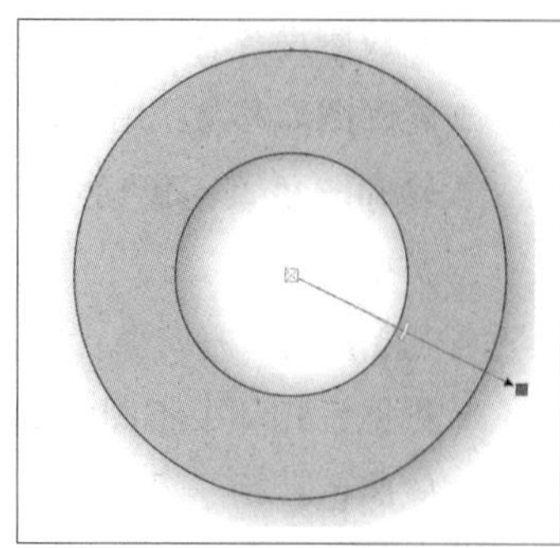

图 6-7

完成阴影颜色的设置后，为了使阴影更好地融入背景中，可以设置阴影的合并模式。阴影的合并模式包括“常规”“添加”“减少”“差异”“乘”“除”“如果更亮”“如果更暗”“底纹化”“后面”等。如图6-8～图6-10所示分别为不同合并模式下的阴影效果。

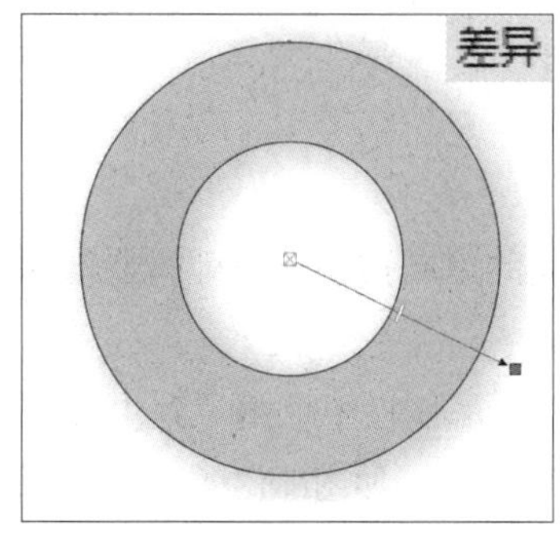

图 6-8

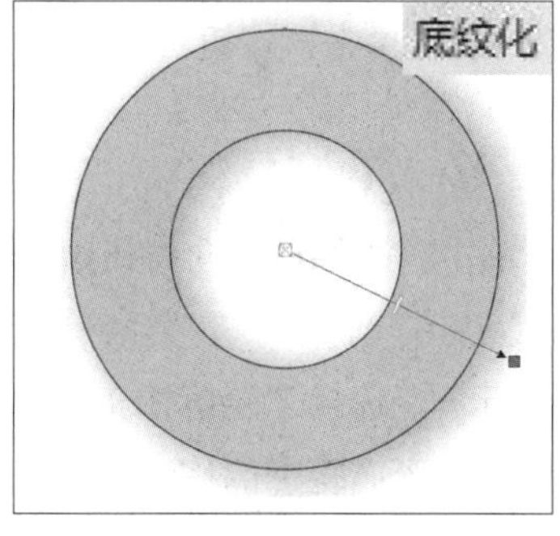

图 6-9

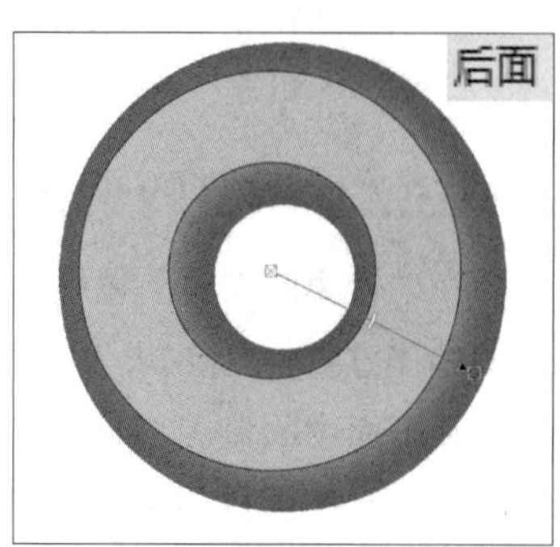

图 6-10

6.3 轮廓图效果

轮廓图效果是指通过在图形对象的外部与中心之间添加不同样式的轮廓线，并设置不同的偏移方向、偏移距离和轮廓颜色，为图形创建出不同的轮廓效果，使图形更具有装饰感。

6.3.1 认识“轮廓图工具”

利用“轮廓图工具”可以为图形对象添加轮廓效果，还可以设置轮廓的偏移方向，改变轮廓图的颜色属性，从而得到不同的图形效果。

选择“轮廓图工具”，显示出该工具的属性栏，如图6-11所示。

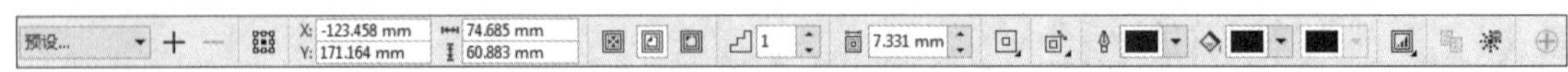

图 6-11

“轮廓图工具”属性栏中的部分选项介绍如下：

- **轮廓偏移的方向：**包括“到中心”按钮、“内部轮廓”按钮和“外部轮廓”按钮。单击各个按钮，即可设置轮廓图的偏移方向。
- **轮廓图步长：**用于调整轮廓图的步数。该数值的大小直接关系到图形对象的轮廓数，当数值设置合适时，可使对象的轮廓达到一种较为平缓的状态。
- **轮廓图偏移：**用于调整轮廓图之间的间距。
- **轮廓图角：**包括“斜接角”“圆角”“斜切角”3个选项，可根据需要设置轮廓图的角类型。
- **“轮廓色”方向：**包括“线性轮廓色”“顺时针轮廓色”“逆时针轮廓色”3个选项，可根据色相环中不同的颜色方向进行渐变处理。
- **轮廓色：**用于设置所选图形对象的轮廓色。
- **填充色：**用于设置所选图形对象的填充色。
- **最后一个填充挑选器：**在为图形对象填充了渐变效果后，该按钮方能激活。单击该按钮，即可设置带有渐变填充效果图形的结束色。
- **对象和颜色加速：**单击该按钮打开选项面板，在其中可以设置轮廓图对象及其颜色的应用状态。通过调整滑块的左、右方向，可以调整轮廓图的偏移距离和颜色。
- **清除轮廓：**应用轮廓图效果后，单击该按钮可清除轮廓图效果。

6.3.2 调整轮廓图的偏移方向

在“轮廓图工具”属性栏中，单击轮廓偏移方向按钮组中不同的方向按钮，即可调整轮廓图的偏移方向。

在页面中绘制图形，如图6-12所示。选择“轮廓图工具”，在其属性栏中单击“到中心”按钮，此时软件自动更新图形的大小，形成轮廓偏移到中心的图形效果，如图6-13所示。单击“内部轮廓”按钮，激活“轮廓图步长”数值框，在其中对步长进行设置，然后按Enter键确认，此时图形效果发生变化，如图6-14所示。

图 6-12

图 6-13

图 6-14

6.3.3 调整轮廓图的颜色

要自定义轮廓图的轮廓色和填充色，可直接在属性栏中更改其轮廓色和填充色，也可在调色板中调整对象的轮廓色和填充色。要调整轮廓图的颜色方向，则可通过选择属性栏中的“线性轮廓色”“顺时针轮廓色”或“逆时针轮廓色”选项来实现。如图6-15～图6-17所示为设置相同的轮廓色和填充色后，分别选择不同的方向选项所得到的效果。

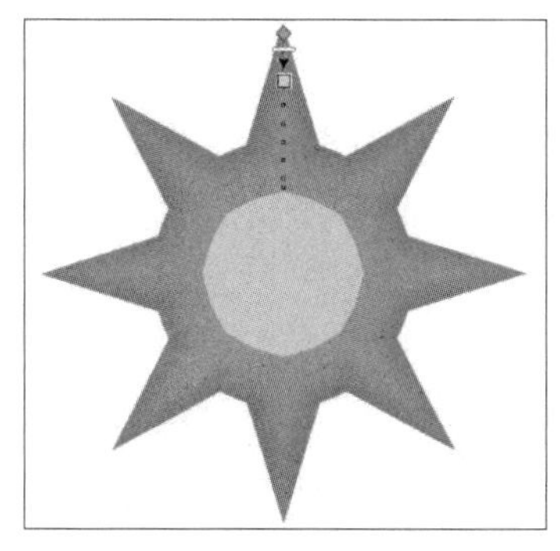

图 6-15

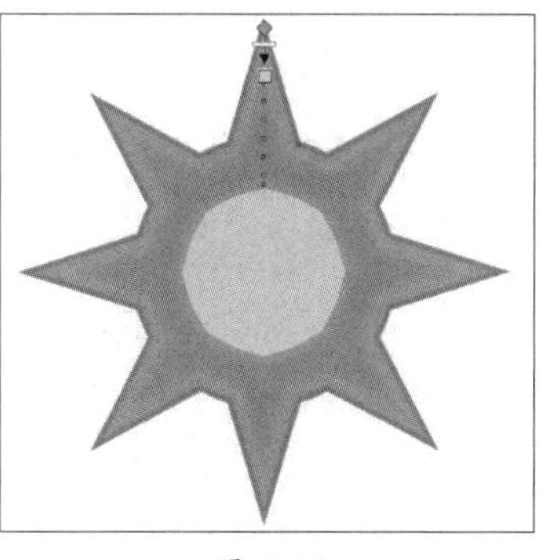
图 6-16

图 6-17

6.3.4 加速轮廓图的对象和颜色

加速轮廓图的对象和颜色即调整对象轮廓偏移距离和颜色的效果。在“轮廓图工具”的属性栏中单击“对象和颜色加速”按钮，打开加速选项设置面板。默认状态下，加速对象及其颜色为锁定状态，即调整其中一项，另一项也会随之调整。

单击“锁定”按钮将其解锁后，可分别对“对象”和“颜色”选项进行单独的加速调整。如图6-18～图6-20所示为“对象”和“颜色”选项同时进行调整和分别进行单独调整后的图形效果。

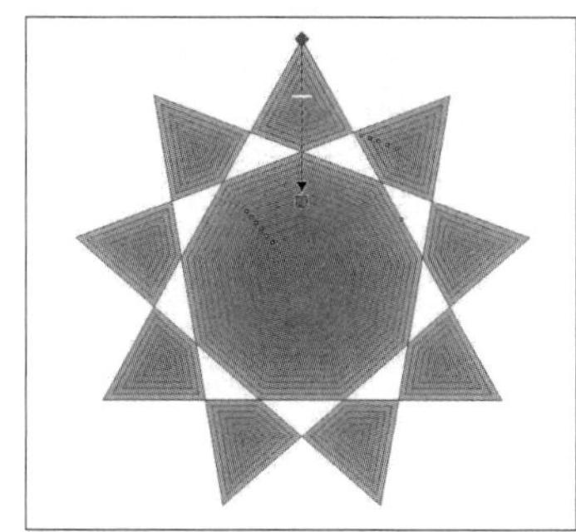
图 6-18

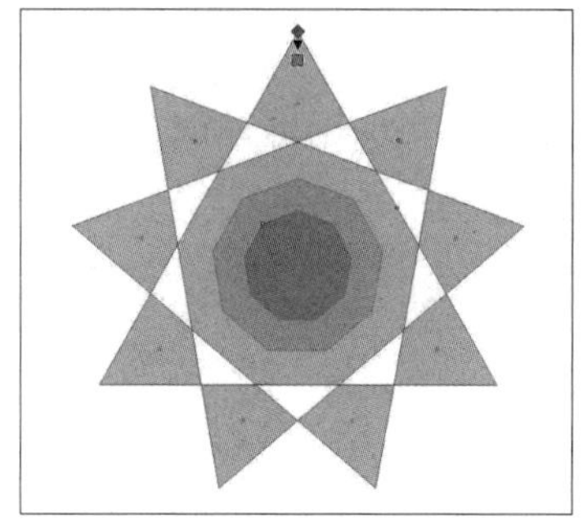
图 6-19

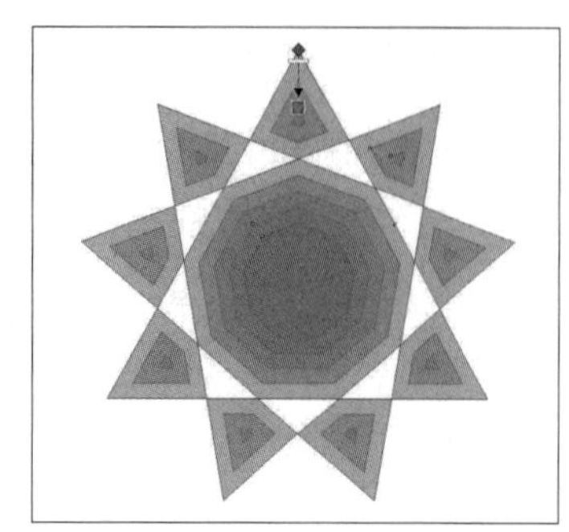
图 6-20

6.4 调和效果

调和效果是指通过设置图形对象的步长、方向、加速对象和颜色、颜色调和等以创建特殊的图形效果。

■ 6.4.1 “混合”泊坞窗

可以在“调和”泊坞窗中设置调和效果。执行“窗口”→“泊坞窗”→“效果”→“混合”命令，打开“混合”泊坞窗，如图6-21所示。在“混合”泊坞窗中，可对调和的步长、旋转、加速对象和颜色、颜色调和的路径、拆分和映射节点等进行调整。

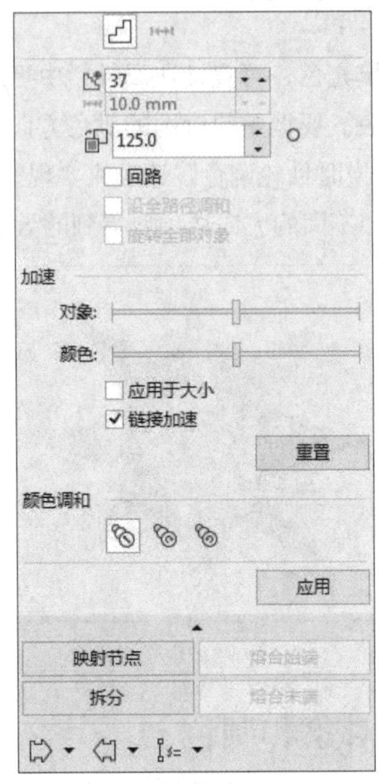

图 6-21

在未对图形进行调和之前，“混合”泊坞窗中的“重置”“应用”“熔合始端”“熔合末端”等按钮呈灰色显示，表示未被激活。只有在对图形对象应用了调和效果后，才能激活这些操作按钮。

■ 6.4.2 认识“调和工具”

利用“调和工具”可以在图形对象之间添加调和效果，使其过渡自然。选择“调和工具”，显示出该工具的属性栏，如图6-22所示。

图 6-22

“调和工具”属性栏中的选项介绍如下：

- **预设列表**：在该下拉列表中选择应用预设的选项，通过预览选项效果图，可以对应用选项的图形效果一目了然。
- **调和对象**：用于设置调和的步长数值。数值越大，调和后对象的步长越大，数量越多。
- **调和方向**：用于调整调和部分的方向角度，数值可以为正也可以为负。
- **环绕调和**：用于调整调和对象的环绕效果。单击该按钮，可对调和对象进行弧形调和处理；要取消环绕调和效果，可再次单击该按钮。
- **调和类型**：包括“直接调和”按钮、“顺时针调和”按钮和“逆时针调和”按钮。单击“直接调和”按钮，以简单而直接的形状和渐变填充效果进行调和；单击“顺时针调和”按钮，在调和形状的基础上以顺时针渐变填充的方式调和对象；单击“逆时针调和”按钮，在调和形状的基础上以逆时针渐变填充的方式调和对象。
- **路径属性**：调和对象后，要将调和的效果嵌合于新的对象，可单击该按钮，在打开的选项面板中选择“新路径”选项，单击指定对象即可将其嵌合到新的对象中。
- **加速调和对象**：包括“对象和颜色加速”按钮和“调整加速大小”按钮。单击“对象和颜色加速”按钮，打开加速选项面板，在其中可对加速的对象和颜色进行设置，还可通过调整滑块的左、右方向，调整两个对象之间的调和方向。
- **更多调和选项**：单击该按钮，打开相应的选项面板，在其中可对映射节点和拆分调和对象等进行设置。
- **起始和结束属性**：用于选择调和对象的调整起点和终点。单击该按钮，打开相应的选项面板，此时可显示调和后原对象的起点和终点，也可更改当前的起点或终点为其他的起点或终点。
- **复制调和属性**：单击该按钮，可复制调和效果至其他对象，复制的调和效果包括除对象填充和轮廓属性之外的调和属性。
- **清除调和**：应用调和效果后单击该按钮，可清除调和效果，恢复图形对象的原有效果。

6.4.3 “调和工具”的运用

利用“调和工具”可以在图形对象之间进行调和，还可以加速调和、设置调和类型、拆分调和对象，以及嵌合新路径等。

1. 调和对象

调和对象是“调和工具”最基本的应用。选择需要进行调和的图形对象，选择“调和工具”，在一个图形对象上单击并拖动光标到另一个图形对象上，释放鼠标即可完成这两个图形对象之间的调和效果。如图6-23所示为调和对象后的图形渐变效果。

在调和对象后，可以在属性栏中设置调和的步长、方向等基本属性，也可以移动原对象的位置，使调和效果更多变。如图6-24所示为调整后的调和效果。

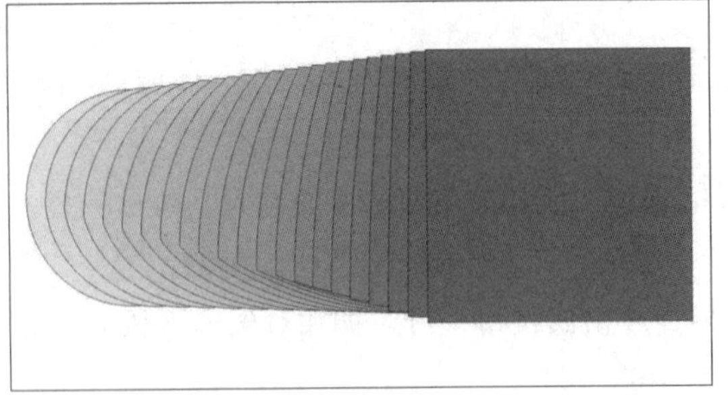

图 6-23

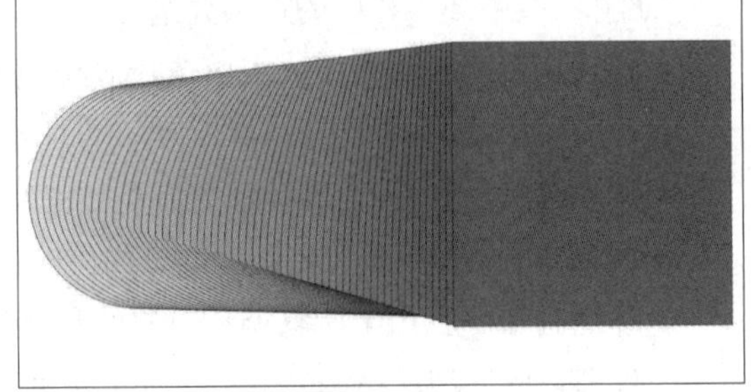

图 6-24

2. 加速调和对象

加速调和对象是指对调和对象的形状和颜色进行调整。单击“对象和颜色加速”按钮，在打开的加速选项面板中包括“对象”和“颜色”两个选项。在该面板中拖动滑块设置加速选项，即可使对象显示出不同的效果。如图6-25、图6-26所示为调整后的不同效果。

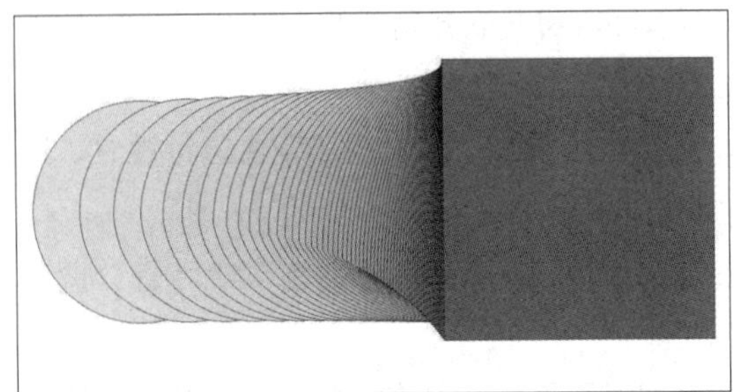

图 6-25

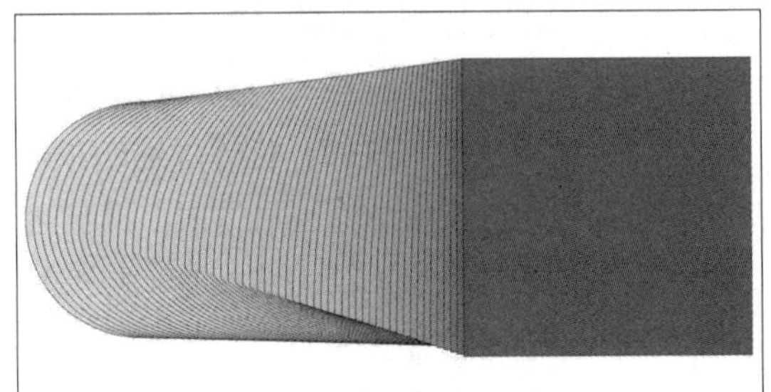

图 6-26

也可以直接在对象中对中心点处的蓝色箭头进行拖动，设置调和对象的加速效果。

3. 设置调和类型

对象的调和类型即调和时渐变颜色的方向。可通过在属性栏中单击不同的“调和类型”按钮进行设置。

- 单击“直接调和”按钮，渐变颜色直接穿过调和的起始和终止对象。
- 单击“顺时针调和”按钮，渐变颜色顺时针穿过调和的起始对象和终止对象。
- 单击“逆时针调和”按钮，渐变颜色逆时针穿过调和的起始对象和终止对象。

如图6-27、图6-28所示分别为顺时针调和对象及逆时针调和对象的效果。

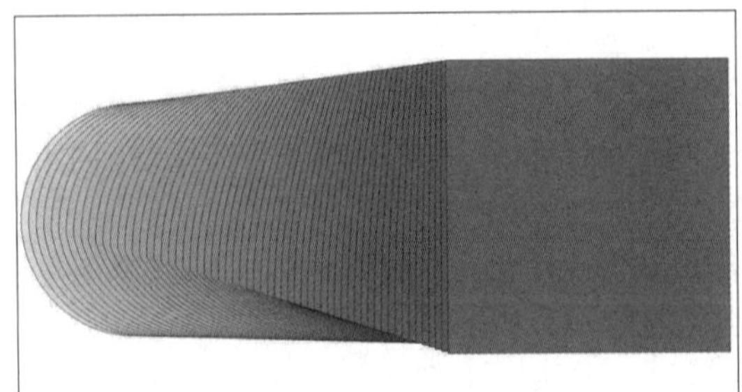

图 6-27

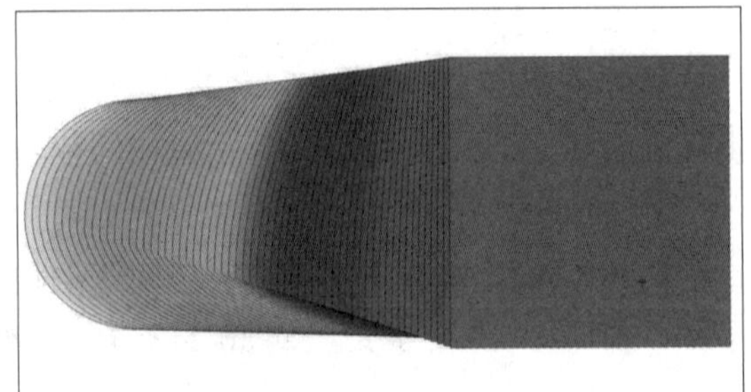

图 6-28

4. 拆分调和对象

拆分调和对象是指将调和对象从中间打断，使被打断的点成为调和效果的转折点。通过拖动打断的调和点，可对调和对象的位置进行调整。

选中调和对象，单击属性栏中的“更多调和选项”按钮，在打开的选项面板中选择“拆分”选项，光标变为↙拆分箭头状。在调和对象上单击，如图6-29所示。此时拖动光标即可对拆分的独立对象进行位置调整，如图6-30所示。

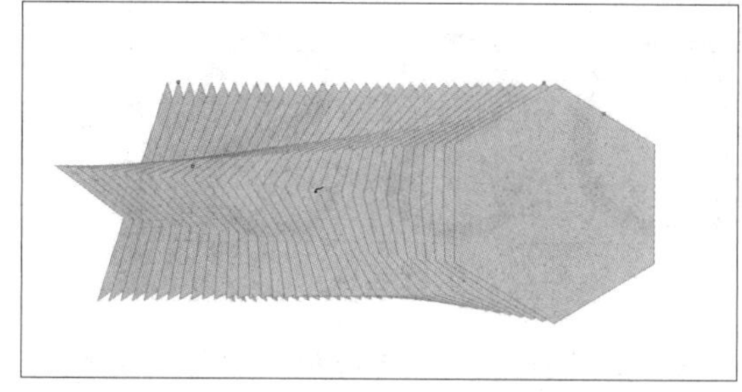

图 6-29

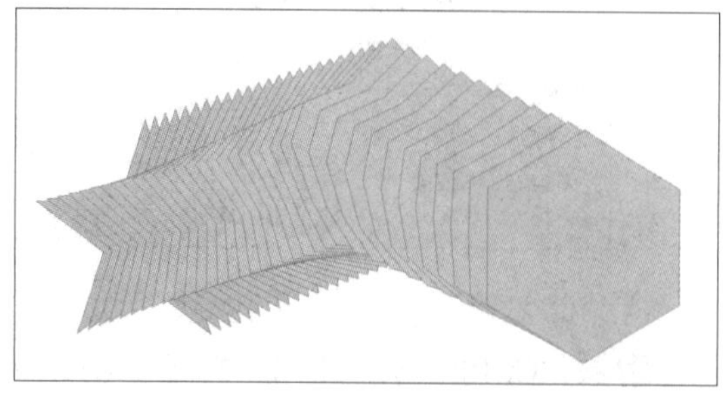

图 6-30

5. 嵌合新路径

嵌合新路径是指为已应用调和效果的对象嵌入新的路径，即将新图形作为调和后的对象的路径进行嵌入操作。

选择调和后的图形对象，单击属性栏中的“路径属性”按钮，在打开的选项面板中选择“新建路径”选项，将光标移动到作为新路径的图形上，此时光标变为箭头形状，如图6-31所示。在该图形上单击，调和后的图形对象将自动以该图形为新路径执行嵌入操作，效果如图6-32所示。

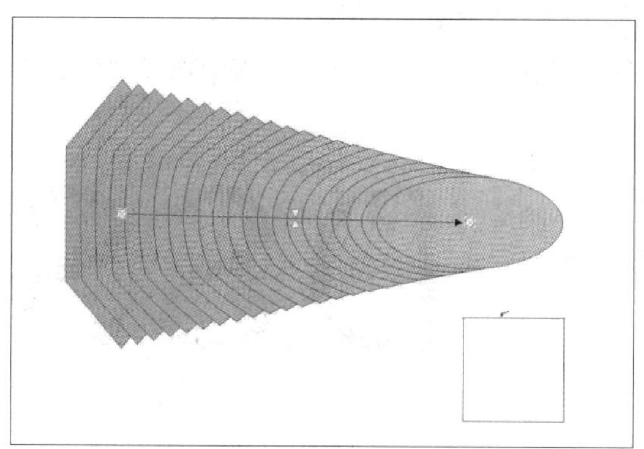

图 6-31

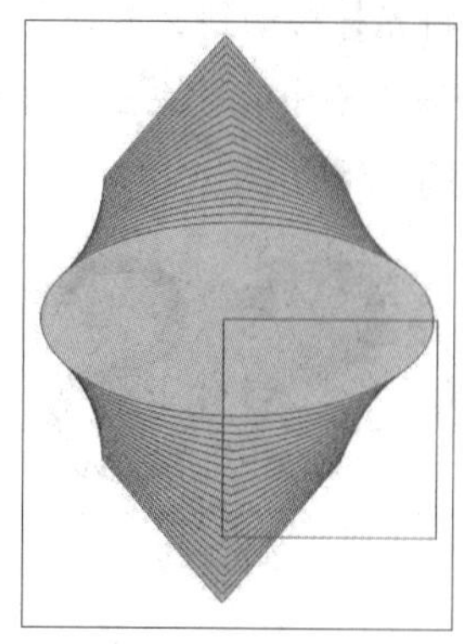

图 6-32

实例 制作特效文字

本案例将利用“调和工具”“文本工具”等制作特效文字。下面介绍具体的制作过程。

扫码观看视频

步骤01 执行“文件”→“新建”命令，在打开的“创建新文档”对话框中设置参数，如图6-33所示，单击“确定”按钮，新建文档。

步骤02 选择“文本工具”，在其属性栏中设置字体、字号等参数，然后在页面中单击输入文字，如图6-34所示。

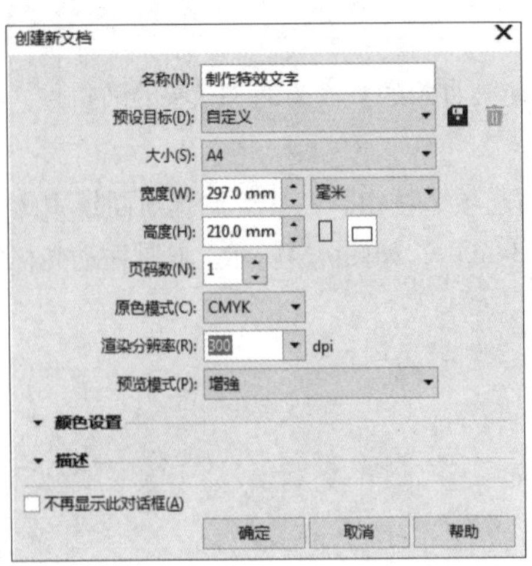

图 6-33

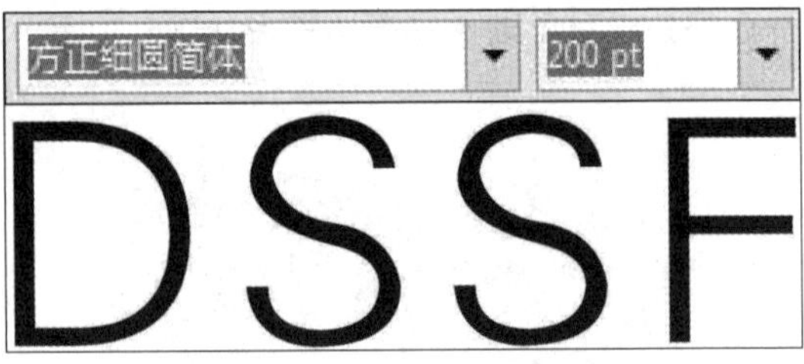

图 6-34

步骤 03 按住Ctrl键在页面中用“椭圆形工具”绘制合适的正圆形，并填充颜色，如图6-35所示。

步骤 04 选择“调和工具”，在一个正圆形上单击并拖动光标到另一个正圆形上，然后释放鼠标，在这两个图形之间创建渐变，如图6-36所示。

图 6-35

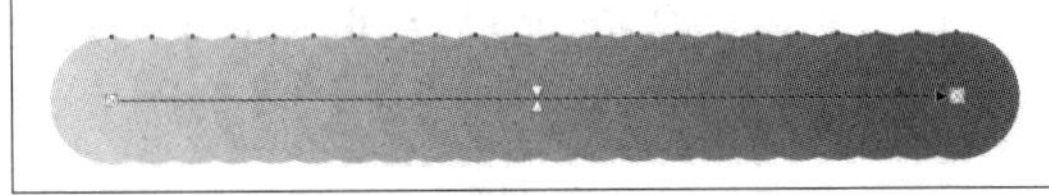

图 6-36

步骤 05 选择调和对象，单击属性栏中的“路径属性”按钮，在打开的选项面板中选择“新建路径”选项，将光标移动到文本对象上单击，效果如图6-37所示。

步骤 06 单击属性栏中的“更多调和选项”按钮，在打开的选项面板中选择“沿全路径调和”选项，效果如图6-38所示。

图 6-37

图 6-38

步骤 07 在属性栏中设置“调和对象”为180，效果如图6-39所示。

步骤 08 使用“选择工具”选中对象，右击，在弹出的快捷菜单中选择“拆分路径群组上的混合”选项，打散图形，然后选中底部的黑色文字按Delete键删除，效果如图6-40所示。

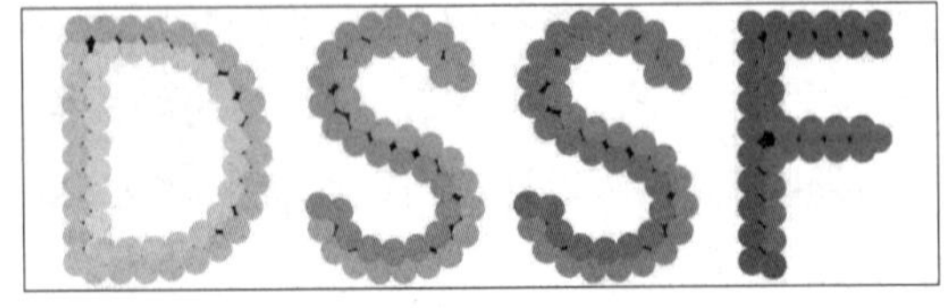

图 6-39

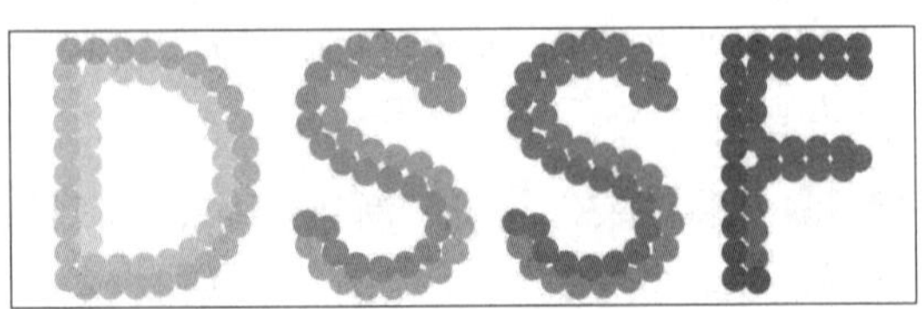

图 6-40

至此，完成特效文字的制作。

6.5 变形效果

利用变形效果可以使图形效果更加灵活多变，以满足制作复杂图形的需要。选择“变形工具”，在其属性栏中分别单击“推拉变形”“拉链变形”“扭曲变形”按钮，其属性栏参数会发生相应的变化。

■6.5.1 推拉变形

推拉变形是指对图形对象进行推拉式的变形，只能从左、右两个方向对图形对象进行变形处理，以达到推拉变形的效果。选择“变形工具”，在其属性栏中单击“推拉变形”按钮，如图6-41所示。

图 6-41

其中，各选项的功能介绍如下：

- **预设列表：**可在该下拉列表中选择软件自带的变形样式，也可单击其右侧的“添加预设”按钮+和“删除预设”按钮-对预设选项进行调整。
- **居中变形：**单击该按钮，然后在对象上单击并拖动光标，可以对象中心为变形中心进行拖动变形。
- **推拉振幅：**用于设置推拉失真的振幅。当数值为正数时，表示向对象外侧拖动对象节点；当数值为负数时，表示向对象内侧拖动对象节点。
- **添加新的变形：**将变形应用于已有变形对象。
- **复制变形属性：**将文档中另一个图形对象的变形属性应用到所选对象上。
- **清除变形：**单击应用了变形效果的图形对象，再单击该按钮，即可清除变形效果。
- **转化为曲线：**单击该按钮，可将图形对象转化为曲线，并允许使用“形状工具”修改该图形对象。

如图6-42、图6-43所示分别为应用了推拉变形效果前后的图形效果。

图 6-42

图 6-43

■6.5.2 拉链变形

拉链变形是指对图形对象进行拉链式的变形处理。选择“变形工具”，在其属性栏中单击“拉链变形”按钮，如图6-44所示。

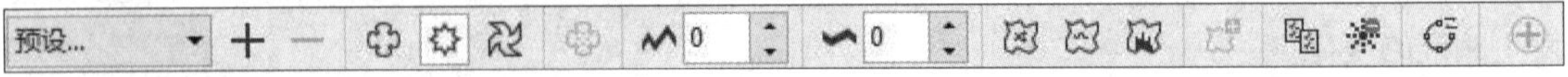

图 6-44

其中，各选项的功能介绍如下：

- **拉链振幅**：用于设置拉链失真的振幅。取值范围为0～100，数值越大，振幅越大。在对象上拖动光标进行变形时，变形的控制柄越长，振幅越大。
- **拉链频率**：用于设置拉链失真的频率。该频率表示对象进行拉链变形时的波动量，数值越大，波动越频繁。
- **随机变形**：用于使拉链线条随机分散。
- **平滑变形**：用于柔和处理拉链的棱角。
- **局限变形**：随着变形的进行，降低变形的效果。

如图6-45、图6-46所示分别为应用了拉链变形效果前后的图形效果。

图 6-45

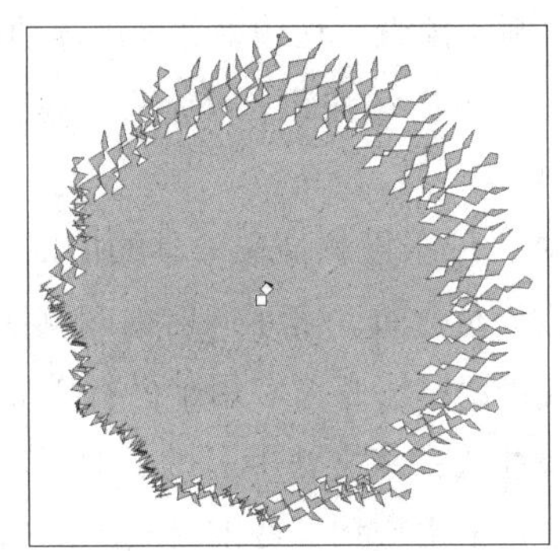

图 6-46

■6.5.3 扭曲变形

扭曲变形是指对对象进行扭曲式的变形处理。选择“变形工具”，在其属性栏中单击“扭曲变形”按钮，如图6-47所示。

图 6-47

其中，各选项的功能介绍如下：

- **旋转方向**：包括“顺时针旋转”按钮和“逆时针旋转”按钮。单击不同的方向按钮，扭曲的对象将以相应的旋转方向扭曲变形。
- **完整旋转**：用于设置扭曲的旋转数以调整对象旋转扭曲的程度。数值越大，扭曲程度越强。
- **附加度数**：在旋转扭曲变形的基础上附加的内部旋转角度，对扭曲后的对象的内部进行进一步的扭曲变形处理。

如图6-48、图6-49所示分别为应用了扭曲变形效果前后的图形效果。

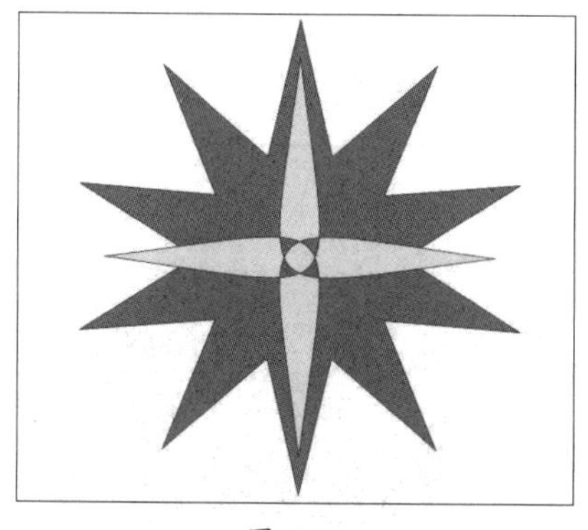

图 6-48

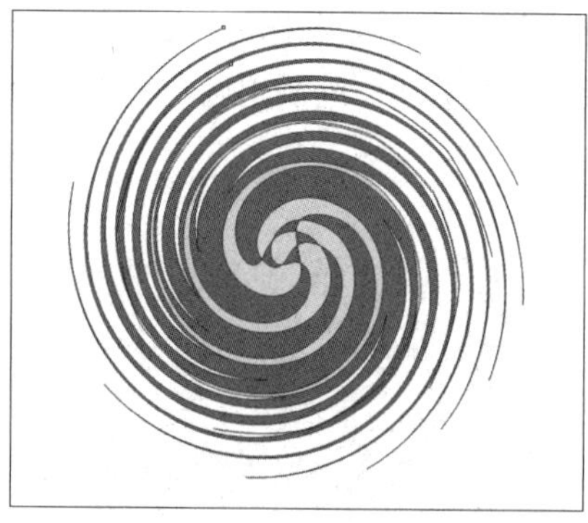

图 6-49

实例 制作茶叶标签

本案例将利用“变形工具”“文本工具”等制作茶叶标签，下面介绍具体的制作过程。

步骤01 执行“文件”→“新建”命令，在打开的“创建新文档”对话框中设置参数，如图6-50所示，单击“确定”按钮，新建文档。

步骤02 按住Ctrl键在页面中使用“椭圆形工具”绘制合适大小的正圆形，并填充颜色，如图6-51所示。

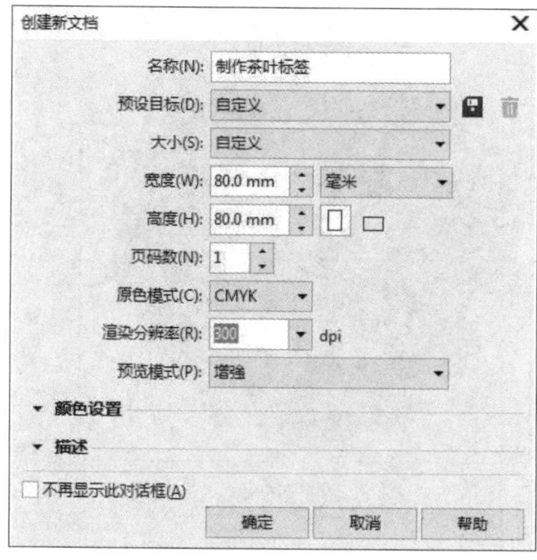

图 6-50

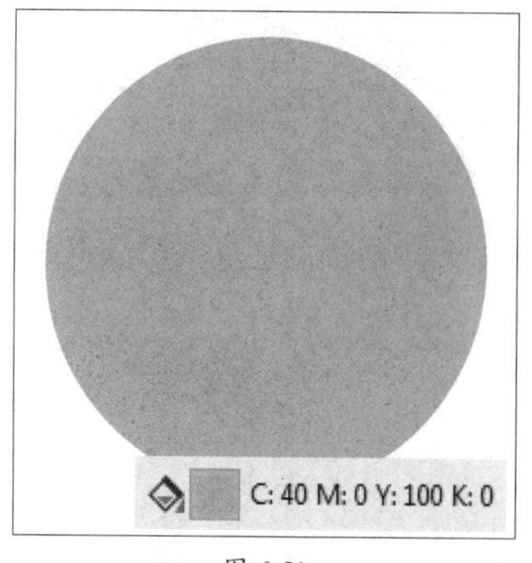

图 6-51

步骤03 选择“变形工具”，在其属性栏中单击“拉链变形”按钮，调整“拉链振幅”和“拉链频率”参数，效果如图6-52所示。

图 6-52

步骤04 按住Ctrl键在页面中使用“椭圆形工具”绘制合适大小的正圆形，并填充颜色，按C键和E键居中排列图形，效果如图6-53所示。

步骤05 使用相同的方法，绘制正圆形并设置轮廓色，如图6-54所示。

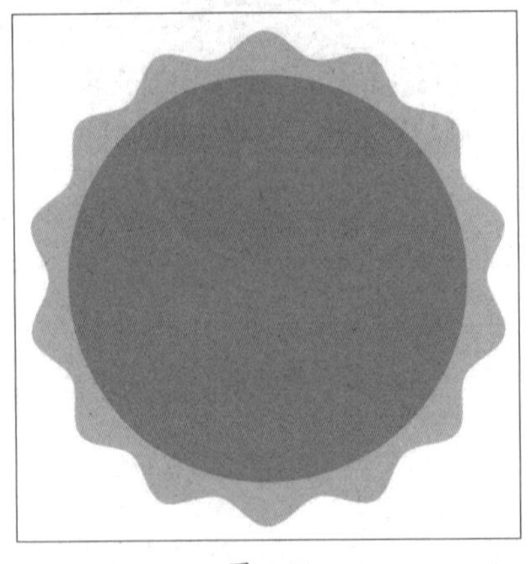

图 6-53

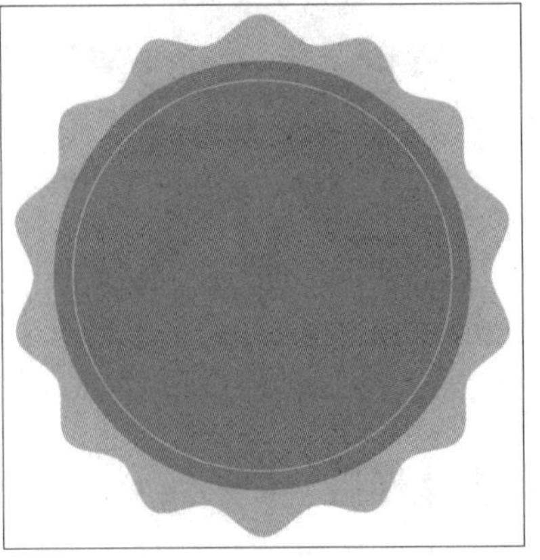

图 6-54

步骤06 执行“文件”→“导入”命令，导入本例素材文件“茶叶.cdr”，将其调整至合适大小和位置，效果如图6-55所示。

步骤07 使用“文本工具”在页面中单击并输入文字，效果如图6-56所示。

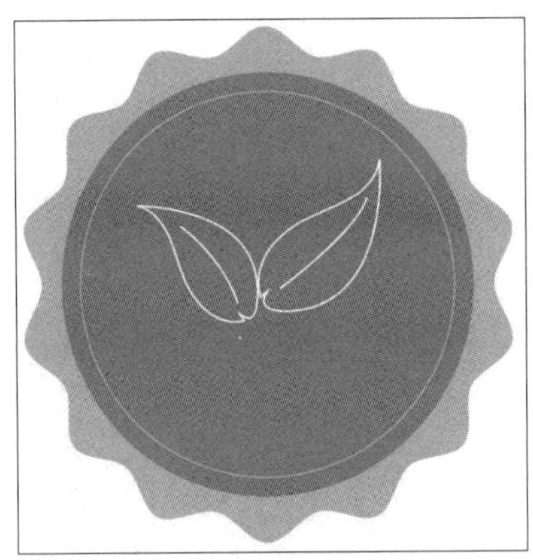

图 6-55

图 6-56

步骤08 选中茶叶，按Ctrl+C组合键和Ctrl+V组合键复制、粘贴，将副本茶叶移动至合适位置，调整大小并旋转一定的角度，效果如图6-57所示。

至此，完成茶叶标签的制作。

图 6-57

6.6 封套效果

封套效果是指以封套的形式通过对封套的节点进行调整，调整对象的形状轮廓，从而对图形对象进行变形处理，使图形对象更加规范，并扩大其适用范围。

■6.6.1 认识“封套工具”

利用“封套工具”可以快速改变图形对象的轮廓效果。选择“封套工具”，显示出该工具的属性栏，如图6-58所示。

图 6-58

“封套工具”属性栏中的部分选项介绍如下：

- **选取模式：**在该下拉列表中包括“矩形”和“手绘”两种选取范围模式。选择“矩形”选项，拖动光标以矩形的框选方式选择指定的节点；选择“手绘”选项，拖动光标以手绘的框选方式选择指定的节点。
- **节点调整**：包括多个关于节点的调整按钮，与“形状工具”属性栏中的按钮功能相同。
- **封套模式**：从左到右依次为“非强制模式”按钮、“直线模式”按钮，“单弧模式”按钮和“双弧模式”按钮，单击相应的按钮即可将封套调整为相应的形状。后3个按钮为强制性的封套效果，而“非强制模式”按钮则是自由的封套控制按钮。
- **映射模式：**在该下拉列表中可以对对象的封套应用不同的封套变形效果。
- **保留线条：**用于以较为强制的封套变形方式对对象进行变形处理。
- **添加新封套**：用于为已添加封套效果的对象继续添加新的封套效果。
- **创建封套自**：用于将其他对象的形状创建为封套。
- **复制封套属性**：用于对应用在其他对象中的封套属性进行复制，然后将其应用到所选对象上。

■6.6.2 设置封套模式

在页面中绘制图形，然后选择“封套工具”，在其属性栏中单击相应的封套模式按钮，即可切换到相应的封套模式中。

默认情况下封套模式为“非强制模式”。该模式的变化比较自由，其他3种强制性的封套模式是通过直线、单弧或双弧的方式对对象进行封套变形的强制处理，以达到较规范的封套变形效果。如图6-59～图6-61所示分别为“直线模式”“单弧模式”“双弧模式”下的调整效果。

图 6-59

图 6-60

图 6-61

知识点拨

在“非强制模式”下，可以同时对封套的多个节点进行调整；而在“直线模式”“单弧模式”“双弧模式”下，只能对各节点进行单独调整。

6.6.3 设置封套映射模式

设置封套映射模式是指设置图形对象的封套变形方式。在“封套工具”的属性栏中，展开“映射模式”下拉列表，可以选择“原始”“自由变形”“水平”“垂直”4种封套映射模式。

其中，“原始”和“自由变形”封套映射模式都是较为随意的变形模式。应用这两种封套映射模式，可以对对象的整体进行封套变形处理。“水平”封套映射模式是对封套节点水平方向上的对象进行变形处理。“垂直”封套映射模式是对封套节点垂直方向上的对象进行变形处理。如图6-62～图6-64所示分别为原始对象、“水平”和“垂直”封套映射模式下的调整效果。

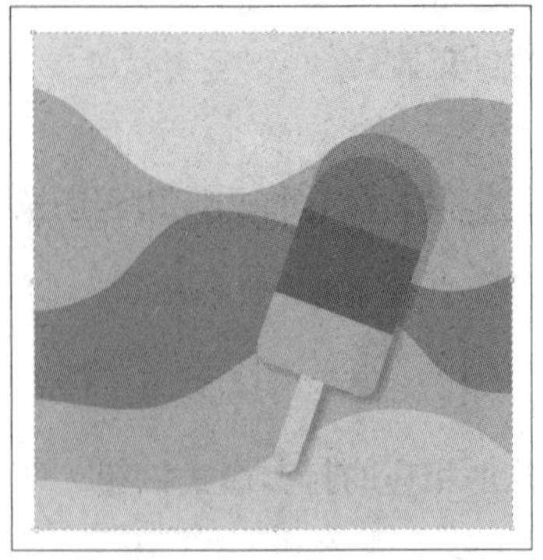

图 6-62

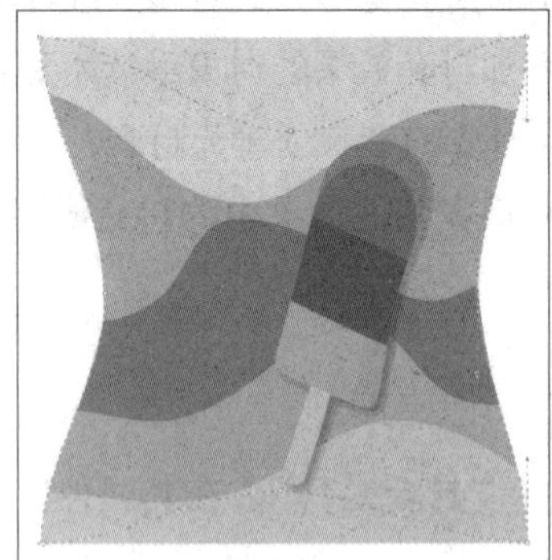
图 6-63

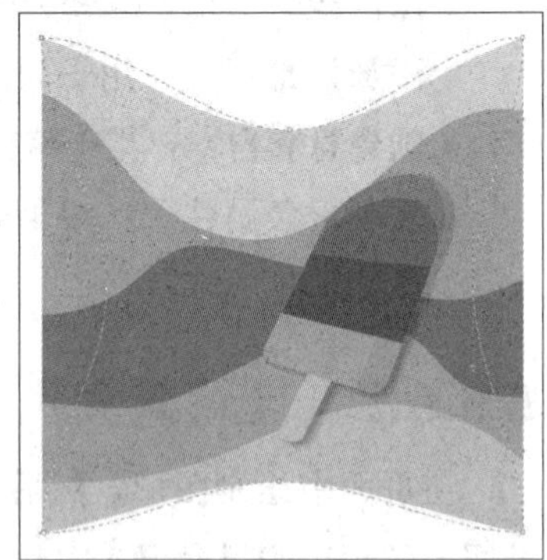
图 6-64

6.7 立体化效果

立体化效果是指对平面的图形对象进行立体化处理，使其形成立体效果。此外，还可调整立体化对象的填充色、旋转透视角度和光照等，使其呈现出丰富的三维立体效果。

■6.7.1 认识“立体化工具”

利用“立体化工具”可以制作立体化效果。选择“立体化工具”，显示出该工具的属性栏，如图6-65所示。

图 6-65

“立体化工具”属性栏中的部分选项介绍如下：

- **预设列表：**在该下拉列表中可以设置立体化对象的立体角度。
- **灭点坐标：**用于显示立体化对象透视消失点的位置，可通过拖动立体化控制柄上的灭点调整其位置。
- **灭点属性：**在该下拉列表中可锁定灭点（即透视消失点）至指定的对象，也可将多个立体化对象的灭点复制或共享。
- **页面或对象灭点：**用于将对象立体化灭点的位置锁定到对象或页面中。
- **深度：**用于调整立体化对象的透视深度。数值越大，立体化对象的景深越大。
- **立体化旋转：**用于旋转立体化对象。
- **立体化颜色：**用于调整立体化对象的颜色，并设置立体化对象填充颜色的不同类型。
- **立体化倾斜：**用于为立体化对象添加斜角立体效果并进行斜角变换的调整。
- **立体化照明：**用于将照明效果应用到立体化对象。

■6.7.2 设置立体化类型

设置立体化类型即设置立体化的样式，是指同步调整图形对象的立体化方向和角度。可在属性栏的“预设列表”下拉列表中进行选择，还可结合“深度”数值框，对图形对象的景深效果进行调整。如图6-66～图6-68所示分别为原始对象、设置立体化类型及进一步调整深度后的效果。

图 6-66

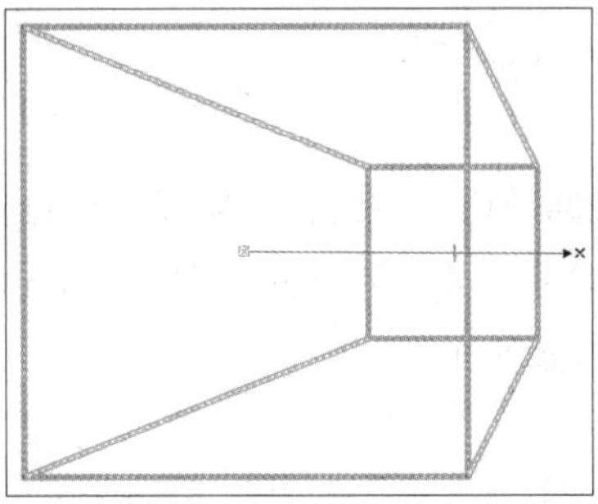

图 6-67

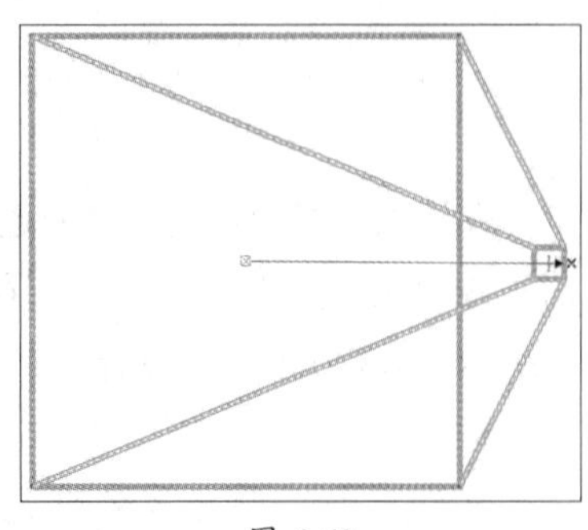

图 6-68

■6.7.3 调整立体化对象

为对象添加立体化效果后，还可以对其角度、颜色、光照效果等进行调整。下面对此进行详细的介绍。

1. 调整立体化旋转

选中立体化对象，单击属性栏中的“立体化旋转”按钮，在打开的选项面板中拖动数字模型，如图6-69、图6-70所示，即可调整立体化对象的旋转方向。如图6-71所示为调整了旋转方向的立体化对象。

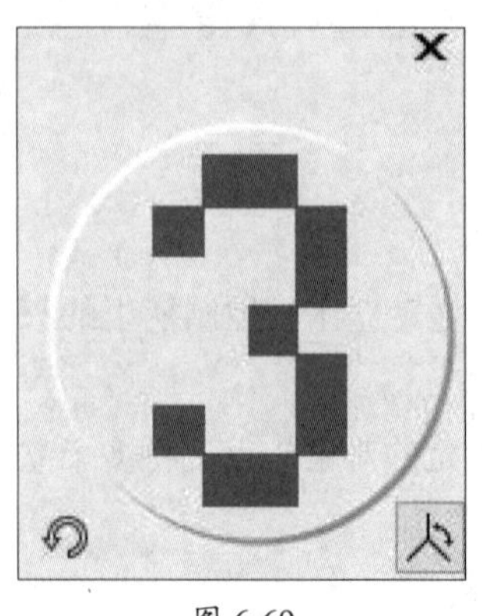

图 6-69

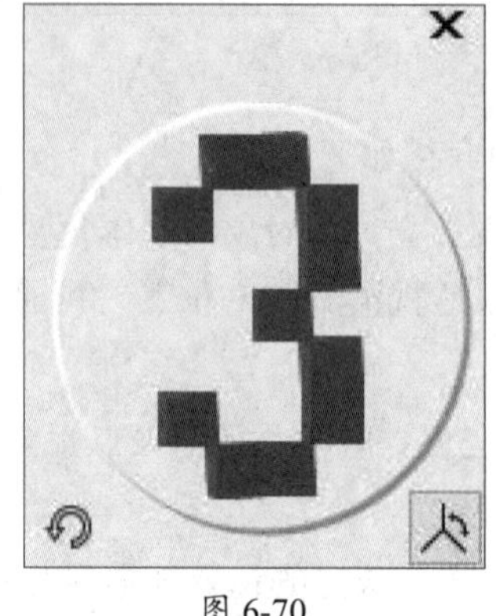

图 6-70

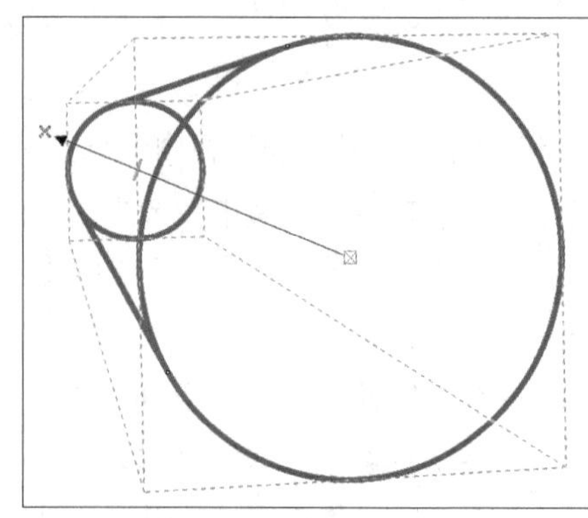

图 6-71

2. 调整立体化对象的颜色

选中立体化对象，单击属性栏中的“立体化颜色”按钮，在打开的选项面板中单击“使用纯色”按钮，并在该选项面板中设置立体化对象的颜色。如图6-72、图6-73所示分别为调整立体化对象颜色前后的效果。

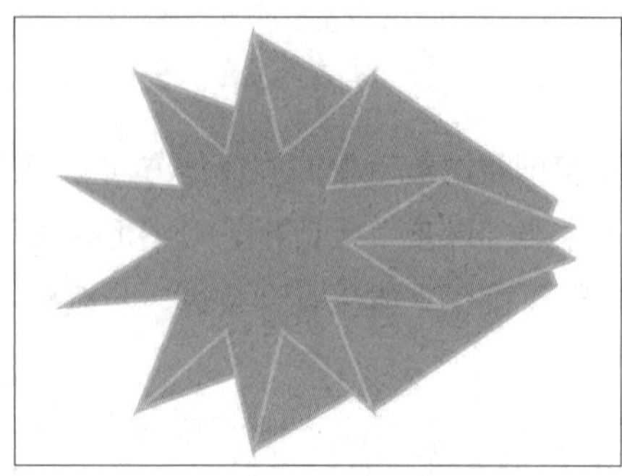

图 6-72

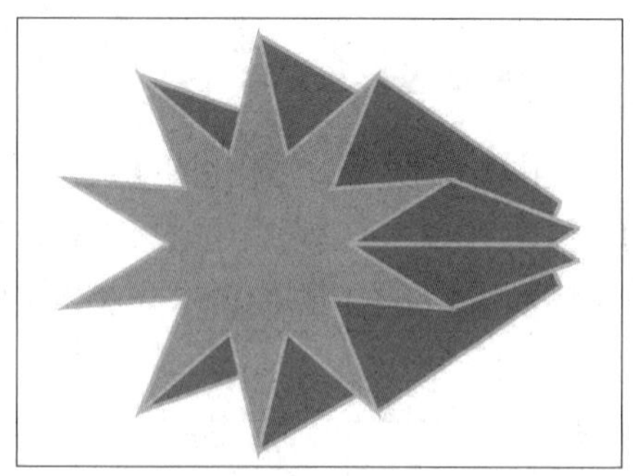

图 6-73

在选项面板中单击“使用递减的颜色”按钮，切换到相应的参数设置面板，在该参数设置面板中单击“从”和“到”下拉按钮，可设置不同的颜色，立体化对象的颜色随之变化。如图6-74、图6-75所示为设置不同递减颜色的效果。

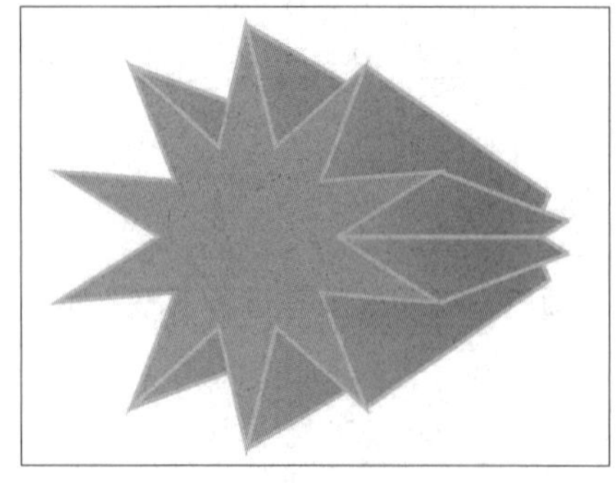

图 6-74

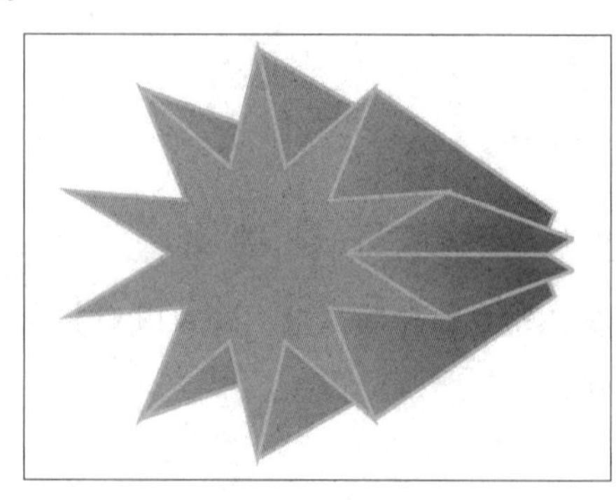

图 6-75

3. 调整立体化对象的照明效果

调整立体化对象的照明效果是指通过模拟三维光照原理，为立体化对象添加更为真实的光源照射效果，从而丰富对象的立体化层次。

选中立体化对象，在属性栏中单击“立体化照明”下拉按钮，在打开的选项面板中分别单击相应的数字按钮，为对象添加多个光源效果。此外，还可在光源网格中单击并移动光源点的位置，结合使用“强度”滑块调整光照强度，对光源效果进行整体控制。如图6-76、图6-77所示分别为添加立体化照明效果前后的立体化对象。

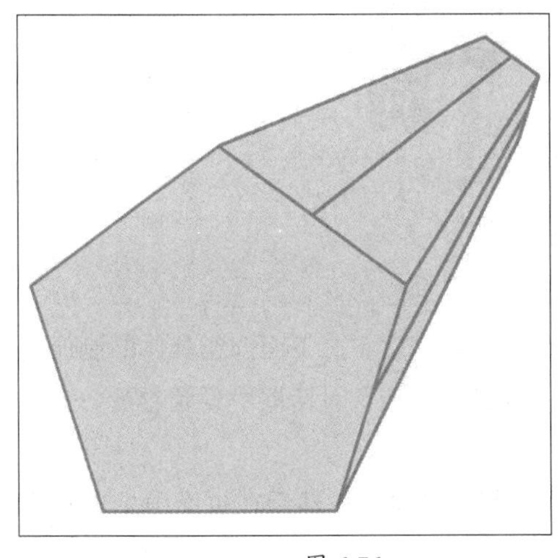

图 6-76

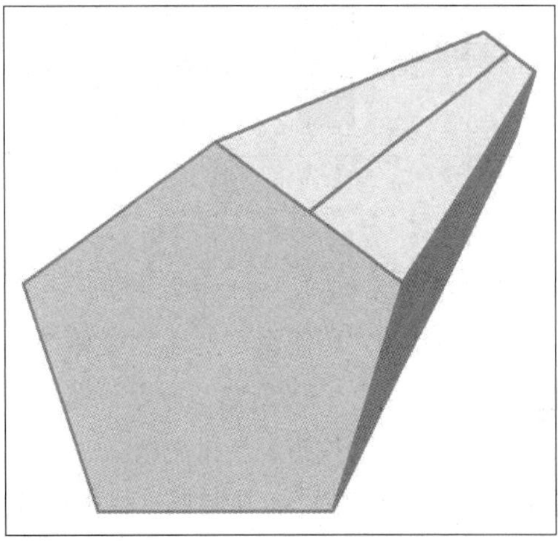

图 6-77

6.8 块阴影效果

块阴影由简单的线条构成，是矢量阴影，有明显的边界，常用于制作屏幕打印和标牌。

6.8.1 认识“块阴影”工具

利用“块阴影”工具可以将矢量阴影应用于对象和文本。选择“块阴影”工具，显示出该工具的属性栏，如图6-78所示。

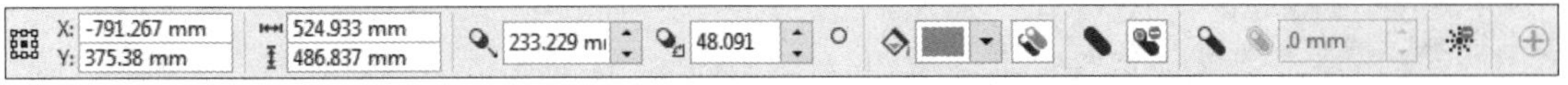

图 6-78

“块阴影”工具属性栏中的部分选项介绍如下：

- **深度**：用于调整块阴影的深度。
- **定向**：用于设置块阴影的角度。
- **块阴影颜色**：用于设置块阴影的颜色。
- **展开块阴影**：用于以指定量增加块阴影的尺寸。

■6.8.2 调整块阴影颜色

选中添加了块阴影的对象，单击属性栏中的“块阴影颜色”下拉按钮，在打开的选项面板中选择合适的颜色，即可调整块阴影的颜色，如图6-79、图6-80所示。

图 6-79　　图 6-80

实例 制作标牌文字

本案例将利用“块阴影”工具、“文本工具”等制作标牌文字。下面介绍具体的制作过程。

步骤 01 执行“文件”→“新建”命令，在打开的“创建新文档”对话框中设置参数，如图6-81所示，单击“确定”按钮，新建文档。

步骤 02 选择“文本工具”，在其属性栏中设置字体、字号等参数，然后在页面中单击并输入文字，如图6-82所示。

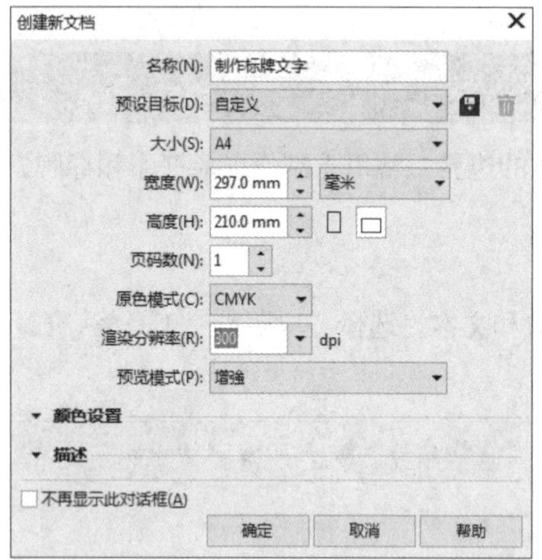

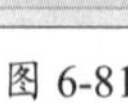

图 6-81

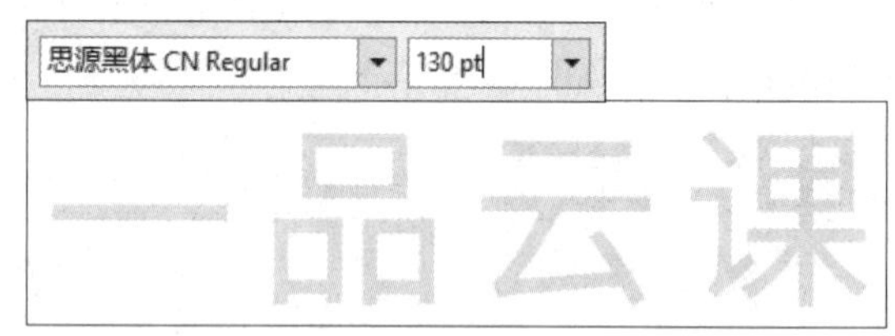

图 6-82

步骤 03 选中输入的文字，选择“块阴影”工具，在属性栏中设置参数，效果如图6-83所示。

步骤 04 移动光标至块阴影上，右击，在弹出的快捷菜单中选择“拆分块阴影”选项，效果如图6-84所示。

图 6-83

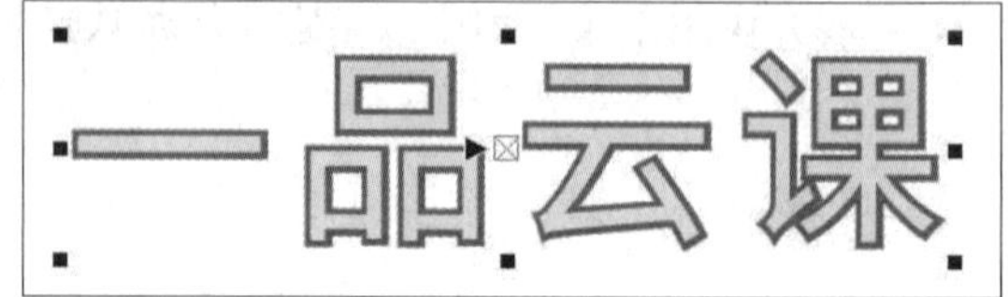

图 6-84

步骤 05 选中拆分出的块阴影，选择“块阴影”工具，在属性栏中设置参数，效果如图6-85所示。

步骤 06 移动光标至块阴影上，右击，在弹出的快捷菜单中选择“拆分块阴影”选项，效果如图6-86所示。

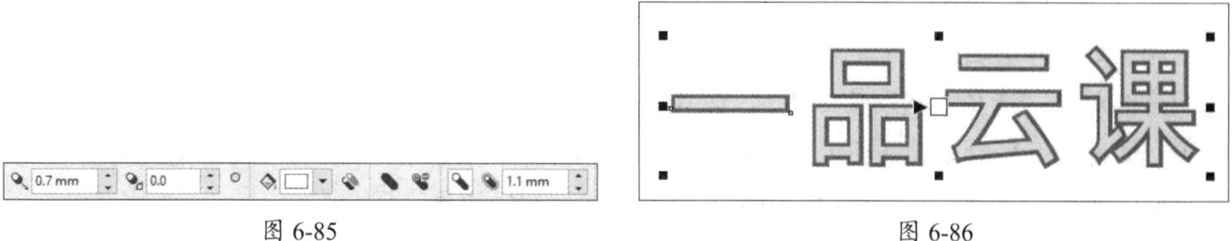

图 6-85　　图 6-86

步骤 07 使用相同的方法，继续为拆分的块阴影添加块阴影效果，如图6-87所示。

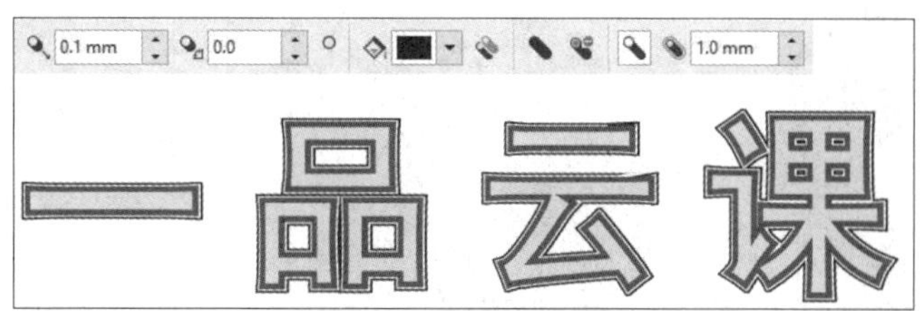

图 6-87

至此，完成标题文字的制作。

6.9 透明度工具

透明效果既可以运用在矢量图形上，也可以运用在位图图像上。

6.9.1 透明度方式

利用“透明度工具”可快速赋予矢量图形或位图图像透明效果。选择“透明度工具”，显示出该工具的属性栏，其中包括6种透明度方式。下面对此进行介绍：

- **无透明度**：单击该按钮，可删除透明度。在属性栏中仅出现“合并模式”选项，用于选择透明度颜色与下层对象颜色调和的方式。
- **均匀透明度**：应用整齐并且均匀分布的透明度。单击该按钮，可选择透明度并设置透明度的数值。
- **渐变透明度**：应用不同透明度的渐变。单击该按钮，会出现4种渐变类型，即线性渐变、椭圆形渐变、锥形渐变、矩形渐变。选择不同的渐变类型，可应用不同的渐变效果。
- **向量图样透明度**：应用向量图样透明度。单击该按钮，在属性栏中可设置其合并模式、前景透明度、背景透明度、水平/垂直镜像平铺等。
- **位图图样透明度**：应用位图图样透明度。属性栏参数设置与“向量图样透明度”类似。
- **双色图样透明度**：应用双色图样透明度。属性栏参数设置与“向量图样透明度”“位图图样透明度”类似。

■6.9.2 调整透明对象

为对象添加透明效果后，还可在属性栏中对透明度的类型、颜色等进行调整。下面对此进行介绍。

1. 调整对象的透明度类型

调整对象的透明度类型是指通过设置对象的透明状态，调整其透明效果。选中添加了渐变透明度的对象，选择“透明度工具”，在其属性栏中的“透明度类型”下拉列表中选择相应的选项，即可对图形对象的透明度进行调整。如图6-88～图6-90所示分别为应用“无透明度”“锥形渐变透明度”“矩形渐变透明度”3种不同透明度类型的效果。

图 6-88

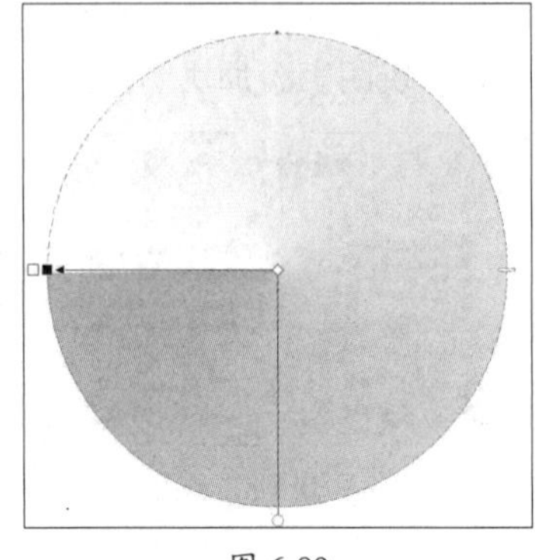

图 6-89

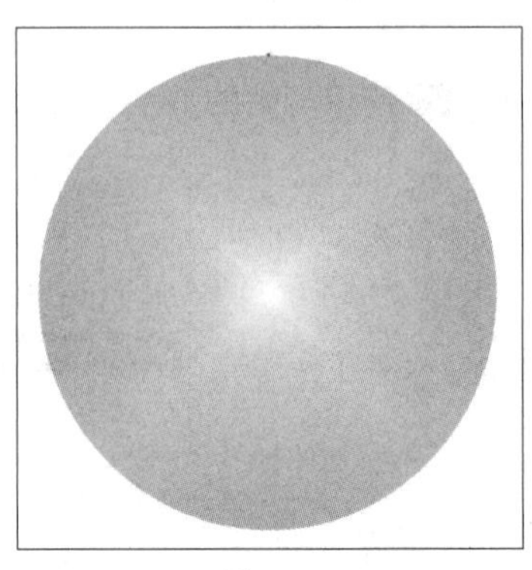

图 6-90

2. 调整透明对象的颜色

要调整透明对象的颜色，可直接调整图形对象的填充色和背景色，也可在“透明度工具”属性栏的“合并模式”下拉列表中选择相应的选项，可调整图形对象与背景颜色的混合关系，从而得到新的颜色效果。如图6-91～图6-93所示分别为选择“颜色”“反转”“强光”选项后的图形效果。

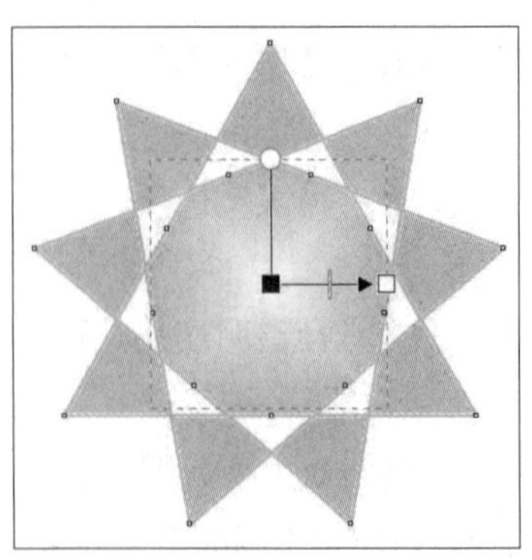

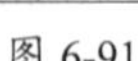

图 6-91

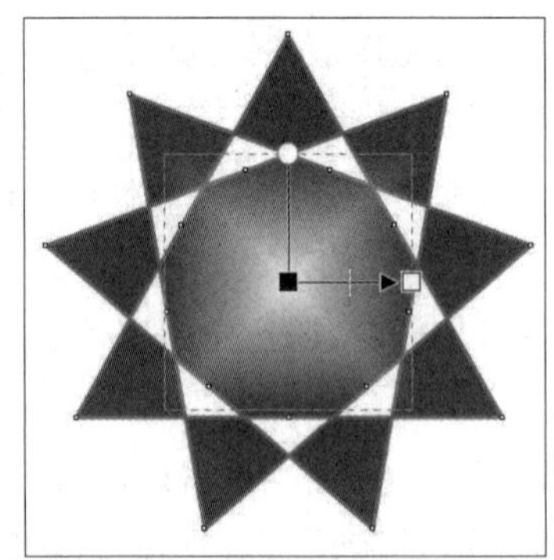

图 6-92

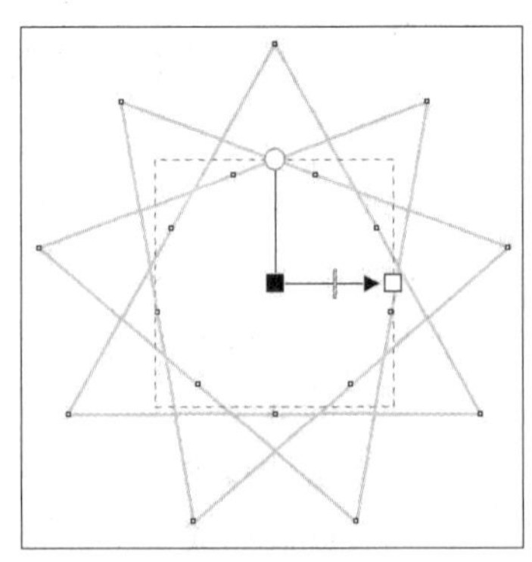

图 6-93

实例 绘制星形装饰物

本案例将利用“透明度工具”“钢笔工具”等制作星形装饰物。下面介绍具体的制作过程。

扫码观看视频

步骤01 执行“文件”→“新建”命令，在打开的“创建新文档”对话框中设置参数，如图6-94所示，单击“确定”按钮，新建文档。

步骤02 按住Ctrl键使用“星形工具”绘制正五角星形，在属性栏中调整参数，设置“填充”为红色，“轮廓”为“无”，效果如图6-95所示。

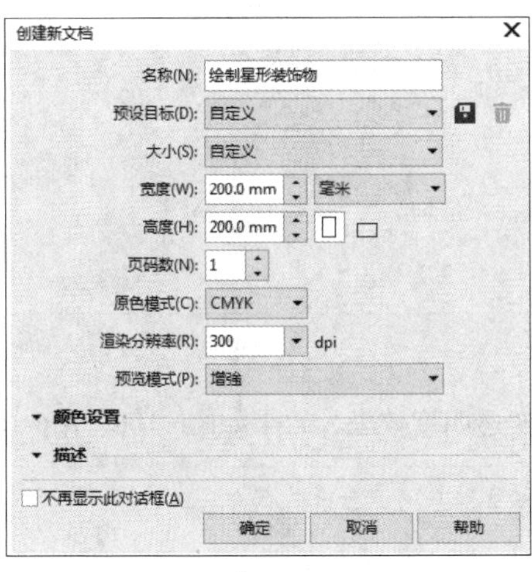

图 6-94

图 6-95

步骤03 执行“窗口”→“泊坞窗”→“圆角/扇形角/倒棱角”命令，打开“圆角/扇形角/倒棱角”泊坞窗，选中“圆角”单选按钮，设置“半径”为“3.5mm”，单击“应用”按钮，效果如图6-96所示。

步骤04 选中红色星形，按小键盘上的+键复制对象，然后粘贴对象，设置“填充”为黄色，并将副本对象移动至合适的位置，效果如图6-97所示。

图 6-96

图 6-97

步骤05 选中黄色星形，使用“透明度工具”▩为选中的对象添加椭圆形渐变透明度效果，在页面中调整渐变的手柄，效果如图6-98所示。

步骤06 使用“钢笔工具”绘制高光，效果如图6-99所示。

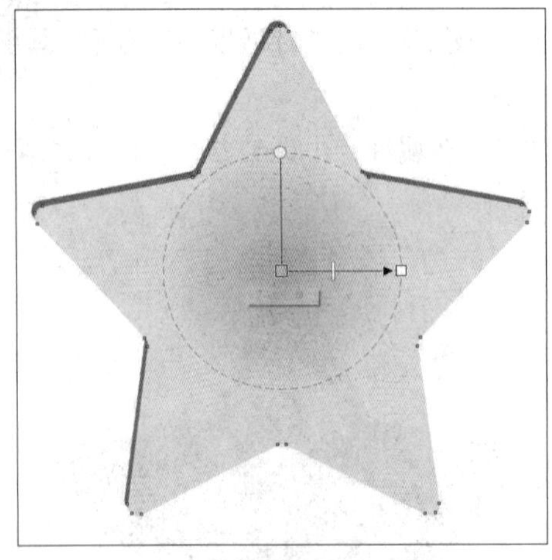
图 6-98

图 6-99

步骤07 使用“透明度工具”▩为高光添加均匀渐变透明度效果，效果如图6-100、图6-101所示。

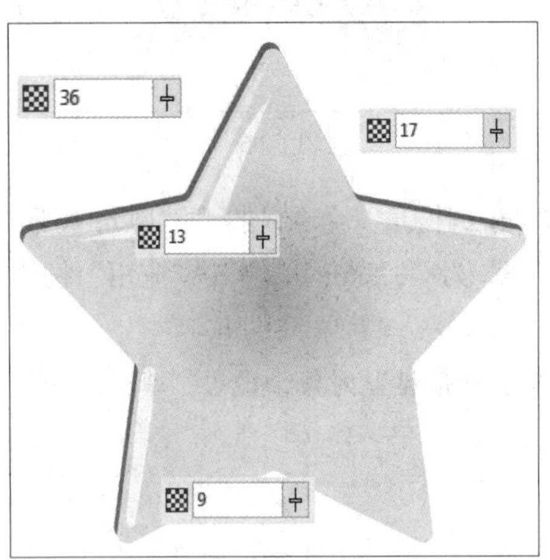

图 6-100

图 6-101

至此，完成星形装饰物的绘制。

6.10 其他效果

在CorelDRAW中，除了可以使用工具箱中的特效工具为图形对象添加效果外，还可以通过“斜角”泊坞窗、“透镜”泊坞窗和“添加透视”命令制作特殊效果。下面对这些特殊效果进行介绍。

■6.10.1 斜角效果

为图形对象添加斜角效果是指在一定程度上为图形对象添加立体化效果或浮雕效果。此外，还可对应用斜角效果的对象进行拆分。

执行“窗口”→“泊坞窗”→“效果”→“斜角”命令，打开“斜角”泊坞窗，如图6-102所示。在“斜角”泊坞窗中，可对图形对象进行立体化处理，也可对其进行平面化样式处理。

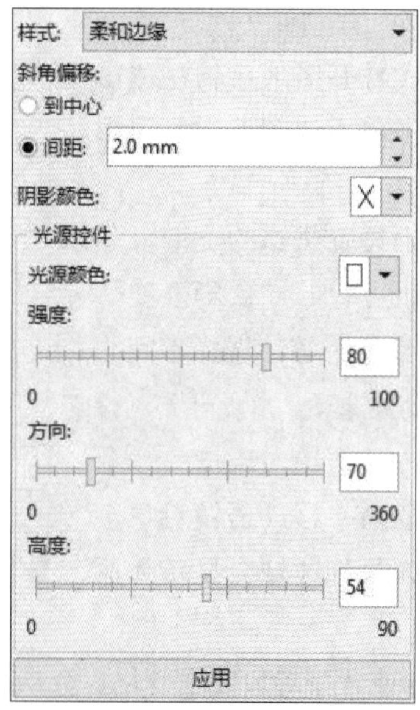

图 6-102

“斜角”泊坞窗中的选项介绍如下：

- **样式：**在该下拉列表中可为对象添加不同的斜角样式。
- **斜角偏移：**用于设置斜角在对象中的位置和距离。
- **阴影颜色：**单击其右侧的下拉按钮，可对对象斜角的阴影颜色进行设置。
- **光源控件：**用于设置光源的颜色、强度、方向和高度。
- **应用：**单击该按钮，即可应用设置。

如图6-103～图6-105所示分别为原始对象、添加了斜角效果的对象和添加了“到中心”斜角效果的对象。

图 6-103

图 6-104

图 6-105

■6.10.2 透镜效果

利用“透镜”泊坞窗，可以为图形对象添加不同类型的透镜效果。在调整对象的显示内容时，也可调整其色调效果。

执行“窗口”→“泊坞窗”→“效果”→“透镜”命令，打开“透镜”泊坞窗，如图6-106所示。

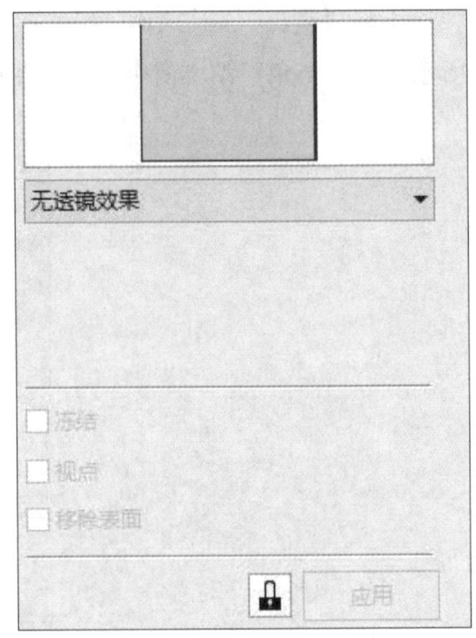

图 6-106

“透镜”泊坞窗中的选项介绍如下：

- **预览窗口：**在页面中绘制或打开图形后，在该窗口中以简洁的方式显示出当前所选图形对象应用的透镜类型的作用形式。
- **透镜类型：**在该下拉列表中设置透镜的类型，如“无透镜效果”“变亮”“颜色添加”“色彩限度”“自定义彩色图”“鱼眼”“线框”等。选择不同的透镜类型，会显示相应的设置选项。
- **冻结：**勾选该复选框，将冻结透镜对象与另一个对象的相交区域。冻结对象后，移动透镜对象至其他位置，最初应用透镜效果的区域会显示为原来的效果。
- **视点：**勾选该复选框后，即使背景对象发生变化也会动态维持视点。
- **移除表面：**勾选该复选框后，会移除透镜对象与另一个对象不相交的区域，从而使不相交区域不受透镜的影响，此时被透镜覆盖的区域不可见。
- **应用、解锁：**这两个按钮之间有一定的联系，在未解锁的状态下，可直接应用对象的任意透镜效果。单击“解锁”按钮后，“应用”按钮被激活，此时若更改了相应的选项设置，只有单击“应用”按钮，才能将其应用到对象中。

如图6-107、图6-108所示分别为原始对象和添加了透镜效果的对象。

图 6-107

图 6-108

■6.10.3 透视效果

通过添加透视效果可调整图形对象的扭曲度，从而使图形对象产生近大远小的透视关系。

选择图形对象，执行“效果”→“添加透视”命令，此时图形对象周围会出现红色的虚线网格，如图6-109所示。拖动其控制点，如图6-110所示，即可调整图形对象的透视关系。最终效果如图6-111所示。

图 6-109

图 6-110

图 6-111

你学会了吗？

实战演练 制作立体按钮

扫码观看视频

在完成本章的学习后，将利用“透明度工具”“刻刀工具”“椭圆形工具”等工具，以及填充渐变色等操作制作立体按钮。下面介绍具体的制作过程。

步骤01 执行“文件”→“新建”命令，在打开的“创建新文档”对话框中设置参数，如图6-112所示，单击“确定”按钮，新建文档。

步骤02 按住Ctrl键在页面中使用“椭圆形工具”绘制合适大小的正圆形，按F11键打开“编辑填充”对话框，在该对话框中设置参数，如图6-113所示，单击“确定”按钮，效果如图6-114所示。

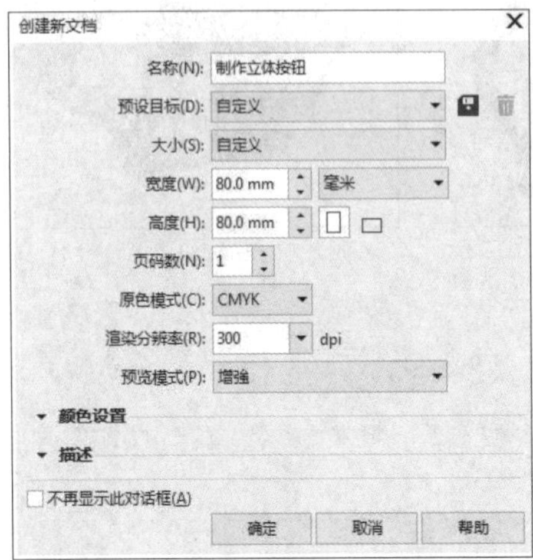

图 6-112

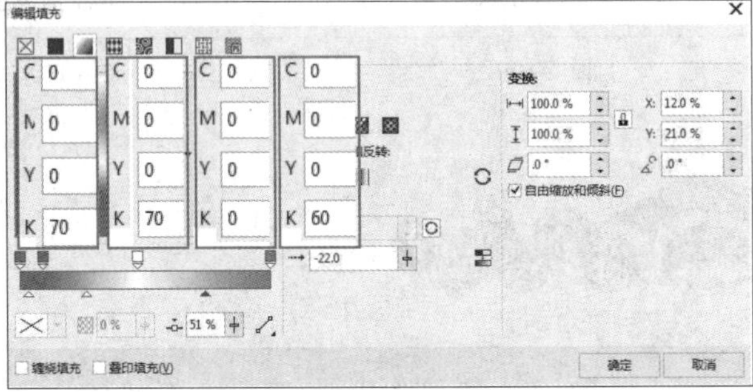

图 6-113

步骤03 使用“刻刀工具”将正圆形分为上、下两部分，如图6-115所示。

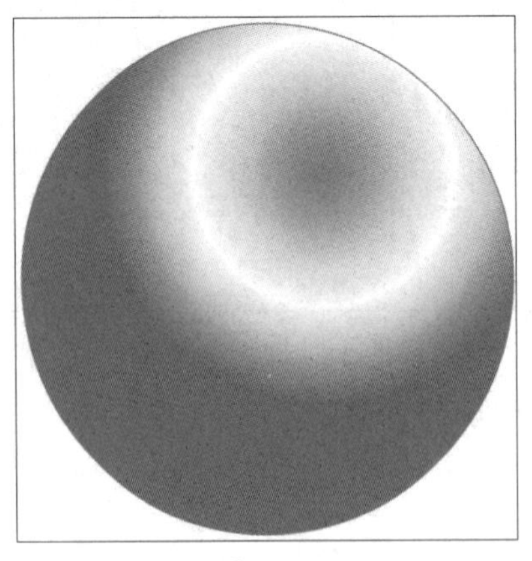

图 6-114

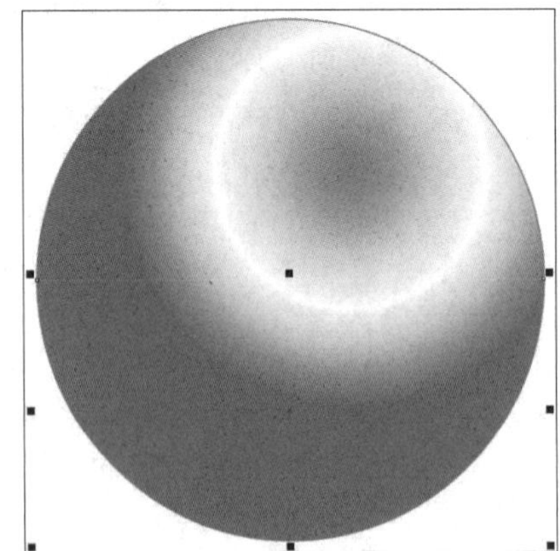

图 6-115

步骤04 选中下半部分圆形，按F11键打开“编辑填充”对话框，在该对话框中设置参数，如图6-116所示，单击“确定”按钮，效果如图6-117所示。

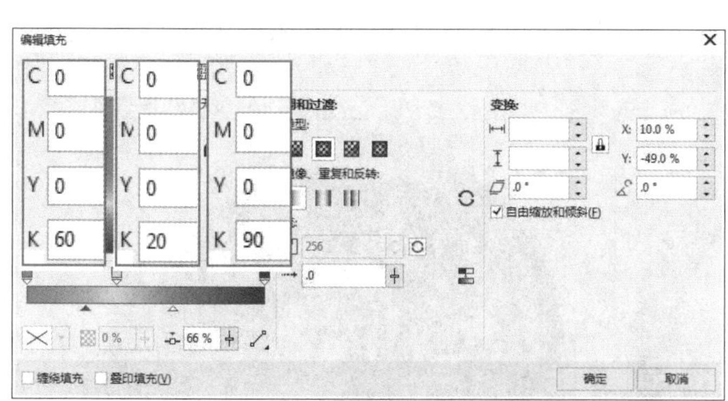

图 6-116

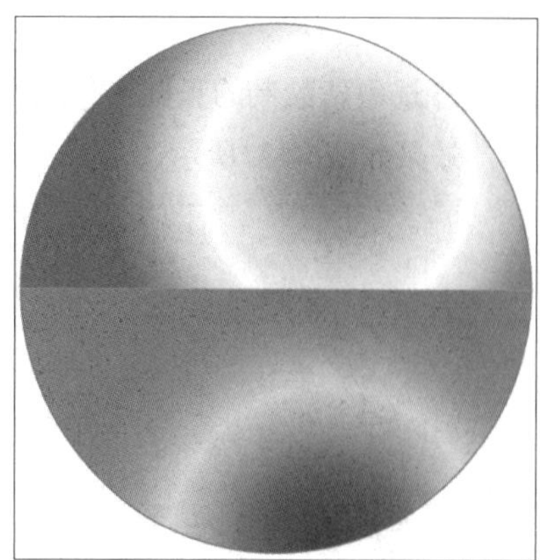

图 6-117

步骤05 按住Ctrl键在页面中使用“椭圆形工具”绘制合适大小的正圆形，按F11键打开“编辑填充”对话框，在该对话框中设置参数，如图6-118所示，单击“确定”按钮，效果如图6-119所示。

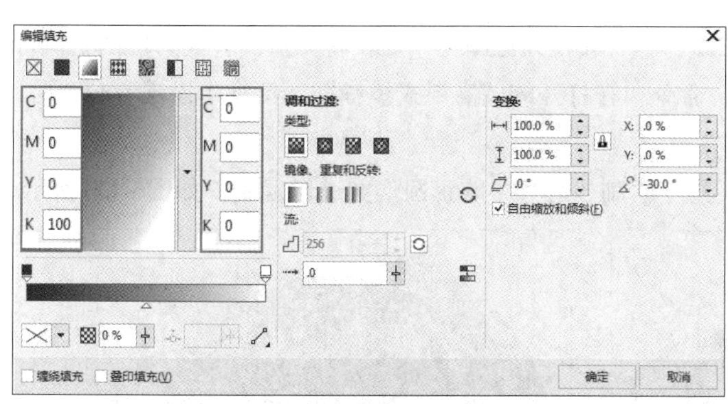

图 6-118

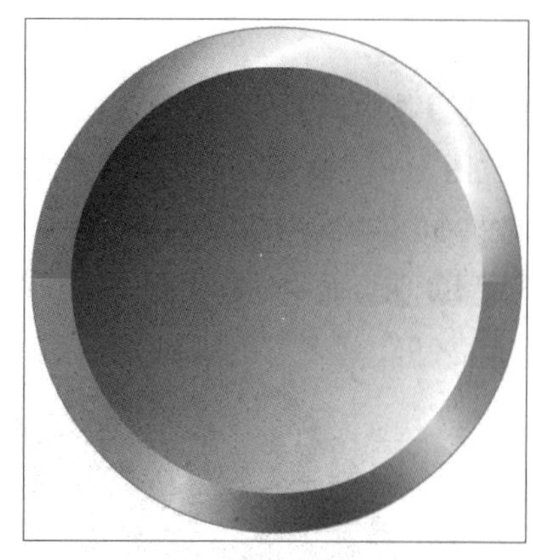

图 6-119

步骤06 使用相同的步骤，绘制正圆形并设置渐变填充，如图6-120所示，效果如图6-121所示。

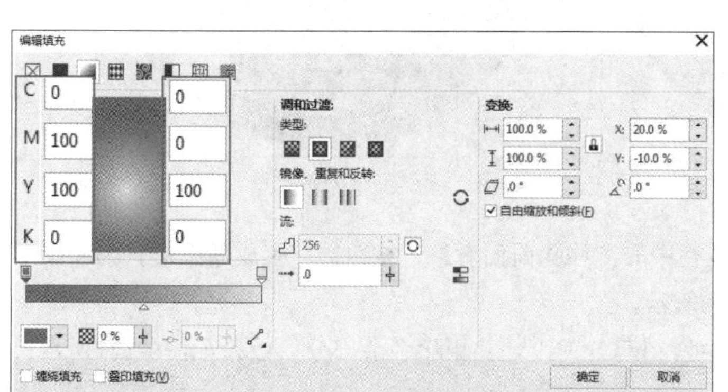

图 6-120

图 6-121

步骤 07 按住Ctrl键在页面中使用“椭圆形工具”绘制合适大小的正圆形，设置填充色为白色，轮廓色为“无”，按小键盘上的+键复制白色正圆形，并将副本图形移动至合适位置，如图6-122所示。

步骤 08 选中新绘制的正圆形与副本图形，单击属性栏中的“移除前面对象”按钮，生成新图形，效果如图6-123所示。

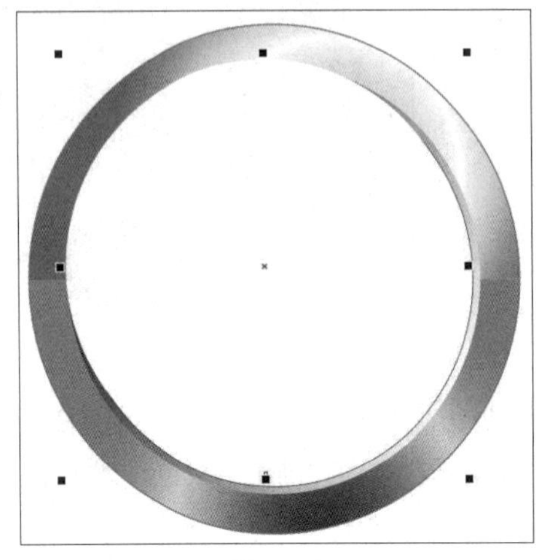

图 6-122

图 6-123

步骤 09 选中修剪后的对象，执行“位图”→“转换为位图”命令，将矢量图转换为位图。执行“位图”→“模糊”→“高斯式模糊”命令，在打开的“高斯式模糊”对话框中设置参数为6，效果如图6-124所示。

步骤 10 在页面中继续使用“椭圆形工具”绘制合适大小的正圆形并进行复制，如图6-125所示。

图 6-124

图 6-125

步骤 11 选中绘制的正圆形，单击属性栏中的“移除前面对象”按钮，生成新图形，为新图形填充白色，去除轮廓，效果如图6-126所示。

步骤 12 使用“刻刀工具”在新图形中绘制两条直线，并删除多余部分，效果如图6-127所示，高光制作完成。

图 6-126

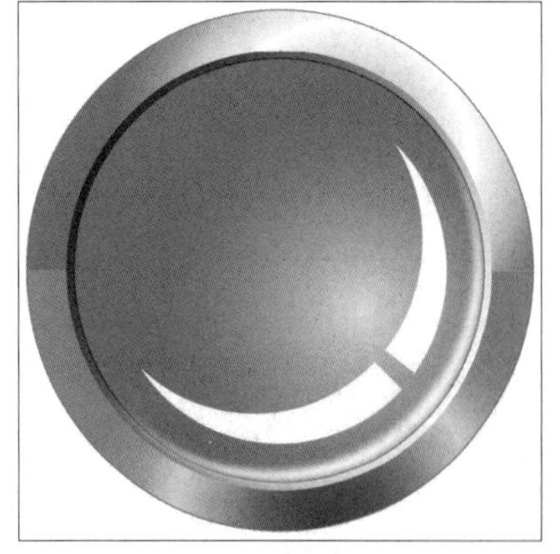

图 6-127

步骤13 使用“透明度工具”为高光添加线性渐变透明度效果，在页面中调整渐变的控制柄，如图6-128所示。

步骤14 使用相同的方法继续添加透明度效果，如图6-129所示。

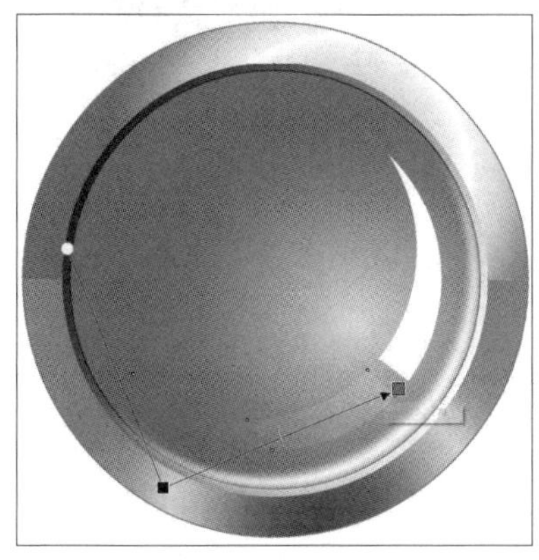

图 6-128

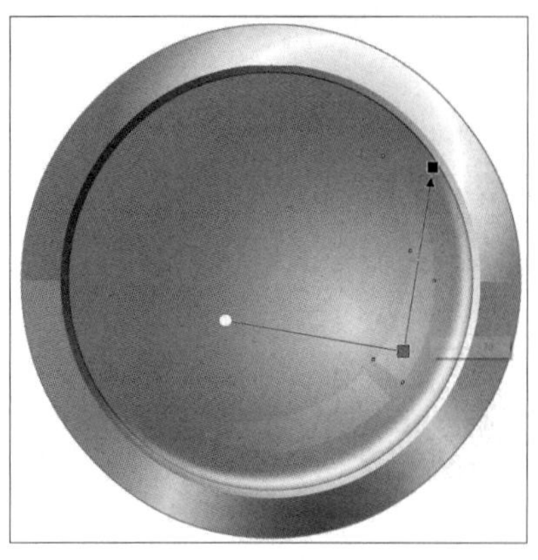

图 6-129

步骤15 按住Ctrl键在页面中使用“椭圆形工具”绘制合适大小的正圆形，设置填充色为白色，使用“透明度工具”为正圆形添加均匀透明度效果，如图6-130所示。

步骤16 在页面中使用“椭圆形工具”绘制合适大小的椭圆形，设置填充色为白色，调整合适的角度，效果如图6-131所示。

图 6-130

图 6-131

步骤17 选中绘制的所有图形，右击，在弹出的快捷菜单中选择“组合对象”选项，将图形对象编组。选择“阴影工具”□，按住鼠标在编组图形上拖动光标，为图形添加阴影效果，如图6-132所示。

步骤18 在属性栏中调整阴影的不透明度和羽化数值，效果如图6-133所示。

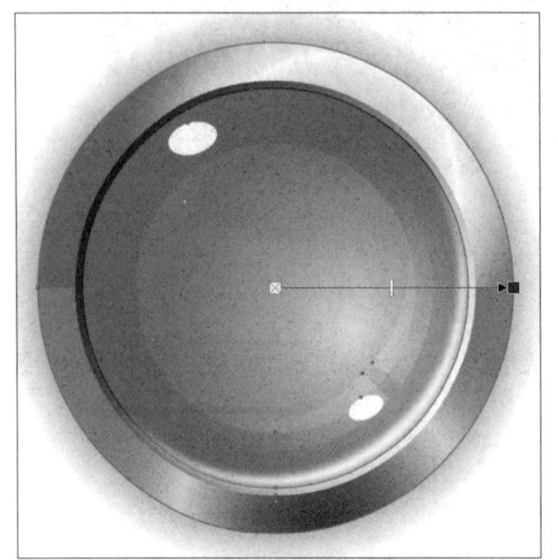

图 6-132

图 6-133

至此，完成立体按钮的制作。

课后作业

一、选择题

1. “变形工具”没有以下（　　）类型。

A. 推拉　　B. 旋转

C. 拉链　　D. 扭曲

2. “变形工具”包括（　　）种工具。

A. 3　　B. 4

C. 5　　D. 6

3. 特效工具包括（　　）种工具。

A. 6　　B. 7

C. 8　　D. 9

二、填空题

1. “封套工具”的模式包括______、______、______、______4种。

2. 要创建两个对象间的过渡效果，应选用“______工具”。

3. 利用“立体化工具”创建的立体模型的颜色类型有______、______、______3种。

三、上机题

1. 设计小画家儿童美术教育标志，效果如图6-134所示。

图 6-134

思路提示

- 绘制画板并创建木纹填充效果。
- 复制并调整木纹的透明度，创建阴影和高光。
- 添加文字信息。

2. 制作医疗器械名片，效果如图6-135、图6-136所示。

http://www.wanmei.com
Wanmei
玩美医疗美容产品开发公司
地址:香港国际会展中心

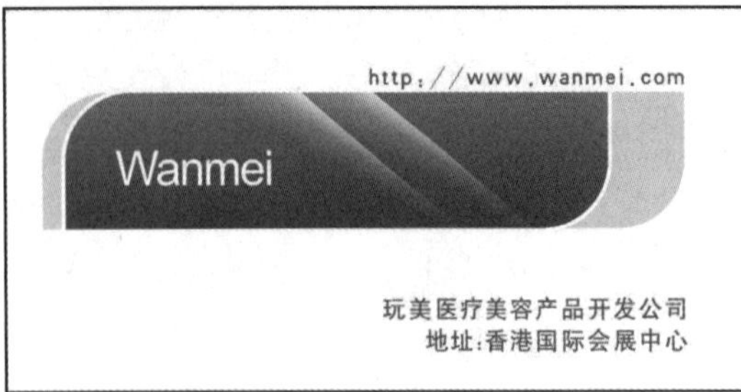

图 6-135

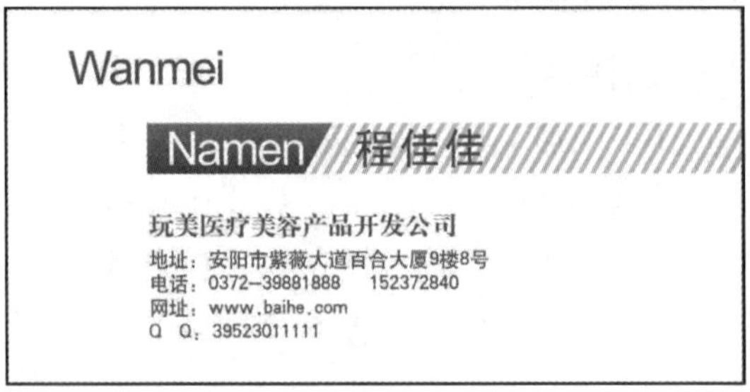
Wanmei
Namen 程佳佳
玩美医疗美容产品开发公司
地址：安阳市紫薇大道百合大厦9楼8号
电话：0372-39881888　152372840
网址：www.baihe.com
Q Q：39523011111

图 6-136

思路提示

- 绘制矩形背景及装饰。
- 绘制圆角矩形并填充渐变。
- 调整图形的透明度，制作高光效果。
- 添加文字信息。

学习体会

第7章

文本应用

内容概要

本章主要针对CorelDRAW中的“文本工具”进行讲解，包括如何输入文本、如何编辑文本及文本的链接等。通过对本章的学习，可以掌握“文本工具”的使用。

知识要点

- 文本工具。
- 编辑文本。
- 文本链接。

数字资源

【本章素材来源】：“素材文件\第7章”目录下

【本章实战演练最终文件】：“素材文件\第7章\实战演练”目录下

7.1 输入文本

文本是平面设计中非常重要的元素。利用文本，可以更好地传达设计思想，传播设计理念。本节将针对CorelDRAW中文本的输入进行讲解。

■ 7.1.1 文本工具

在绘制或编辑图形时使用“文本工具”添加文本可以增加图形的层次，使图形内容更丰富。选择“文本工具”字，显示出该工具的属性栏，如图7-1所示。

图 7-1

“文本工具”属性栏中的部分选项介绍如下：

- **水平镜像**、**垂直镜像**：通过单击这两个按钮，可使文本进行水平或垂直方向上的镜像翻转。
- **字体列表：**在该下拉列表中可选择文本的字体。
- **字体大小：**在该下拉列表中可选择文本的字号，也可直接在数值框中输入相应的数值以调整文本的大小。
- **字体效果：**从左至右依次为“粗体”按钮B、“斜体”按钮I和“下划线”按钮U，单击按钮可应用相应的样式，再次单击则取消应用该样式。
- **文本对齐**：包括“无”“左”“中”“右”“全部调整”“强制调整”等，可选择任意选项以调整文本对齐的方式。
- **项目符号列表**：在选择段落文本的情况下才能激活该按钮。单击该按钮，可为当前所选文本添加项目符号，再次单击则可取消其应用。
- **首字下沉**：在选择段落文本的情况下才能激活该按钮。单击该按钮，显示首字下沉的效果，再次单击则可取消其应用。
- **文本属性**:单击该按钮，打开“文本属性”泊坞窗，在其中可设置文本的字体、大小等属性。
- **编辑文本**：单击该按钮，打开“编辑文本”对话框，在其中可输入文本，还可设置文本的字体、大小和状态等属性。
- **文本方向：**单击“将文本更改为水平方向”按钮，可将当前文本或输入的文本调整为横向文本；单击“将文本更改为垂直方向”按钮，可将当前文本或输入的文本调整为纵向文本。

■ 7.1.2 输入文本

选择“文本工具”，在页面中单击，在单击的位置显示出文本插入点，在属性栏中设置字体、字体大小等参数，然后即可输入文本。如图7-2、图7-3所示为输入文本前后的效果。

图 7-2

图 7-3

■ 7.1.3 输入段落文本

输入段落文本是指将文本置于一个文本框内，以便同时对这些文本进行调整，适用于在文字量较多的情况下对文本进行编辑。

选择“文本工具”，在页面中单击并拖动出一个文本框，此时文本插入点默认显示在文本框的开始位置，在属性栏中设置字体、字体大小等参数，然后即可输入段落文本。如图7-4、图7-5所示为输入段落文本的效果。

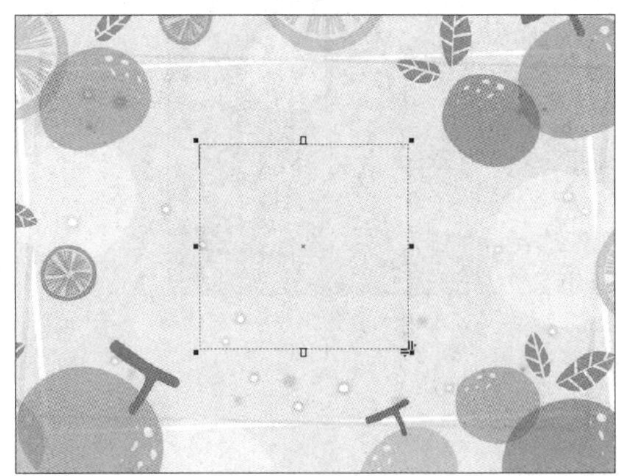

图 7-4

图 7-5

实例 创建配图文字

本案例将利用“文本工具”等制作配图文字。下面介绍具体的制作过程。

步骤 01 执行“文件”→“新建”命令，在打开的“创建新文档”对话框中设置参数，如图7-6所示，单击“确定”按钮，新建文档。

步骤 02 执行“文件”→“导入”命令，导入本例素材文件“配图.jpg”，将其调整至合适的大小和位置，效果如图7-7所示。

图 7-6

图 7-7

步骤 03 使用“文本工具”在页面中单击并输入文本，在属性栏中设置字体、字体大小等参数，效果如图7-8所示。

步骤 04 按Enter键换行，继续输入文本，最终效果如图7-9所示。

图 7-8

图 7-9

至此，完成配图文字的制作。

7.2 编辑文本

输入文本后，还可在“文本属性”泊坞窗中系统地对文本的字体、字体大小、对齐方式和文本效果等进行设置。

7.2.1 调整文本间距

在“文本属性”泊坞窗中可以对文本的间距进行调整。

选择文本对象，在属性栏中单击“文本属性”按钮或执行“文本”→“文本属性”命令，打开“文本属性”泊坞窗，在该泊坞窗中对字符或段落的属性进行调整。如图7-10、图7-11所示为调整了行间距和字间距前后的对比效果。

图 7-10

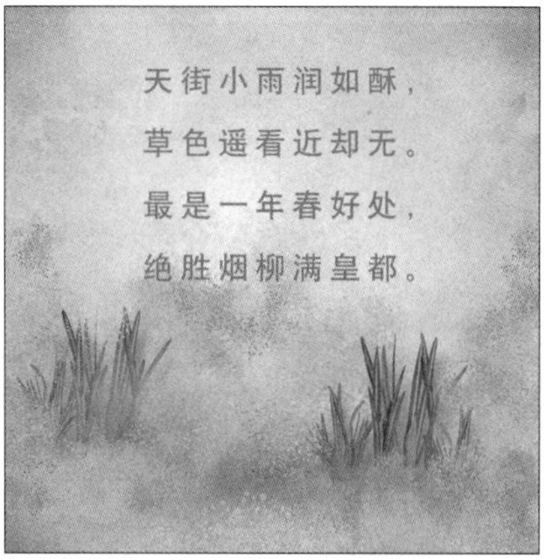

图 7-11

7.2.2 使文本适合路径

在CorelDRAW中，可使文本沿特定的路径进行排列，使其效果更加突出。

在页面中绘制路径，选择“文本工具”，在路径上单击并输入文本，此时文本沿路径排列，如图7-12所示。在编辑过程中，若遇到路径的长度与输入的文本不能完全匹配的情况，可对路径进行编辑，使文本沿路径排列得更为合理，如图7-13所示。

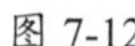
图 7-12

图 7-13

7.2.3 首字下沉

首字下沉是指放大段落文本的第1个文字，使其占用较多的空间，以突出显示。

选中需要首字下沉的段落文本，执行“文本”→“首字下沉”命令，打开“首字下沉”对话框，在该对话框中勾选“使用首字下沉”复选框，在“下沉行数”数值框中输入首字下沉的行数，如图7-14所示，单击“确定”按钮即可应用首字下沉效果。如图7-15所示为应用了首字下沉效果的段落文本。

知识点拨

单击属性栏中的“首字下沉”按钮，也可以以默认的参数设置应用首字下沉效果。

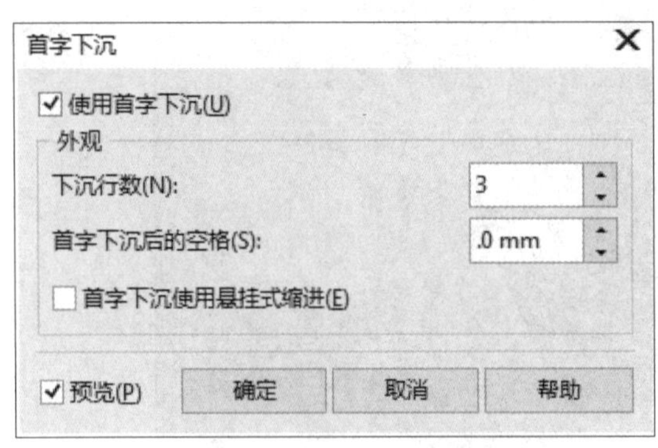

图 7-14

图 7-15

■ 7.2.4 将文本转换为曲线

将文本转换为曲线后，可以改变文字的形态，自由地编辑文字的形状，制作特殊的文本效果，也可以防止发生转存时因缺少字体而导致的字体改变或乱码的情况。

选中要转换为曲线的文本，执行“对象”→“转换为曲线”命令，或在文本上右击，在弹出的快捷菜单中选择“转换为曲线”选项，即可将文本转换为曲线。

使用“形状工具”选中转换为曲线的文本对象，此时在文本上出现多个节点，单击并拖动节点或对节点进行添加和删除操作即可调整文本的形状。如图7-16、图7-17所示分别为输入的文本和将文本转换为曲线后进行调整后的效果。

DSSF

图 7-16

图 7-17

实例 制作可爱图形

本案例将利用“形状工具”“椭圆形工具”“钢笔工具”，以及“转换为曲线”命令制作可爱图形。下面介绍具体的制作过程。

扫码观看视频

步骤 01 执行“文件”→“新建”命令，在打开的“创建新文档”对话框中设置参数，如图7-18所示，单击“确定”按钮，新建文档。

步骤 02 使用“文本工具”在页面中单击并输入文本，在属性栏中设置字体、字体大小等参数，效果如图7-19所示。

图 7-18

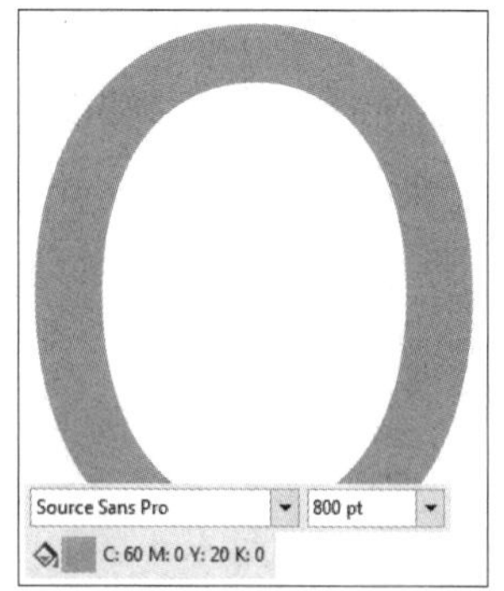

图 7-19

步骤03 选中输入的文本，右击，在弹出的快捷菜单中选择“转换为曲线”选项，效果如图7-20所示。

步骤04 使用“形状工具”选中所有节点，单击属性栏中的“添加节点”按钮，重复一次，效果如图7-21所示。

步骤05 使用“形状工具”选中部分节点进行拖动，效果如图7-22所示。

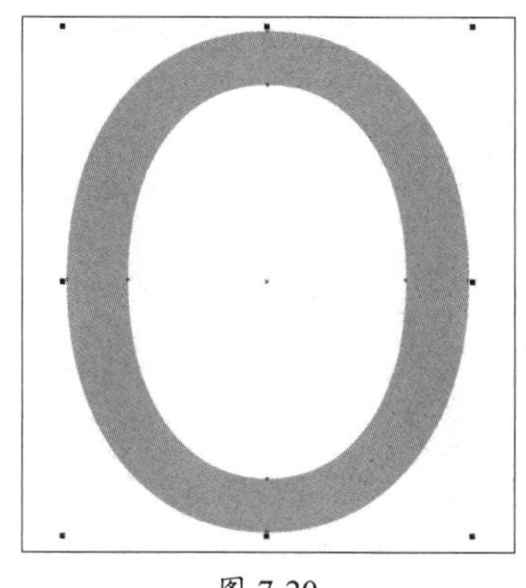

图 7-20

图 7-21

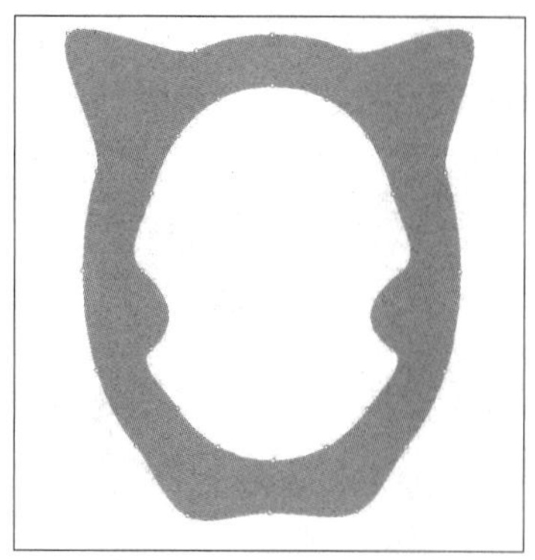

图 7-22

步骤06 使用“椭圆形工具”在合适位置绘制圆形作为眼睛，并填充黑色，如图7-23所示。

步骤07 使用相同的方法绘制眼白，效果如图7-24所示。

步骤08 选中眼睛，按小键盘上的+键进行复制，并将副本图形移动至合适位置，效果如图7-25所示。

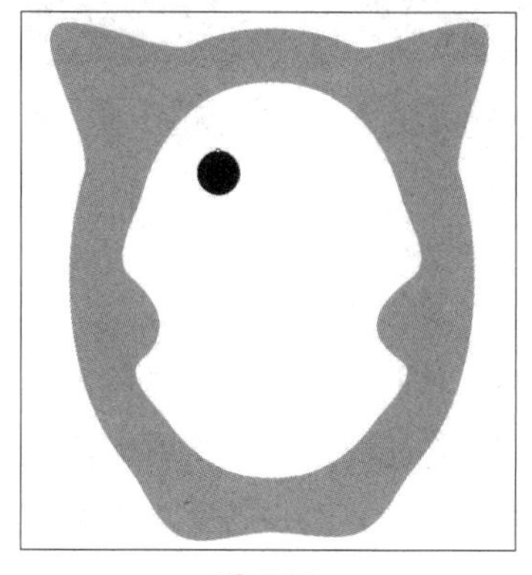

图 7-23

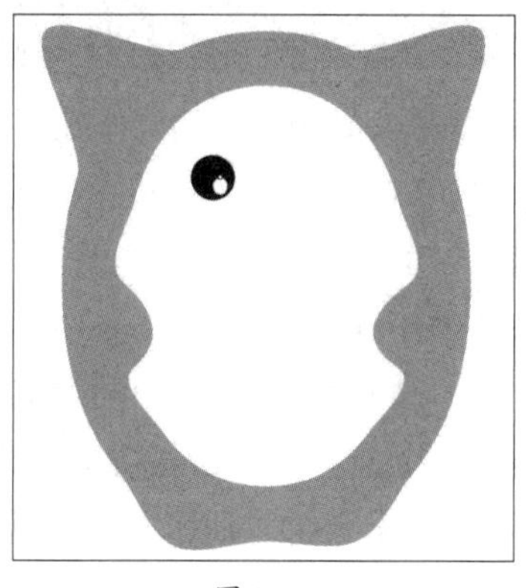

图 7-24

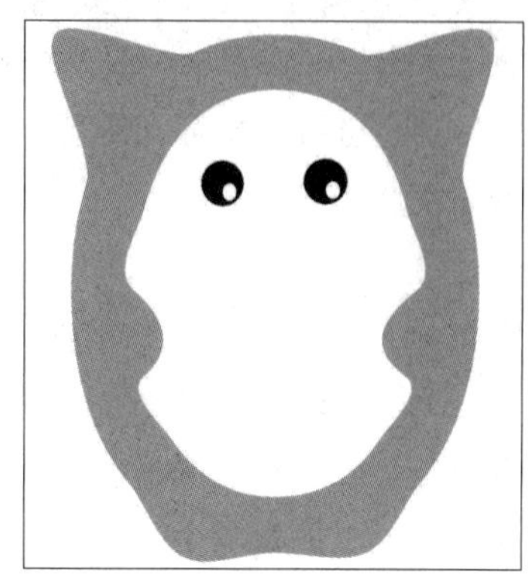

图 7-25

步骤09 使用“椭圆形工具”在合适位置绘制圆形作为腮红，如图7-26所示。

步骤10 选中腮红，执行“位图”→“转换为位图”命令，将矢量图形转换为位图。执行“位图”→“模糊”→“高斯式模糊”命令，在打开的“高斯式模糊”对话框中设置参数，如图7-27所示，单击“确定”按钮，效果如图7-28所示。

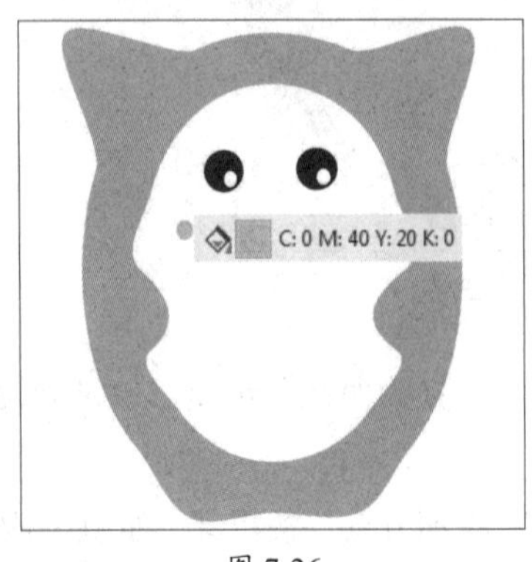

图 7-26

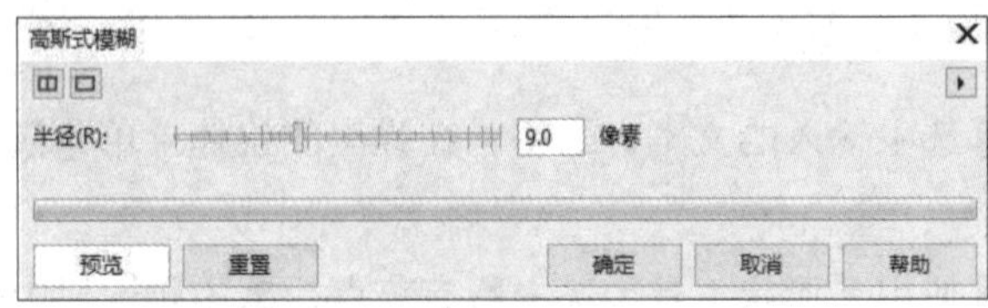

图 7-27

步骤11 选中腮红，按小键盘上的+键进行复制，并将副本图形移动至合适位置。

步骤12 使用“钢笔工具”绘制弧形，将其作为嘴巴，设置轮廓色为红色，效果如图7-29所示。

步骤13 继续使用“钢笔工具”绘制其他图形，效果如图7-30所示。

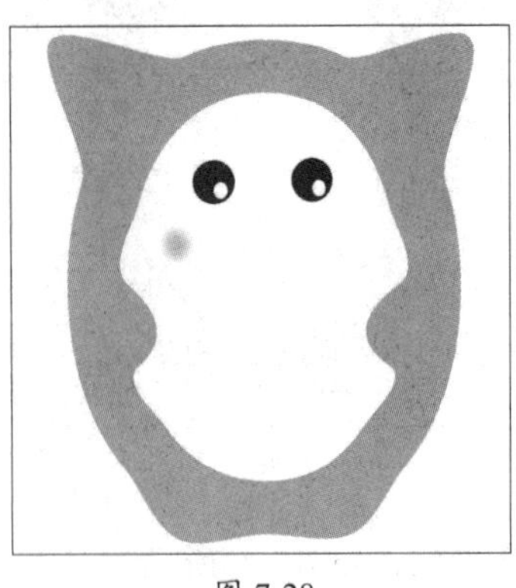

图 7-28

图 7-29

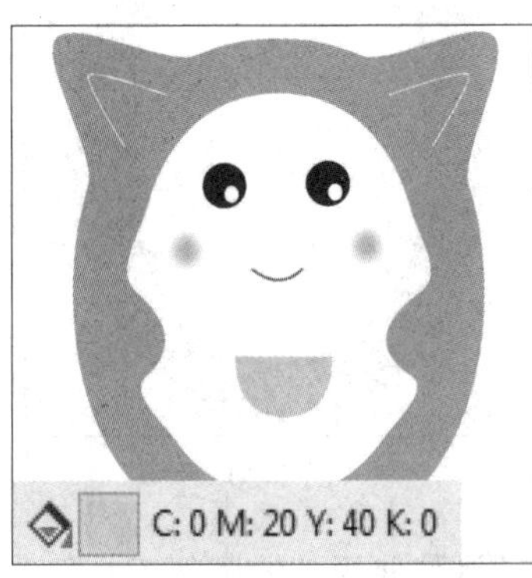

图 7-30

至此，完成可爱图形的制作。

7.3 链接文本

通过链接文本可以使当前文本框中未显示完全的文本在其他文本框中显示，被链接的文本处于关联状态。

■ 7.3.1 段落文本之间的链接

利用“链接”命令可以实现文本之间的链接。选中两个文本框，执行“文本”→“段落文本框”→“链接”命令，即可链接两个文本框。链接文本框之后，通过调整两个文本框的大小，可同时调整两个文本框中文本的显示效果。如图7-31、图7-32所示分别为链接文本框并调整文本显示前后的效果。

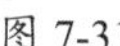
图 7-31

图 7-32

■ 7.3.2 文本与图形之间的链接

除了在文本框之间创建链接，还可以在文本和图形对象之间创建链接。将光标移动到文本框下方的控制点上，当光标变为双箭头形状时单击，此时光标变为黑色箭头形状，在需要链接的图形对象上单击，即可将未显示的文本显示到图形对象中，形成图文链接。如图7-33、图7-34所示分别为创建图文链接前后的效果。

图 7-33

图 7-34

■ 7.3.3 断开文本链接

选中创建了文本链接的文本框，执行“文本”→“段落文本框”→“断开链接”命令，即可断开文本框之间的链接。断开链接后，文本框中的内容不会发生变化。如图7-35、图7-36所示分别为断开文本框链接前后的效果。

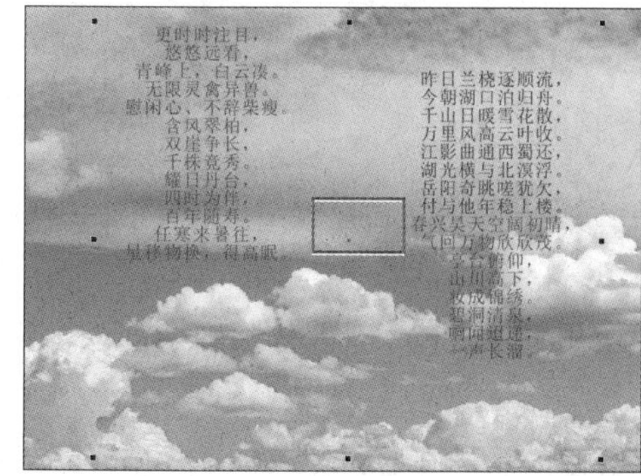

图 7-35

图 7-36

实战演练 制作读书卡片

在完成本章的学习后，将利用“文本工具”“椭圆形工具”“艺术笔工具”等制作读书卡片。下面介绍具体的制作过程。

扫码观看视频

步骤01 执行“文件”→“新建”命令，在打开的“创建新文档”对话框中设置参数，如图7-37所示，单击“确定”按钮，新建文档。

步骤02 按住Ctrl键使用“椭圆形工具”绘制正圆形，设置填充色为淡黄色，去除轮廓，如图7-38所示。

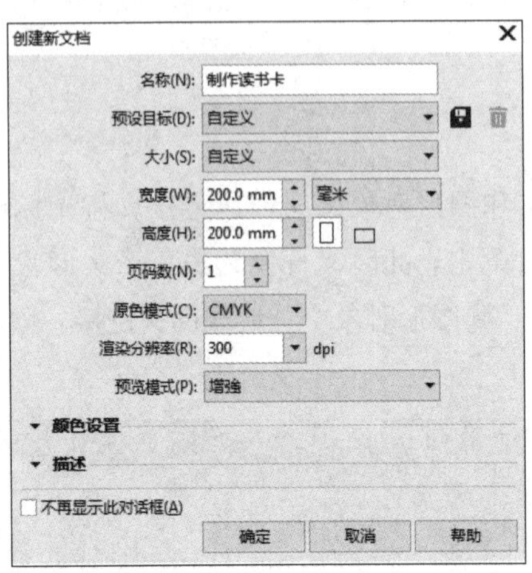

图 7-37

图 7-38

步骤03 使用相同的方法绘制正圆形，去除填充，设置轮廓为虚线，如图7-39所示。

步骤04 继续绘制正圆形，选中新绘制的正圆形与底部的淡黄色正圆形，在属性栏中单击“移除前面对象”按钮，得到的新图形如图7-40所示。

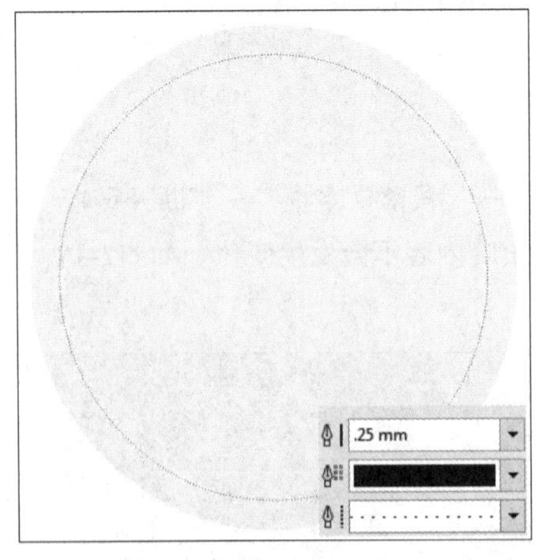

图 7-39

图 7-40

步骤05 使用“艺术笔工具”绘制线条作为系带，使用“橡皮擦工具”擦除多余部分，效果如图7-41所示。

步骤06 执行“文件”→“导入”命令，导入本例素材文件“荷花.png”和“枝条.png”，并将其调整至合适的大小和位置，效果如图7-42所示。

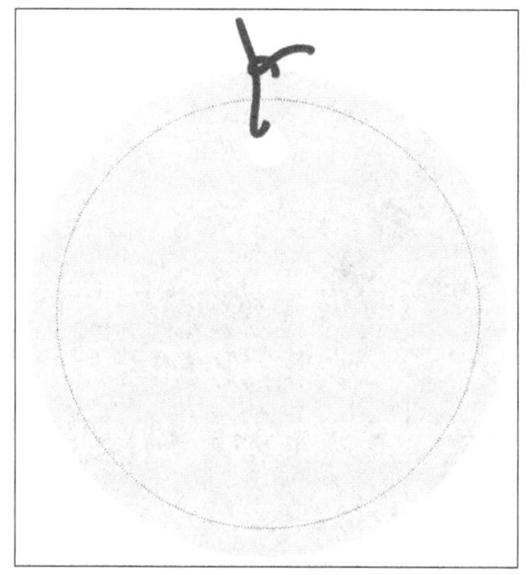

图 7-41

图 7-42

步骤07 选中置入的素材对象，执行“对象”→“PowerClip”→“置于图文框内部”命令，然后单击底部的淡黄色正圆形，效果如图7-43所示。

步骤08 使用“文本工具”在页面中单击并输入文本，按Enter键换行，效果如图7-44所示。

图 7-43

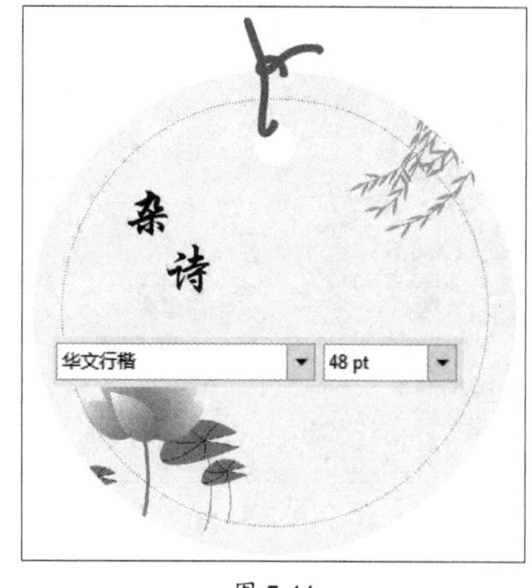

图 7-44

步骤09 继续使用“文本工具”在页面中单击并输入文本，效果如图7-45所示。

图 7-45

步骤 10 使用“文本工具”在页面中单击并拖动出一个文本框，在属性栏中设置字体、字体大小等参数，然后输入文本，如图7-46所示。

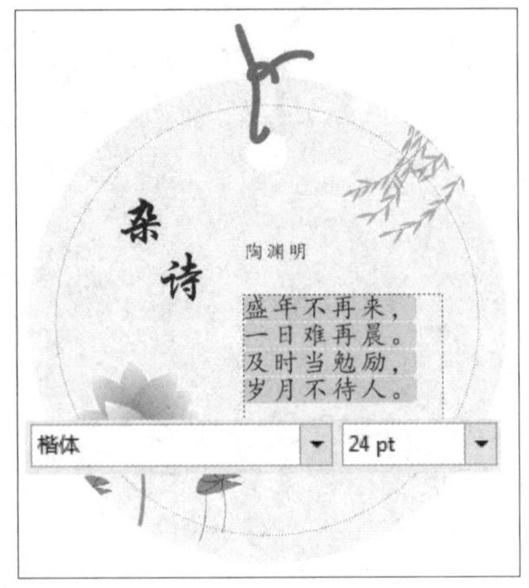

图 7-46

步骤 11 执行“文本”→“文本属性”命令，在打开的“文本属性”泊坞窗中对段落属性进行调整，如图7-47所示，效果如图7-48所示。

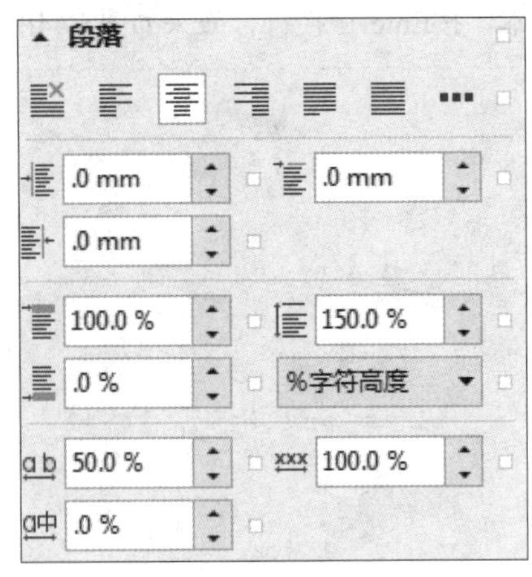

图 7-47

图 7-48

至此，完成读书卡片的制作。

课后作业

一、选择题

1. 将文本转换为曲线的组合键是（　　）。

A. Ctrl+U　　B. Ctrl+Q

C. Ctrl+F　　D. Ctrl+K

2. 要编排大量的文字，应选择（　　）。

A. 文本　　B. 路径文字

C. 段落文本　　D. 点文字

3. 对段落文本使用封套，结果是（　　）。

A. 文本框形状改变　　B. 段落文本转换为文本

C. 段落文本转换为曲线　　D. 不发生任何变化

4. 在（　　）情况下，段落文本无法转换为文本。

A. 文本设置了间距　　B. 文本中包含英文

C. 运用了封套　　D. 文本被填色

二、填空题

1. 在输入文字的过程中，可以按______键换行。

2. 按______快捷键可以转换文本与段落文本。

3. 在______泊坞窗中可对字符或段落属性进行调整。

4. 在CorelDRAW中，文本对齐方式有______种。

5. 使用“文本工具”在页面中单击并输入，创建的是______。

三、上机题

1. 设计吊牌标签，效果如图7-49所示。

图 7-49

思路提示

- 绘制矩形并调整圆角，填充渐变色。
- 制作外部偏移路径。
- 输入文本，为文本添加描边效果。
- 绘制绳结。

2. 设计台历，效果如图7-50所示。

图 7-50

思路提示

- 绘制矩形，置入素材对象。
- 填充颜色。
- 输入并调整文本。

第8章

位图图像的处理

内容概要

除了可以绘制和编辑矢量图形外，CorelDRAW还提供了一些功能用于处理位图图像。利用这些功能，可以对位图图像的尺寸、色彩等进行调整，还可以转换位图图像与矢量图形，以方便操作。

知识要点

- 位图的导入。
- 位图的编辑。
- 调整位图与位图的色彩。

数字资源

【本章素材来源】：“素材文件\第8章”目录下

【本章实战演练最终文件】：“素材文件\第8章\实战演练”目录下

8.1 位图的导入

位图是平面设计中非常重要的组成部分。作为专业的矢量绘图软件，CorelDRAW可以将矢量图形和位图图像有机结合，以方便用户操作。

■8.1.1 导入位图

导入位图图像有3种方法，分别是执行“文件”→“导入”命令，使用Ctrl+I组合键，以及使用标准工具栏中的“导入”按钮。通过这3种方法可以打开“导入”对话框，如图8-1所示，选中需要导入的位图图像，在页面中单击或拖动即可导入位图图像。如图8-2所示为导入的位图图像。

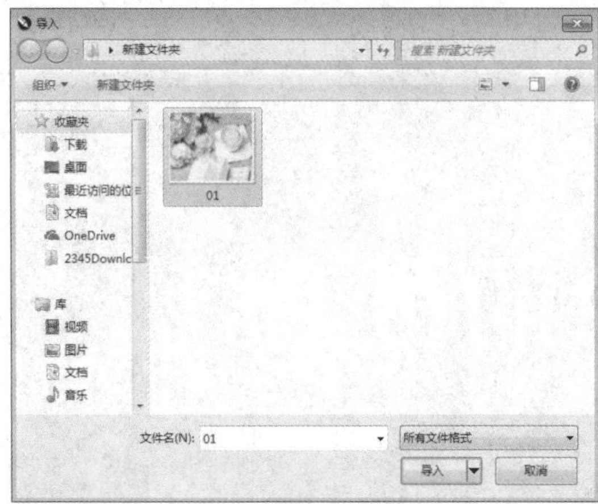

图 8-1

图 8-2

除了这3种方法外，还可以直接从文件夹中拖动位图图像至CorelDRAW中。

■8.1.2 调整位图的大小

可以通过两种方法调整位图的大小。一种方法是选择“选择工具”，选中位图后，将光标放置在图像周围的黑色控制点上，单击并拖动图像即可调整位图的大小。另一种方法是选中位图，在“选择工具”属性栏中设置位图的宽度和高度，按Enter键应用调整即可改变位图的大小。如图8-3、图8-4所示为调整位图大小前后的对比效果。

图 8-3

图 8-4

8.2 位图的编辑

将位图导入CorelDRAW后，可以对位图进行编辑，并更加灵活地调整位图。

■8.2.1 裁剪位图

有两种方法可以快速裁剪位图图像。一种方法是直接使用“裁剪工具”裁剪位图，如图8-5所示，按Enter键即可应用裁剪。另一种方法是选中位图图像，再选择“形状工具”，此时图像周围出现节点，通过转换节点等编辑操作可调整位图的形状，形状外的图像将自动被裁剪，如图8-6所示。

图 8-5

图 8-6

实例 调整位图的尺寸

本案例将利用“裁剪工具”调整位图的尺寸。下面介绍具体的制作过程。

扫码观看视频

步骤01 执行“文件”→“新建”命令，在打开的“创建新文档”对话框中设置参数，如图8-7所示，单击“确定”按钮，新建文档。

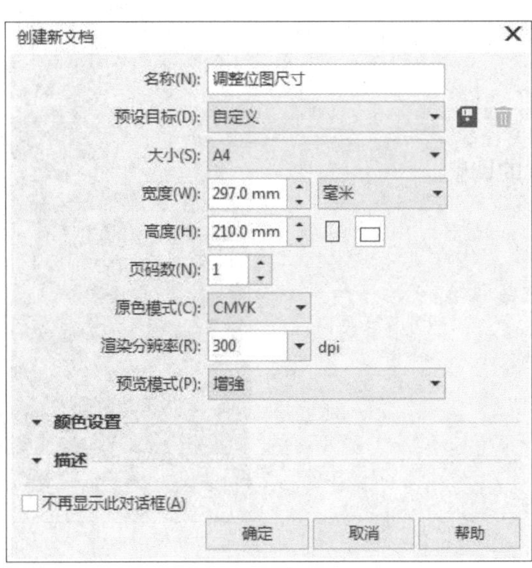

图 8-7

步骤02 执行“文件”→“导入”命令，导入本例素材“鸟.jpg”，并将其调整至合适的大小，如图8-8所示。

图 8-8

步骤03 选择“裁剪工具”，在导入的素材中绘制矩形裁剪框，如图8-9所示。

图 8-9

步骤04 按Enter键应用裁剪，效果如图8-10所示。

至此，完成位图尺寸的调整。

图 8-10

■8.2.2 矢量图与位图的转换

自由地转换矢量图和位图，可以使作品的使用更便捷。将矢量图转换为位图后，可以应用一些如调合曲线、替换颜色等只针对位图图像的颜色调整命令，从而使效果更真实。将位图转换为矢量图后，则可以保证作品效果在输出时不变形。下面针对转换矢量图和位图的方法进行介绍。

1. 将矢量图转换为位图

选中矢量图形，执行“位图”→“转换为位图”命令，即可打开“转换为位图”对话框，如图8-11所示。在该对话框中可对生成位图的相关参数进行设置，然后单击“确定”按钮，即可将矢量图转换为位图。如图8-12、图8-13所示为将矢量图转换为位图前后的效果。

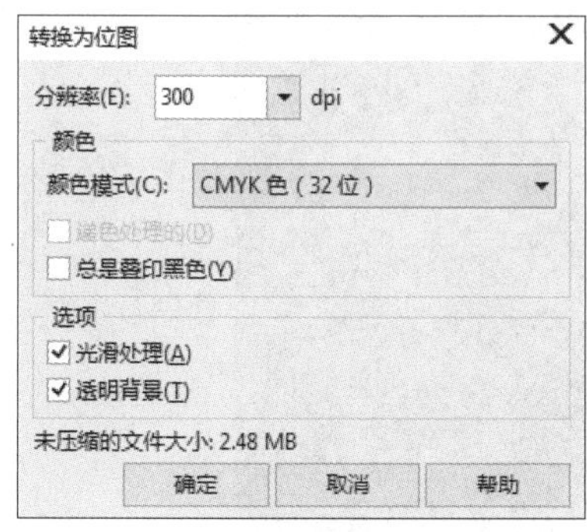

图 8-11

图 8-12

图 8-13

2. 将位图转换为矢量图

将位图转换为矢量图有多种模式。选中位图图像，在“选择工具”属性栏中单击“描摹位图”下拉按钮，在弹出的下拉列表中可以选择“快速描摹”“中心线描摹”“轮廓描摹”等选项，如图8-14所示。将位图转换为矢量图前后的效果如图8-15、图8-16所示。

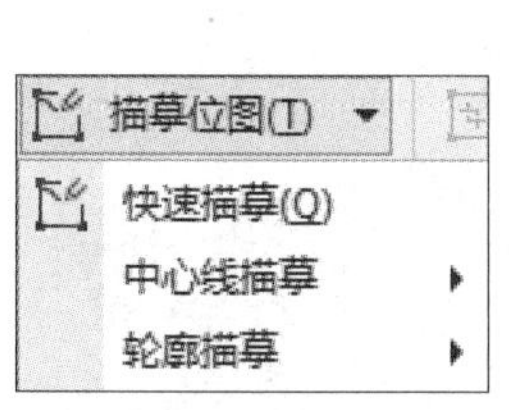

图 8-14

图 8-15

图 8-16

“快速描摹”选项没有参数设置对话框，选择该选项后，软件自动执行转换；而选择“中心线描摹”或“轮廓描摹”选项列表中的子选项后，例如“技术图解”“线条画”“徽标”“剪贴画”等，则会打开“PowerTRACE”对话框，在其中可对细节、平滑和是否删除原始图像进行设置。

8.3 快速调整位图

在CorelDRAW中自带一些调整命令，可以对位图进行调整。这些命令包括“自动调整”命令、“图像调整实验室”命令和“矫正图像”命令。

■8.3.1 “自动调整”命令

“自动调整”命令是指软件根据图像的对比度和亮度进行快速的自动匹配，使图像效果更清晰、分明。该命令没有参数设置对话框，选择位图图像，执行“位图”→“自动调整”命令，即可自动调整图像的颜色。如图8-17、图8-18所示分别为原图像效果和使用“自动调整”命令调整后的图像效果。

图 8-17

图 8-18

■8.3.2 “图像调整实验室”命令

“图像调整实验室”命令在功能上集图像的色相、饱和度、对比度、高光等调整命令于一体，可快速对图像进行多方面的调整。

选中位图图像，执行“位图”→“图像调整实验室”命令，打开“图像调整实验室”对话框，在该对话框右侧的设置区中拖动滑块设置参数，即可调整图像的效果。如图8-19、图8-20所示分别为原图像效果和使用“图像调整实验室”命令调整后的图像效果。

图 8-19

图 8-20

知识点拨

在调整过程中若对效果不满意，可在“图像调整实验室”对话框中单击“重置为原始值”按钮，将图像返回原来的状态，以便对其进行再次调整。

实例 调整图像的色彩

本案例将利用“图像调整实验室”命令调整图像的色彩。下面介绍具体的制作过程。

步骤01 执行“文件”→“新建”命令，在打开的“创建新文档”对话框中设置参数，如图8-21所示，单击“确定”按钮，新建文档。

步骤02 执行“文件”→“导入”命令，导入本例素材“风景.jpg”，并将其调整至合适大小，如图8-22所示。

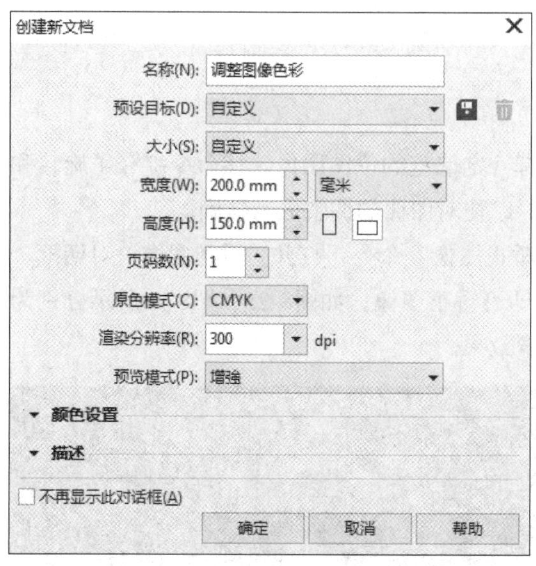

图 8-21

图 8-22

步骤03 执行“位图”→“图像调整实验室”命令，在打开的“图像调整实验室”对话框中设置参数，如图8-23所示，单击“确定”按钮，效果如图8-24所示。

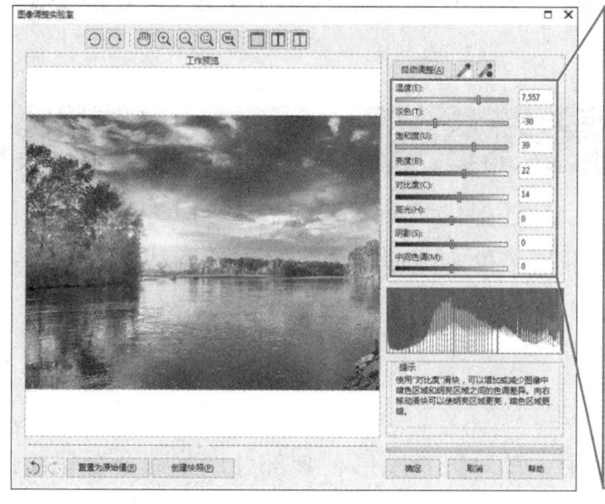

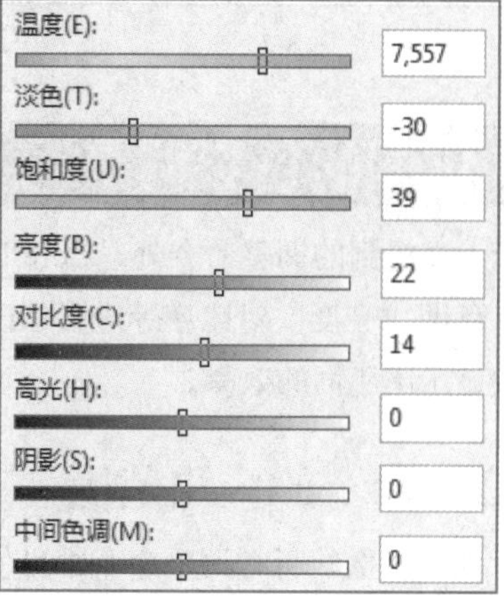

图 8-23

图 8-24

至此，完成图像色彩的调整。

■8.3.3 “矫正图像”命令

利用“矫正图像”命令可以快速矫正构图上有一定偏差的位图图像。该命令综合了旋转和裁剪两项功能，在调整过程中可以实时预览效果，以使对图像的调整更为准确。

选中要调整的位图图像，执行“位图”→“矫正图像”命令，打开“矫正图像”对话框，在该对话框右侧的设置区中拖动滑块设置参数，即可矫正图像。如图8-25、图8-26所示分别为原图像效果和使用“矫正图像”命令调整后的图像效果。

图 8-25

图 8-26

8.4 位图的色彩调整

除了上文提到的调整命令外，CorelDRAW还提供了一系列调整命令以方便用户对位图图像的颜色、色调、亮度、对比度等进行修改，这不仅可以使图像效果更符合使用环境，还可以使位图图像显示出不同的效果。

■8.4.1 命令的应用范围

针对位图图像，所有调整命令都可使用；针对矢量图形，则部分调整命令会呈灰色显示，表示不可用。

■8.4.2 调合曲线

利用“调合曲线”命令可以通过控制单个像素值精确地调整图像中阴影、中间值和高光的效果，从而快速调整图像的明暗关系。

选中位图图像，执行“效果”→“调整”→“调合曲线”命令，打开“调合曲线”对话框，在该对话框中单击添加锚点，拖动锚点调整曲线，然后单击“确定”按钮应用调整。如图8-27、图8-28所示分别为原图像效果和使用“调合曲线”命令调整后的图像效果。

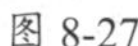

图 8-27

图 8-28

■8.4.3 亮度/对比度/强度

亮度是指图像的明暗关系；对比度是指图像的明暗区域中最暗与最亮部分之间不同亮度层次的差异范围；强度则是指对比度和亮度的调整程度。使用“亮度/对比度/强度”命令，可以调整所有像素的亮度，以及明亮区域与暗调区域之间的差异。

选中位图图像，执行“效果”→“调整”→“亮度/对比度/强度”命令，打开“亮度/对比度/强度”对话框，在该对话框中拖动“亮度”“对比度”“强度”滑块即可调整参数，然后单击“确定”按钮应用调整。如图8-29、图8-30所示分别为原图像效果和使用“亮度/对比度/强度”命令调整后的图像效果。

图 8-29

图 8-30

8.4.4 颜色平衡

利用“颜色平衡”命令可在图像原色的基础上根据需要添加其他颜色，或通过增加某种颜色的补色以减少该颜色的数量，从而改变图像的色调，达到纠正图像中的偏色或制作某种单色调图像的目的。

选中位图图像，执行“效果”→“调整”→“颜色平衡”命令或按Ctrl+Shift+B组合键，打开“颜色平衡”对话框，在该对话框中拖动滑块即可调整参数，然后单击“确定”按钮应用调整。如图8-31、图8-32所示分别为原图像效果和使用“颜色平衡”命令调整后的图像效果。

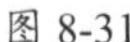

图 8-31

图 8-32

8.4.5 色度/饱和度/亮度

利用“色度/饱和度/亮度”命令可以更改图像的颜色倾向、鲜艳程度和亮度。

选中位图图像，执行“效果”→“调整”→“色度/饱和度/亮度”命令，打开“色度/饱和度/亮度”对话框，在该对话框中选择通道，然后拖动“色度”“饱和度”“亮度”滑块调整参数，单击“确定”按钮应用调整。如图8-33、图8-34所示分别为原图像效果和使用“色度/饱和度/亮度”命令调整后的图像效果。

图 8-33

图 8-34

■8.4.6 替换颜色

利用“替换颜色”命令可以改变图像中某个颜色区域的色相、饱和度和明暗度，从而达到改变图像颜色的目的。

选中位图图像，执行“效果”→“调整”→“替换颜色”命令，打开“替换颜色”对话框，可以在“原颜色”和“新建颜色”下拉列表中对颜色进行设置，也可以单击吸管按钮，在图像中吸取原来的颜色或是替换的颜色以增加调整的自由度。完成颜色的设置后，在“颜色差异”选项组中拖动滑块调整参数，单击“确定”按钮即可替换颜色。如图8-35、图8-36所示分别为原图像效果和使用“替换颜色”命令调整后的图像效果。

图 8-35

图 8-36

实例 替换花束的颜色

本案例将利用“替换颜色”命令改变花束的颜色。下面介绍具体的制作过程。

扫码观看视频

步骤01 执行“文件”→“新建”命令，在打开的“创建新文档”对话框中设置参数，如图8-37所示，单击“确定”按钮，新建文档。

步骤02 执行“文件”→“导入”命令，导入本例素材“花.jpg”，并将其调整至合适的大小，如图8-38所示。

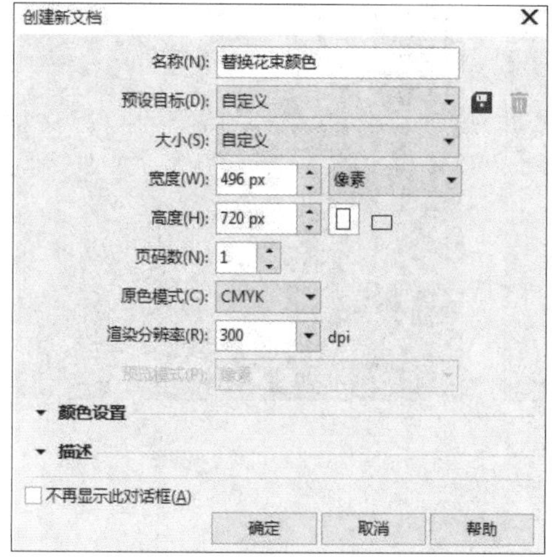

图 8-37

图 8-38

步骤03 执行“效果”→“调整”→“替换颜色”命令，打开“替换颜色”对话框，单击“原颜色”下拉列表框右侧的吸管按钮，在图像中的花束上单击，在“新建颜色”下拉列表框中调整颜色，如图8-39所示，单击“确定”按钮，效果如图8-40所示。

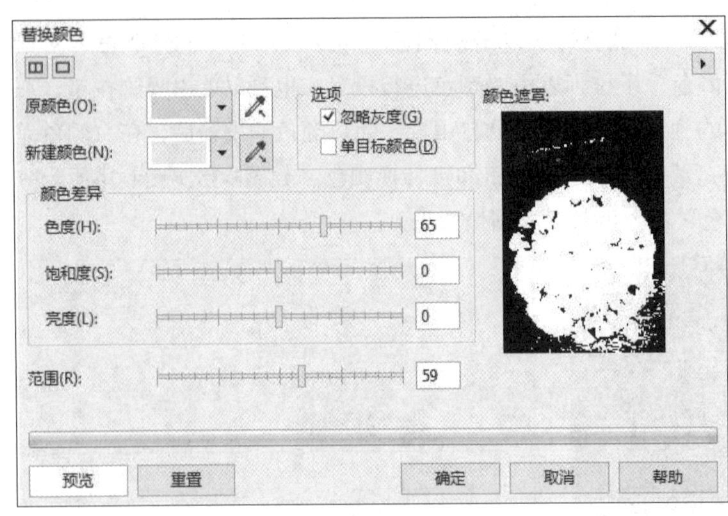

图 8-39

图 8-40

至此，完成花束颜色的替换。

8.4.7 取消饱和

利用“取消饱和”命令可以将彩色的图像转换为黑白效果。

选中位图图像，执行“效果”→“调整”→“取消饱和”命令，去除颜色的饱和度，将图像转换为相应的灰度效果。如图8-41、图8-42所示分别为原图像效果和使用“取消饱和”命令调整后的图像效果。

图 8-41

图 8-42

■8.4.8 通道混合器

在实际应用中，使用“通道混合器”命令可快速调整图像的色相，赋予图像不同的风格。作用原理是：将图像中某个通道的颜色与其他通道的颜色进行混合，使图像产生叠加的合成效果，从而起到调整图像色调的作用。

选中位图图像，执行“效果”→“调整”→“通道混合器”命令，打开“通道混合器”对话框，在该对话框中可对输出通道和各种颜色进行选择，并结合滑块调整参数，使调整效果更多样化，单击“确定”按钮应用调整。如图8-43、图8-44所示分别为原图像效果和使用“通道混合器”命令调整后的图像效果。

图 8-43

图 8-44

实战演练 制作花店海报

扫码观看视频

在完成本章的学习后，将利用“文本工具”“矩形工具”“转换为位图”命令等制作花店海报。下面介绍具体的制作过程。

步骤01 执行“文件”→“新建”命令，在打开的“创建新文档”对话框中设置参数，如图8-45所示，单击“确定”按钮，新建文档。

步骤02 使用“矩形工具”在页面中绘制210 mm × 297 mm大小的矩形，并填充颜色，去除轮廓，效果如图8-46所示。

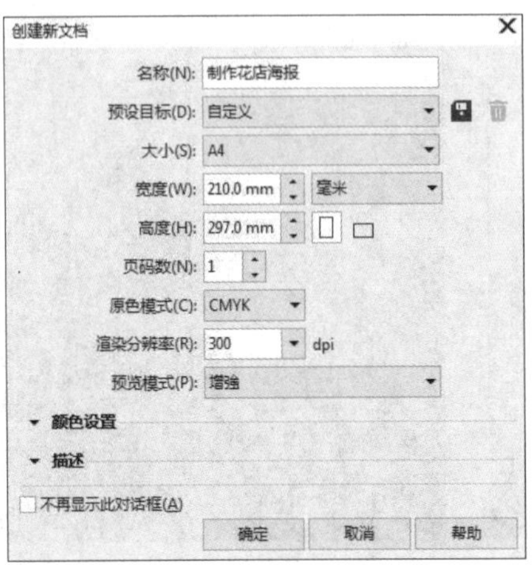

图 8-45

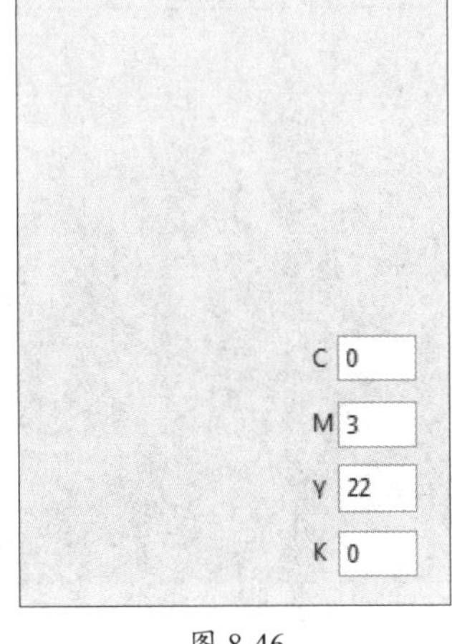

图 8-46

步骤03 执行“文件”→“导入”命令，导入本例素材文件“花束.png”，将其调整至合适的大小和位置，如图8-47所示。选中花束，按小键盘上的+键复制对象。

步骤04 选中复制得到的对象，在“选择工具”属性栏中单击“描摹位图”按钮，在弹出的下拉列表中选择“轮廓描摹”→“高质量图像”命令，打开“PowerTRACE”对话框，参数设置如图8-48所示，单击“确定”按钮，效果如图8-49所示。

图 8-47

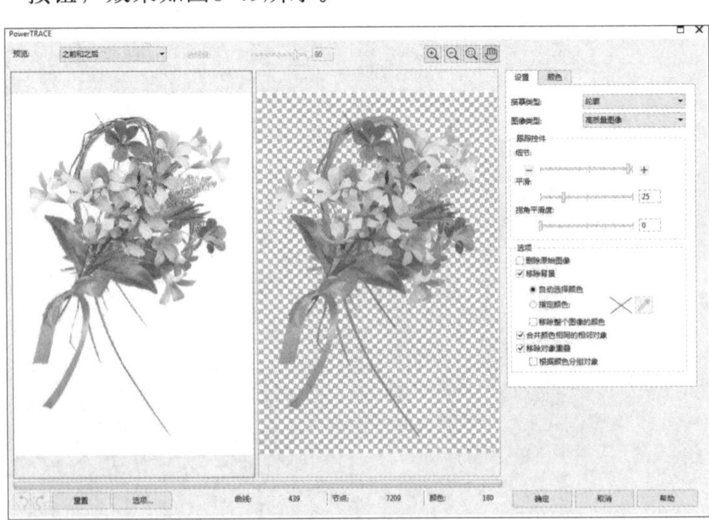

图 8-48

步骤05 选中下层的花束，执行“位图”→“模糊”→“高斯式模糊”命令，在打开的“高斯式模糊”对话框中设置参数，如图8-50所示，单击“确定”按钮，效果如图8-51所示。

图 8-49

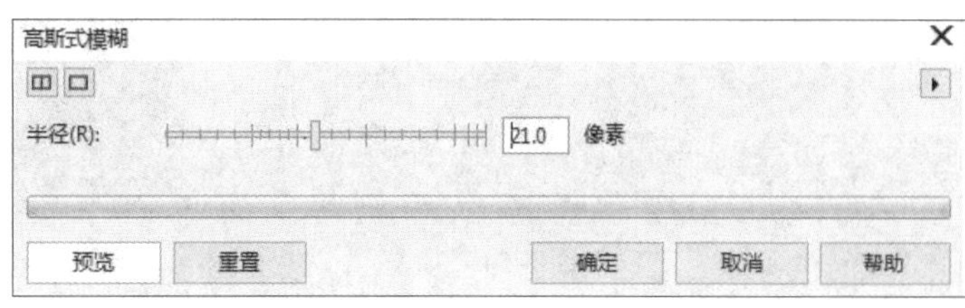

图 8-50

步骤06 使用“矩形工具”在页面中的合适位置绘制矩形，填充颜色，去除轮廓，效果如图8-52所示。

步骤07 继续使用“矩形工具”绘制矩形，去除填充，设置轮廓为白色，效果如图8-53所示。

图 8-51

图 8-52

图 8-53

步骤08 执行“窗口”→“泊坞窗”→“对象属性”命令，在打开的“对象属性”泊坞窗中设置轮廓为虚线，如图8-54所示，效果如图8-55所示。

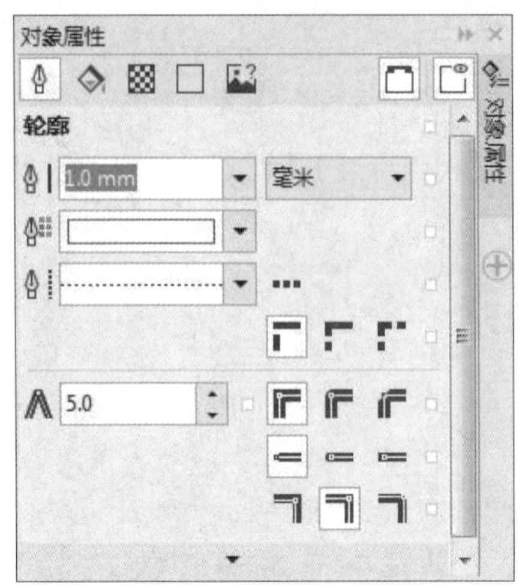

图 8-54

图 8-55

步骤09 选中绘制的虚线框，右击，在弹出的快捷菜单中选择“转换为曲线”选项，将其转换为曲线。使用“形状工具”在曲线上的合适位置添加节点，如图8-56所示（图中框选内容为局部放大效果）。

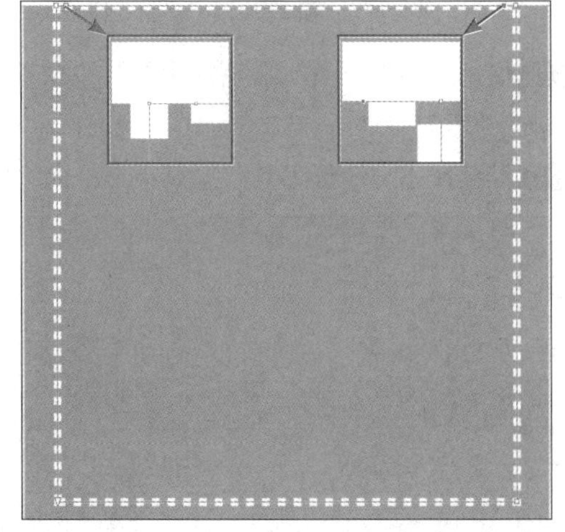
图 8-56

步骤10 选中添加的节点，右击，在弹出的快捷菜单中选择“拆分”选项。使用“选择工具”选中曲线，右击，在弹出的快捷菜单中选择“拆分曲线”选项，选中最上方的横线，按Delete键删除，效果如图8-57所示。

图 8-57

步骤11 使用“形状工具”调整形状上方拆分的两个节点的位置，使其与形状竖线对齐，效果如图8-58所示。

步骤12 使用“矩形工具”在页面中绘制矩形，填充白色，去除轮廓，效果如图8-59所示。

图 8-58

图 8-59

步骤13 使用“文本工具”在页面中的合适位置单击，在属性栏中设置字体、字体大小等参数，然后输入文本，效果如图8-60所示。

图 8-60

步骤14 使用相同的方法继续输入文本，效果如图8-61所示。

图 8-61

步骤15 继续在页面中输入文本，效果如图8-62所示。

步骤16 继续在页面中输入文本，按Enter键换行，效果如图8-63所示。

图 8-62

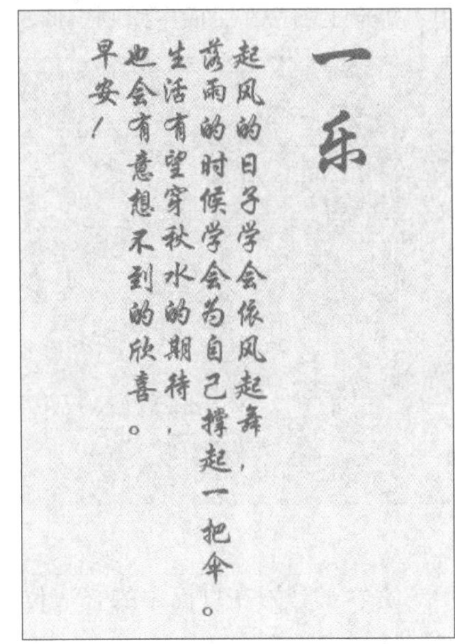

图 8-63

步骤17 选中最后输入的文本，执行“文本”→“文本属性”命令，在打开的“文本属性”泊坞窗中设置文本的间距，如图8-64所示，效果如图8-65所示。

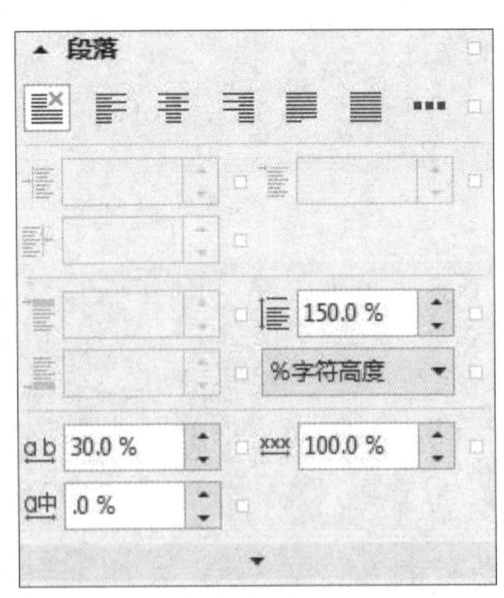

图 8-64

图 8-65

至此，完成花店海报的制作。

课后作业

一、选择题

1. 位图图像又被称为（　　）。

A. 矢量图像　　B. 点阵图

C. 向量图像　　D. 灰度

2. 下面不属于轮廓描摹的是（　　）。

A. 线条画　　B. 徽标

C. 剪贴画　　D. 高质量图像

3. 在CorelDRAW中，下列介绍“转换为位图”命令说法正确的是（　　）。

A. 将矢量图形转换为位图图像　　B. 将文本对象转换为位图图像

C. 将段落文本对象转换为位图图像　　D. 任何类型的对象都可以转换为位图图像

4. 位图的最小单位是（　　）。

A. 像素　　B. 毫米

C. 厘米　　D. 帧

二、填空题

1. ______可以方便地对图像进行色相、饱和度、亮度、对比度等的调整。

2. ______通过控制单个像素值精确地调整图像中的阴影、中间值和高光的效果，从而快速调整图像的明暗关系。

3. 中心线描摹包括______和______两种。

4. “矫正图像”命令综合了______和______两项功能。

三、上机题

1. 设计音乐大赛标志，效果如图8-66所示。

图 8-66

思路提示

- 绘制正圆形，制作背景图形。
- 使用“调和工具”创建装饰物，输入文本。
- 导入位图图像。

2. 制作地产广告，效果如图8-67所示。

图 8-67

思路提示

- 绘制矩形背景并填充颜色。
- 导入素材对象并进行调整。
- 添加装饰物及文本。

第9章

滤镜特效

内容概要

本章主要针对滤镜特效进行介绍。CorelDRAW中的滤镜一般只适用于位图图像，使用这些滤镜，可以赋予位图图像特殊的效果。通过对本章的学习，可以加深对滤镜的认识，以更好地使用滤镜。

知识要点

- 三维滤镜与其他滤镜。
- 滤镜的添加与使用。

数字资源

【本章素材来源】："素材文件\第9章"目录下

【本章实战演练最终文件】："素材文件\第9章\实战演练"目录下

9.1 认识滤镜

通过使用滤镜，可以快速赋予图像特殊的效果。在CorelDRAW中，滤镜一般只针对位图图像进行效果的处理。

■9.1.1 内置滤镜

CorelDRAW自带多种不同特性的效果滤镜，即内置滤镜，可在“位图”菜单中查看。

CorelDRAW对这些滤镜进行了归类，将功能相似的滤镜归入一个滤镜组中，如“三维效果”“艺术笔触”“模糊”“相机”“颜色转换”“轮廓图”“创造性”“扭曲”“杂点”“鲜明化”等。每个滤镜组中包含多个滤镜效果命令，将光标在该滤镜组上稍做停留，即可显示出该组中的所有滤镜。

如图9-1～图9-3所示分别为“炭笔画”“晶体化”“块状”滤镜的效果。每种滤镜都有其各自的特性，可根据实际情况灵活运用。

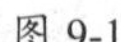

图 9-1

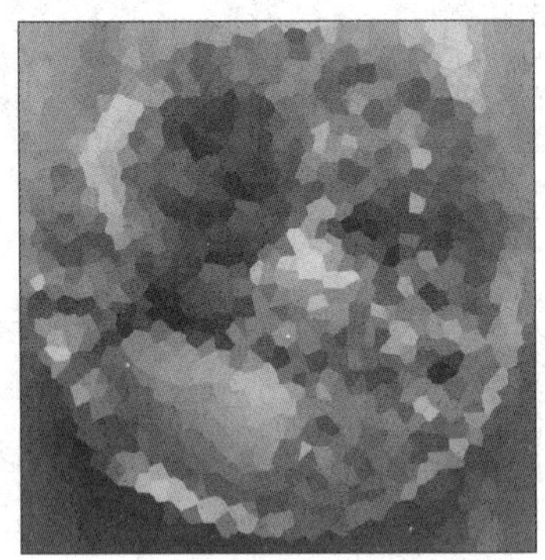

图 9-2

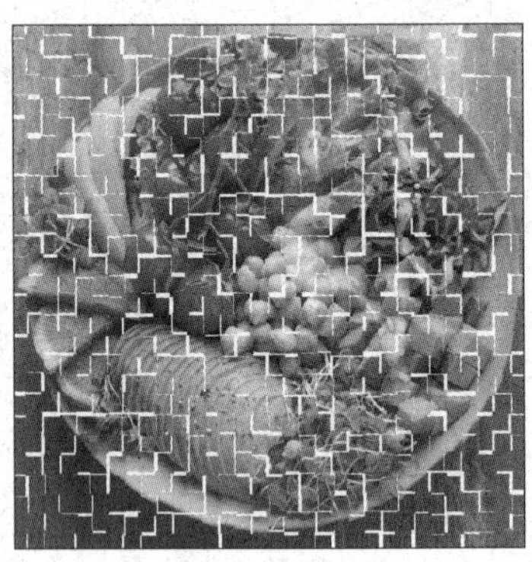

图 9-3

■9.1.2 滤镜插件

除了内置滤镜外，CorelDRAW还支持第三方提供的滤镜插件，滤镜插件需要插入软件中才能使用。这类插件多是外挂厂商出品的适应CorelDRAW的效果滤镜，非常实用，能快速制作出特殊的效果；但需要进行安装，方法比较简单，可根据不同外挂滤镜文件的形式选择安装方式。

在安装插件时，可根据该插件相应的提示进行，安装完成后须重新启动CorelDRAW。执行“位图”→“插件”命令，选择安装的滤镜，即可展开相应的滤镜子菜单应用滤镜命令。

9.2 精彩的三维滤镜

利用“三维效果”滤镜组中的滤镜可以使位图图像呈现出三维变换效果。执行“位图”→“三维效果”命令，在弹出的菜单中即可查看该组中的所有滤镜，其中包括“三维旋转”“柱面”“浮雕”“卷页”“挤远/挤近”“球面”6种滤镜。

■9.2.1 三维旋转

利用“三维旋转”滤镜可以在三维空间内旋转平面图像。

选中位图图像，执行“位图”→“三维效果”→“三维旋转”命令，打开“三维旋转”对话框，在数值框中输入相应的数值，或直接在对话框左侧的三维效果中单击并拖动进行调整，完成设置后单击“确定”按钮即可应用该滤镜。如图9-4、图9-5所示分别为原图像效果和添加了“三维旋转”滤镜的图像效果。

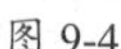

图 9-4

图 9-5

■9.2.2 柱面

利用“柱面”滤镜可以沿圆柱体的表面铺贴图像，以创建出三维贴图效果。

选中位图图像，执行“位图”→“三维效果”→“柱面”命令，打开“柱面”对话框，选中“水平”或“垂直的”的单选按钮，设置变形的方向，然后设置“百分比”数值，调整变形的强度，完成设置后单击“确定”按钮即可应用该滤镜。如图9-6、图9-7所示分别为原图像效果和添加了“柱面”滤镜的图像效果。

图 9-6

图 9-7

9.2.3 浮雕

“浮雕”滤镜的作用原理是通过勾画图像的轮廓和降低该轮廓周围的色值，产生视觉上的凹陷或凸出效果，以形成浮雕感。在CorelDRAW中，可以根据不同的需求设置浮雕的颜色、深度等。

选中位图图像，执行“位图”→“三维效果”→“浮雕”命令，打开“浮雕”对话框，在其中调整合适的预览窗口，选中“原始颜色”单选按钮进行参数设置，预览效果后单击“确定”按钮即可应用该滤镜。如图9-8、图9-9所示分别为原图像效果和添加了“浮雕”滤镜的图像效果。

图 9-8

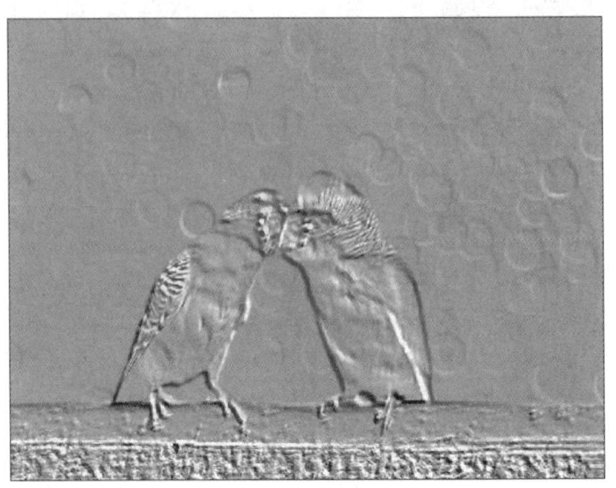
图 9-9

9.2.4 卷页

利用“卷页”滤镜可以快速制作出图像的边角内向卷曲的效果。该滤镜在排版中常常用到，可以制作出丰富的版面效果。

选中位图图像，执行“位图”→“三维效果”→“卷页”命令，打开“卷页”对话框，在其中单击左侧的方向按钮即可设置卷页的方向，还可选中“不透明”和“透明的”单选按钮，设置卷页的效果。另外，结合“卷曲”和“背景”下拉按钮，可以对卷曲部分和背景颜色进行调整。单击吸管按钮，可在图像中取样颜色，此时卷页的颜色显示为吸取的颜色。完成相关设置后进行预览，若效果满意，则单击“确定”按钮应用该滤镜。如图9-10、图9-11所示分别为原图像效果和添加了“卷页”滤镜的图像效果。

图 9-10

图 9-11

实例 添加卷页效果

本案例将利用“卷页”滤镜为素材图像添加卷页效果。下面介绍具体的制作过程。

扫码观看视频

步骤01 执行“文件”→“新建”命令，在打开的“创建新文档”对话框中设置参数，如图9-12所示，单击“确定”按钮，新建文档。

步骤02 执行“文件”→“导入”命令，导入本例素材文件“兔.jpg”，并将其调整至合适的大小和位置，效果如图9-13所示。

图 9-12

图 9-13

步骤03 选中导入的图像，执行“位图”→“三维效果”→“卷页”命令，打开“卷页”对话框，在该对话框中为图像设置卷页效果，如图9-14所示，效果如图9-15所示。

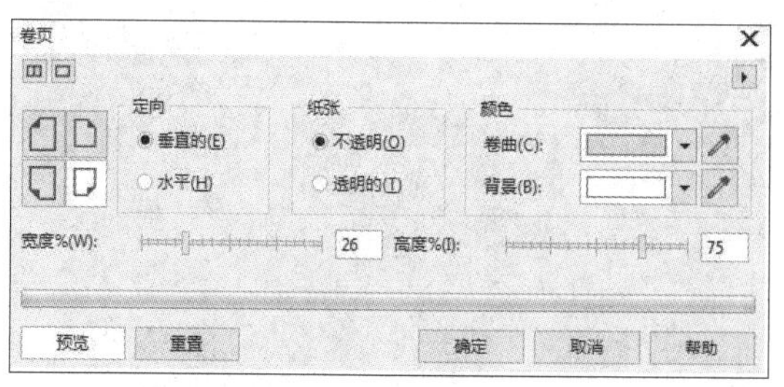

图 9-14

图 9-15

步骤 04 在“卷页”对话框中调整“卷曲”颜色和“背景”颜色，如图9-16所示，单击“确定”按钮，效果如图9-17所示。

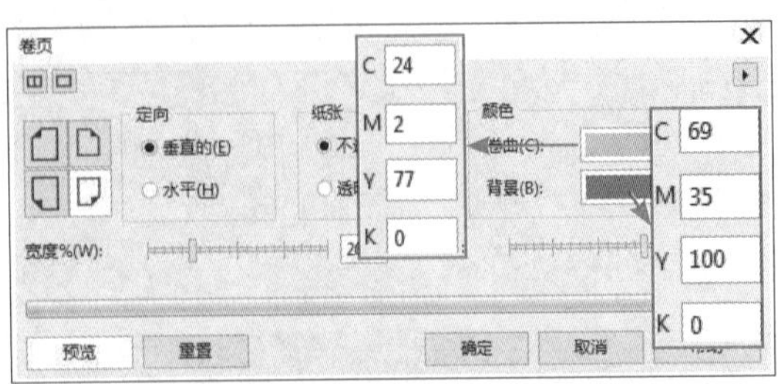

图 9-16

图 9-17

至此，完成卷页效果的添加。

■9.2.5 挤远/挤近

挤远效果是指使图像产生向内凹陷的效果；挤近效果是指使图像产生向外凸出的效果。使用“挤远/挤近”滤镜可以通过弯曲挤压图像，使图像相对于中心点产生向外凸出或向内凹陷的变形效果。

选中位图图像，执行“位图”→“三维效果”→“挤远/挤近”命令，打开“挤远/挤近”对话框，在该对话框中拖动“挤远/挤近”选项的滑块或在数值框中输入相应的数值，即可使图像产生变形效果。当数值为0时，表示无变化；当数值为正数时，将图像挤远，形成凹效果；当数值为负数时，将图像挤近，形成凸效果。完成设置后单击“确定”按钮即可应用该滤镜。如图9-18、图9-19所示分别为挤远和挤近的图像效果。

图 9-18

图 9-19

■9.2.6 球面

在CorelDRAW中可使用“球面”滤镜在图像中形成平面凸起或凹陷，以模拟类似球面的效果。

选中位图图像，执行“位图”→“三维效果”→“球面”命令，打开“球面”对话框，在该对话框中设置“百分比”数值，向右拖动“百分比”滑块会产生凸起的球面效果，向左拖动“百分比”滑块会产生凹陷的球面效果，完成设置后单击“确定”按钮即可应用该滤镜。如图9-20、图9-21所示分别为原图像效果和添加了“球面”滤镜的图像效果。

图 9-20

图 9-21

9.3 其他滤镜组

除了三维滤镜，CorelDRAW还包括其他一些常用的滤镜组，如“艺术笔触”“模糊”“颜色转换”“轮廓图”“创造性”“扭曲”“杂点”等。

■9.3.1 艺术笔触

“艺术笔触”滤镜组中包括“炭笔画”“单色蜡笔画”“蜡笔画”“立体派”“印象派”“调色刀”“彩色蜡笔画”“钢笔画”“点彩派”“木版画”“素描”“水彩画”“水印画”“波纹纸画”14种滤镜。使用这些滤镜可对位图图像进行艺术加工，赋予图像不同的绘画风格效果。下面分别对其进行介绍。

- **炭笔画：**使用该滤镜可以制作出类似使用炭笔在图像中绘制的效果，多用于对照片进行艺术化处理。如图9-22、图9-23所示为原图像效果和应用“炭笔画”滤镜后的图像效果。

图 9-22

图 9-23

- **单色蜡笔画、蜡笔画、彩色蜡笔画：**使用这3种滤镜可以快速将图像中的像素分散，从而模拟蜡笔画的效果。如图9-24所示为应用“蜡笔画”滤镜后的图像效果。
- **立体派：**使用该滤镜，可以将相同颜色的像素组成小的颜色区域，使图像形成有一定油画风格的立体派图像效果。如图9-25所示为应用“立体派”滤镜后的图像效果。

图 9-24

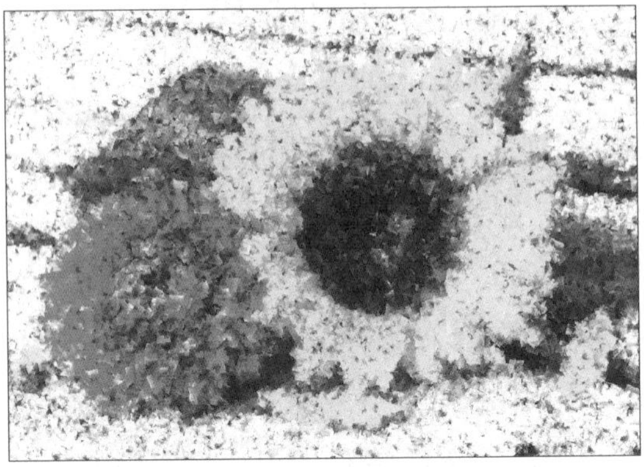

图 9-25

- **印象派：**使用该滤镜，可以将图像的颜色转换为小块的纯色，以模拟印象派作品的效果。如图9-26所示为应用“印象派”滤镜后的图像效果。
- **调色刀：**使用该滤镜，可以使图像中相近的颜色相互融合，减少部分细节，以形成写意效果。如图9-27所示为应用“调色刀”滤镜后的图像效果。

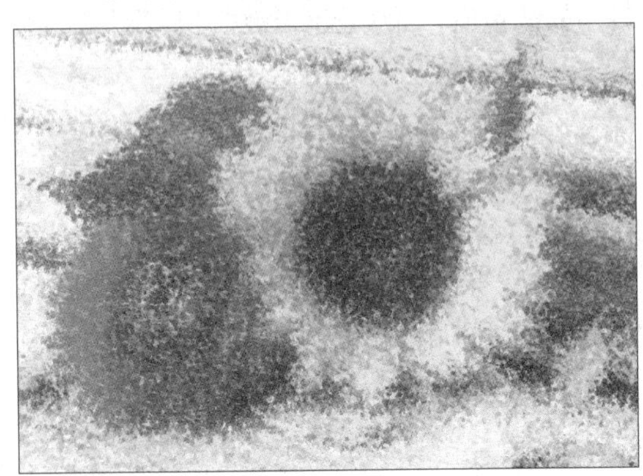

图 9-26

图 9-27

- **钢笔画：**使用该滤镜，可使图像产生类似钢笔素描的绘图效果。如图9-28所示为应用“钢笔画”滤镜后的图像效果。

图 9-28

- **点彩派：**使用该滤镜，可以快速赋予图像一种点彩画派的风格。如图9-29所示为应用“点彩派”滤镜后的图像效果。
- **木版画：**使用该滤镜，可以使彩色图像产生类似由粗糙裁切的彩条组成的效果。如图9-30所示为应用“木版画”滤镜后的图像效果。
- **素描：**使用该滤镜，可以使图像产生素描绘画的手稿效果。该功能是绘制功能的一大特色体现。如图9-31所示为应用“素描”滤镜后的图像效果。

图 9-29

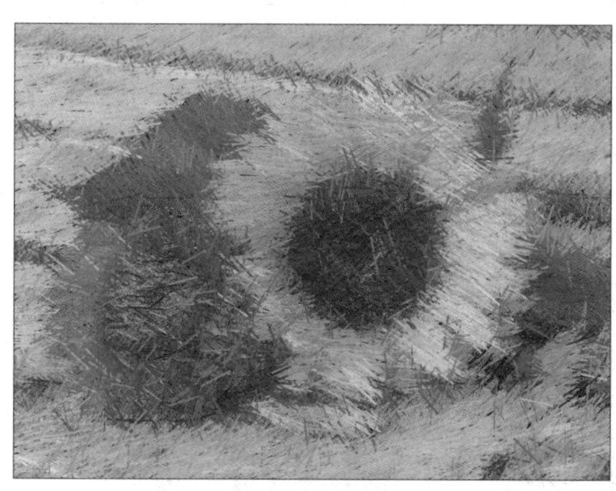

图 9-30

图 9-31

- **水彩画：**使用该滤镜，可以描绘出图像中景物的形状，对图像进行简化、混合、渗透，从而使其产生彩画的效果。如图9-32所示为应用“水彩画”滤镜后的图像效果。
- **水印画：**使用该滤镜，可以为图像创建水彩斑点绘画的效果。如图9-33所示为应用“水印画”滤镜后的图像效果。

图 9-32

图 9-33

- **波纹纸画：**使用该滤镜，可以使图像看起来好像绘制在带有底纹的波纹纸上。如图9-34所示为应用“波纹纸画”滤镜后的图像效果。

图 9-34

实例 制作水彩画效果

本案例将利用“水彩画”滤镜制作水彩画效果。下面介绍具体的制作过程。

扫码观看视频

步骤 01 执行“文件”→“新建”命令，在打开的“创建新文档”对话框中设置参数，如图9-35所示，单击“确定”按钮，新建文档。

步骤 02 执行“文件”→“导入”命令，导入本例素材文件“鸟.jpg”，并将其调整至合适的大小和位置，效果如图9-36所示。

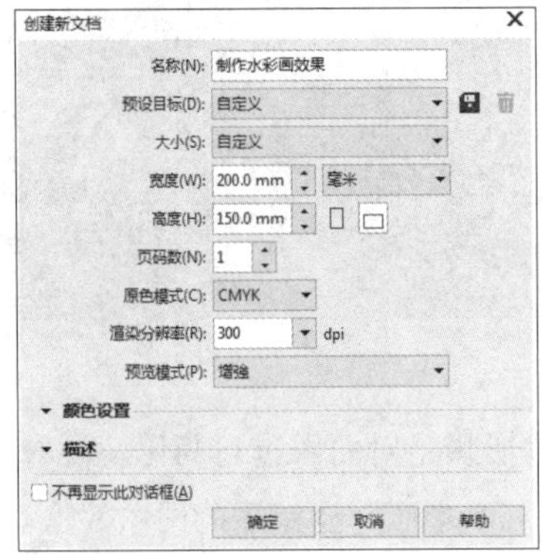

图 9-35

图 9-36

步骤 03 选中置入的素材文件，执行“位图”→“艺术笔触”→“水彩画”命令，打开“水彩画”对话框，在该对话框中设置参数，如图9-37所示，单击“确定”按钮，效果如图9-38所示。

水彩画

画刷大小(S): 5 | 出血(B): 35

粒状(G): 75 | 亮度(R): 27

水量(W): 62

预览 重置 确定 取消 帮助

图 9-37

图 9-38

至此，完成水彩画效果的制作。

■9.3.2 模糊

利用“模糊”滤镜组中的滤镜，可以模糊处理位图图像中的像素。该滤镜组中包括“定向平滑”“高斯式模糊”“锯齿状模糊”“低通滤波器”“动态模糊”“放射式模糊”“平滑”“柔和”“缩放”“智能模糊”10种滤镜。通过这些滤镜可以矫正图像，制作柔和的图像效果，合理加以运用还能表现多种动感效果。下面分别对其进行介绍：

- **定向平滑：**使用该滤镜，可在图像中添加细微的模糊效果，使图像中渐变的区域变得平滑。
- **高斯式模糊：**使用该滤镜，可根据“半径”的数值按照高斯分布变化快速地模糊图像，以产生较好的朦胧效果。如图9-39、图9-40所示分别为原图像效果和应用“高斯式模糊”滤镜后的图像效果。

图 9-39

图 9-40

- **锯齿状模糊：**使用该滤镜，可为图像添加细微的锯齿状模糊效果。值得注意的是，该模糊效果不是很明显，需要将图像放大很多倍后才能观察出其中的变化。如图9-41所示为应用“锯齿状模糊”滤镜后的图像效果。
- **低通滤波器：**使用该滤镜，可以调整图像中尖锐的边角和细节，使图像的模糊效果更柔和。如图9-42所示为应用“低通滤波器”滤镜后的图像效果。

图 9-41

图 9-42

- **动态模糊：**使用该滤镜，可以模拟运动物体的拍摄手法，通过使像素在某一方向上进行线性位移，从而产生运动模糊效果。如图9-43所示为应用“动态模糊”滤镜后的图像效果。
- **放射式模糊：**使用该滤镜，可使图像产生从中心点向周围辐射的模糊效果。中心点处的像素区域效果不变，离中心点越远，模糊效果越强烈。如图9-44所示为应用“放射式模糊”滤镜后的图像效果。

图 9-43

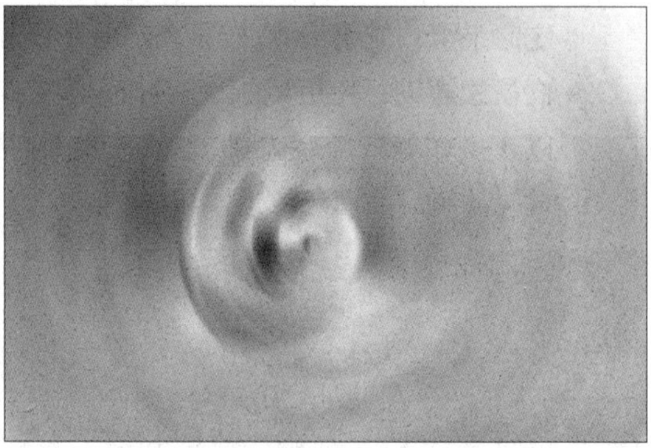

图 9-44

- **平滑：**使用该滤镜，可以减小相邻像素之间的色调差别，使图像产生细微的模糊变化。如图9-45所示为应用“平滑”滤镜后的图像效果。
- **柔和：**使用该滤镜，可以使图像产生轻微的模糊效果，但不会影响图像中的细节。如图9-46所示为应用“柔和”滤镜后的图像效果。

图 9-45

图 9-46

- **缩放：**使用该滤镜，可以使图像中的像素从中心点向周围模糊，离中心点越近，模糊效果越弱。如图9-47所示为应用“缩放”滤镜后的图像效果。

图 9-47

● **智能模糊：**使用该滤镜，可以选择性地为画面中的部分像素区域创建模糊效果。如图9-48所示为应用“智能模糊”滤镜后的图像效果。

图 9-48

■9.3.3 颜色转换

利用“颜色转换”滤镜组中的滤镜可以使位图图像产生一种类似胶片印染的效果。该滤镜组中包括“位平面”“半色调”“梦幻色调”“曝光”4种滤镜，这些滤镜能转换像素的颜色，形成多种特殊效果。下面分别对其进行介绍。

● **位平面：**使用该滤镜，可以将图像中的颜色减少到基本的RGB颜色，使用纯色表示色调变化，这种效果适用于分析图像的渐变。如图9-49所示为应用“位平面”滤镜后的图像效果。

● **半色调：**使用该滤镜，可以为图像创建彩色的版色效果，图像转换为由不同色调、不同大小的圆点组成。在参数设置对话框中，可调整“青”“品红”“黄”“黑”选项的滑块，以指定相应颜色的筛网角度。如图9-50所示为应用“半色调”滤镜后的图像效果。

图 9-49

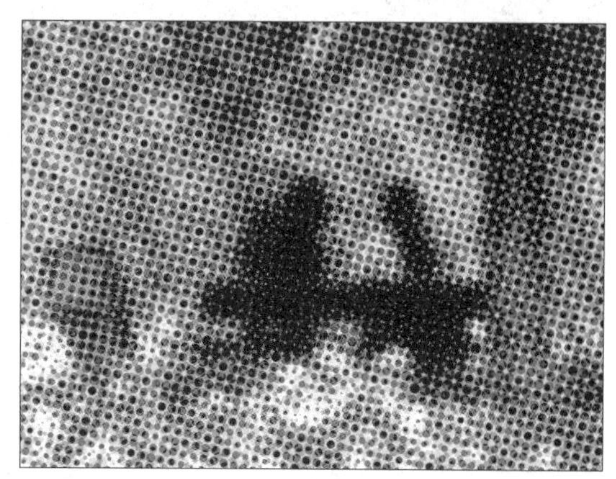

图 9-50

● **梦幻色调：**使用该滤镜，可以将图像中的颜色转换为明亮的电子色，如橙青色、酸橙绿等。在参数设置对话框中，调整“层次”选项的滑块可改变梦幻效果的强度。该数值越大，颜色变化效果越强烈；该数值越小，图像色调越趋于同一色调。如图9-51所示为应用“梦幻色调”滤镜后的图像效果。

- **曝光：**使用该滤镜，可使图像转换为类似摄影中的底片效果。在参数设置对话框中，拖动“层次”选项的滑块可改变曝光效果的强度。如图9-52所示为应用“曝光”滤镜后的图像效果。

图 9-51

图 9-52

■9.3.4 轮廓图

利用“轮廓图”滤镜组中的滤镜可以跟踪位图图像的边缘，将复杂的图像以线条的方式进行表现。该滤镜组中包括“边缘检测”“查找边缘”“描摹轮廓”3种滤镜。下面分别对其进行介绍。

- **边缘检测：**使用该滤镜，可以快速查找图像中各对象的边缘。在参数设置对话框中，可对背景色和检测边缘的灵敏度进行调整。如图9-53、图9-54所示分别为原图像效果和应用“边缘检测”滤镜后的图像效果。

图 9-53

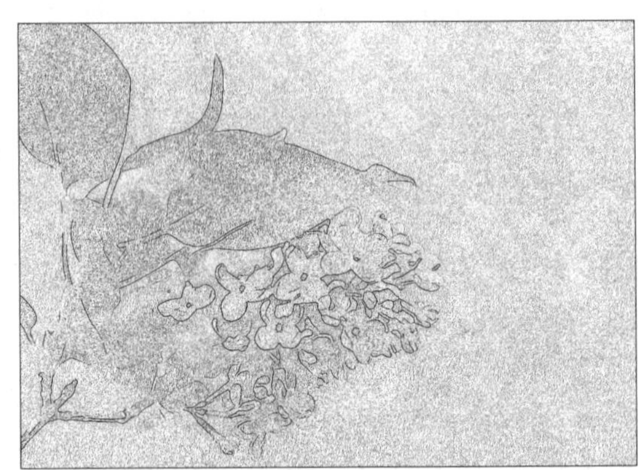
图 9-54

- **查找边缘：**使用该滤镜，可以检测图像中各对象的边缘，并将其转换为柔和的或者尖锐的曲线，这种效果适用于高对比度的图像。在参数设置对话框中，选中“软”单选按钮，可产生平滑、模糊的轮廓线；选中“纯色”单选按钮，可产生尖锐的轮廓线。如图9-55所示为应用“查找边缘”滤镜后的图像效果。
- **描摹轮廓：**使用该滤镜，以高亮级别0~255设定值为基准，跟踪上、下端边缘，将其作为轮廓进行显示，这种效果适用于包含文本的高对比度位图。如图9-56所示为应用“描摹轮廓”滤镜后的图像效果。

图 9-55

图 9-56

■9.3.5 创造性

利用“创造性”滤镜组中的滤镜，可以将图像转换为各种不同的形状和纹理。该滤镜组中包括“晶体化”“织物”“框架”“玻璃砖”“马赛克”“散开”“茶色玻璃”“彩色玻璃”“虚光”“旋涡”10种滤镜。下面分别对其进行介绍。

- **晶体化：**使用该滤镜，可将图像转换为类似放大观察晶体时的细致块状效果。如图9-57、图9-58所示分别为原图像效果和应用“晶体化”滤镜后的图像效果。

图 9-57

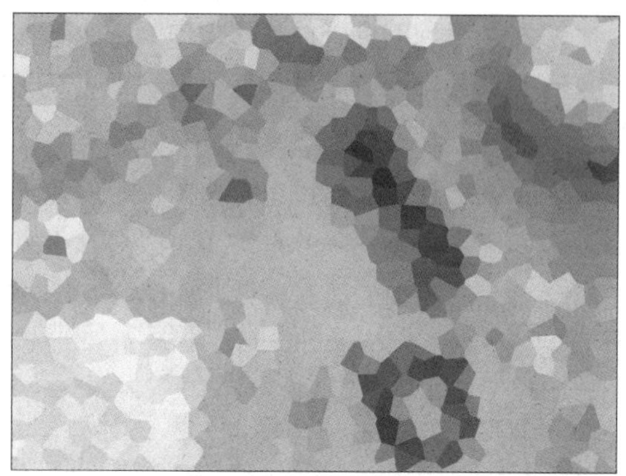
图 9-58

- **织物：**使用该滤镜，可以通过刺绣、地毯勾织、彩格被子、珠帘等样式为图像创建不同的织物底纹效果。如图9-59所示为应用“织物”滤镜后的图像效果。

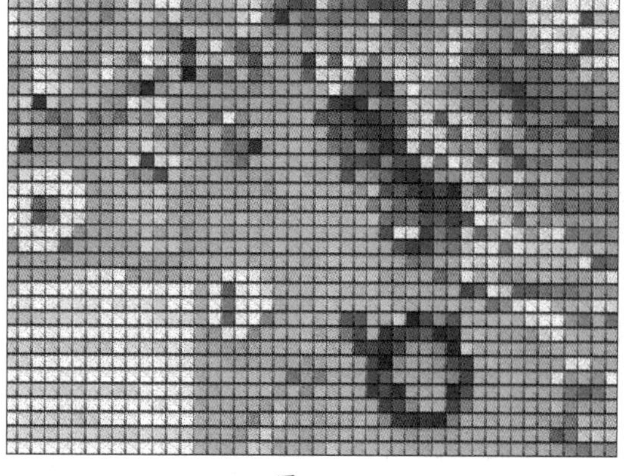
图 9-59

- **框架：**使用该滤镜，可以将图像置于预设的框架中，形成一种画框的效果。如图9-60所示为应用“框架”滤镜后的图像效果。
- **玻璃砖：**使用该滤镜，可以使图像产生类似透过厚玻璃所看到的效果。在参数设置对话框中，可调整“块宽度”和“块高度”选项的滑块，以制作出均匀的砖形图案。如图9-61所示为应用“玻璃砖”滤镜后的图像效果。

图 9-60

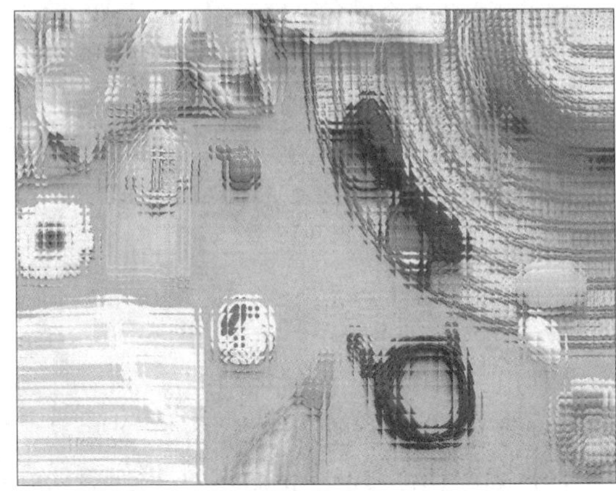
图 9-61

- **马赛克：**使用该滤镜，可以将图像分割为若干色块。在参数设置对话框中，调整“大小”选项的滑块可以改变颜色区域的大小；在“背景色”下拉列表中可以选择背景的颜色；若勾选“虚光”复选框，则可在马赛克效果上添加一个虚光框架。如图9-62所示为应用“马赛克”滤镜后的图像效果。
- **散开：**使用该滤镜，可使图像中的像素产生散射的特殊效果。在参数设置对话框中，调整“水平”选项的滑块，可改变水平方向的散开效果；调整“垂直”选项的滑块，可改变垂直方向的散开效果。如图9-63所示为应用“散开”滤镜后的图像效果。

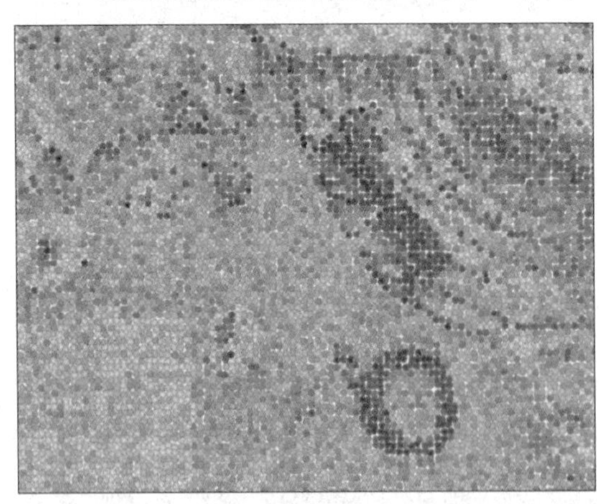
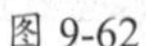
图 9-62

图 9-63

- **茶色玻璃：**使用该滤镜，可使图像产生类似透过茶色玻璃看到的效果。如图9-64所示为应用“茶色玻璃”滤镜后的图像效果。

- **彩色玻璃：**使用该滤镜得到的效果与“晶体化”效果类似，不同的是，该滤镜可以设置玻璃之间边界的宽度和颜色。在参数设置对话框中，调整“大小”选项的滑块可以改变玻璃块的大小，调整“光源强度”选项的滑块可以改变光线的强度。如图9-65所示为应用“彩色玻璃”滤镜后的图像效果。

图 9-64

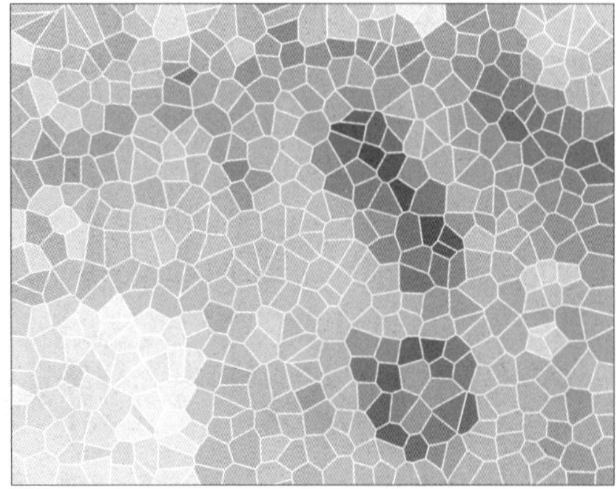

图 9-65

- **虚光：**使用该滤镜，可在图像中添加一个边框，使图像由边框向内产生朦胧效果。同时，还可对边缘的形状、颜色等参数进行设置。如图9-66所示为应用“虚光”滤镜后的图像效果。
- **旋涡：**使用该滤镜，可使图像绕指定的中心产生旋转效果。在参数设置对话框的“样式”下拉列表中，可选择不同的旋转样式。如图9-67所示为应用“旋涡”滤镜后的图像效果。

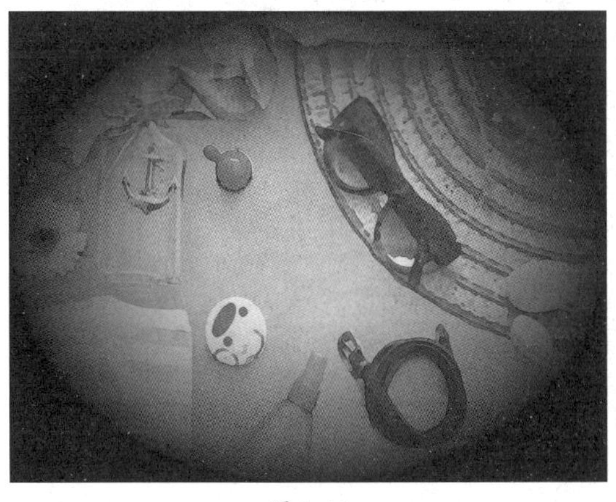

图 9-66

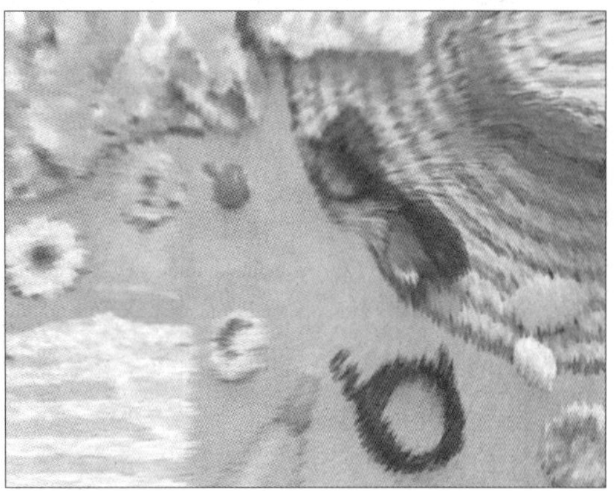

图 9-67

■9.3.6 扭曲

利用“扭曲”滤镜组中的滤镜，可以通过不同的方式扭曲位图图像中的像素，从而改变像素的组合状态，以产生不同的图像效果。该滤镜组中包括“块状”“置换”“网孔扭曲”“偏移”“像素”“龟纹”“旋涡”“平铺”“湿笔画”“涡流”“风吹效果”11种滤镜。下面分别对其进行介绍。

- **块状**：使用该滤镜，可使图像分裂为若干小块，以形成拼贴镂空效果。在参数设置对话框中，展开“未定义区域”中的下拉列表，在其中可设置图块之间空白区域的颜色。如图9-68、图9-69所示分别为原图像效果和应用“块状”滤镜后的图像效果。
- **置换**：使用该滤镜，可在原图像和置换图之间评估像素颜色的值，并根据置换图改变原图像的效果。如图9-70所示为应用“置换”滤镜后的图像效果。

图 9-68

图 9-69

图 9-70

- **网孔扭曲**：使用该滤镜，可使图像按照设定的形状扭曲。如图9-71所示为应用“网孔扭曲”滤镜后的图像效果。
- **偏移**：使用该滤镜，可按照指定的数值偏移整个图像，并以指定的方法填充偏移后留下的空白区域。如图9-72所示为应用“偏移”滤镜后的图像效果。
- **像素**：使用该滤镜，可将图像分割为正方形、矩形或者射线的单元。可以使用“正方形”或者“矩形”单选按钮创建夸张的数字化图像效果，或者使用“射线”单选按钮创建蜘蛛网效果。如图9-73所示为应用“像素”滤镜后的图像效果。

图 9-71

图 9-72

图 9-73

- **龟纹**：使用该滤镜，可以为图像添加波纹变形效果。如图9-74所示为应用“龟纹”滤镜后的图像效果。
- **旋涡**：使用该滤镜，可使图像按照指定的方向、角度和旋涡中心产生旋涡效果。如图9-75所示为应用“旋涡”滤镜后的图像效果。

- **平铺：**使用该滤镜，可将原图像作为平铺块平铺在整个图像范围中，多用于制作纹理背景效果。如图9-76所示为应用“平铺”滤镜后的图像效果。

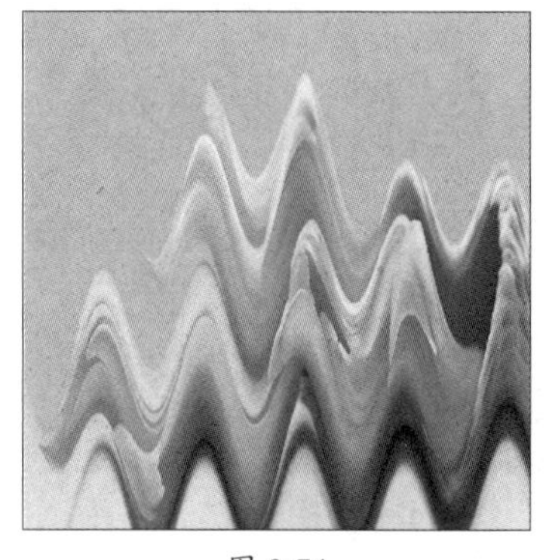
图 9-74

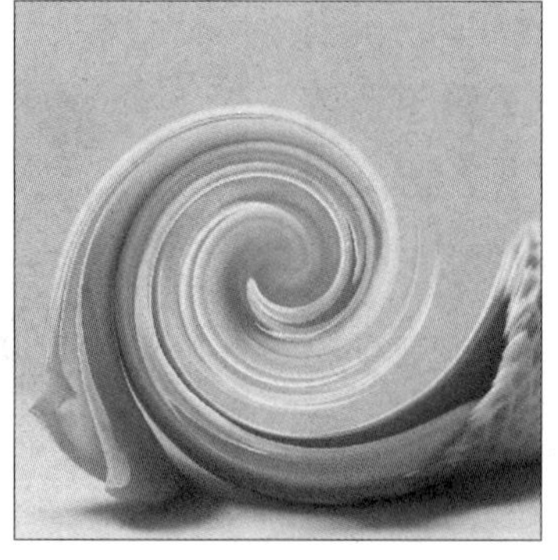
图 9-75

图 9-76

- **湿笔画：**使用该滤镜，可使图像产生类似于颜料未干透，看起来有流动感的效果。如图9-77所示为应用“湿笔画”滤镜后的图像效果。
- **涡流：**使用该滤镜，可为图像添加流动的涡流图案。在参数设置对话框中，展开“样式”下拉列表，在其中对样式进行选择，可以使用预设的涡流样式，也可以自定义涡流样式。如图9-78所示为应用“涡流”滤镜后的图像效果。
- **风吹效果：**使用该滤镜，可在图像中制作出被风吹动后形成的拉丝效果。在参数设置对话框中，调整“浓度”选项的滑块，可设置风的强度；调整“不透明”选项的滑块，可改变效果的不透明程度。如图9-79所示为应用“风吹效果”滤镜后的图像效果。

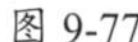
图 9-77

图 9-78

图 9-79

9.3.7 杂点

利用“杂点”滤镜组中的滤镜，可在位图图像中添加或去除杂点。该滤镜组中包括“添加杂点”“最大值”“中值”“最小”“去除龟纹”“去除杂点”6种滤镜。下面分别对其进行介绍。

- **添加杂点：**使用该滤镜，可为图像添加颗粒状的杂点，呈现出做旧的效果。如图9-80、图9-81所示分别为原图像效果和应用“添加杂点”滤镜后的图像效果。

图 9-80

图 9-81

- **最大值：**使用该滤镜，可根据位图最大值颜色附近的像素颜色值调整图像的颜色，以消除图像中的杂点。如图9-82所示为应用“最大值”滤镜后的图像效果。
- **中值：**使用该滤镜，可通过平均图像中像素的颜色值消除杂点和细节。在参数设置对话框中，调整“半径”选项的滑块，可设置在应用这种效果时选择和评估像素的数量。如图9-83所示为应用“中值”滤镜后的图像效果。

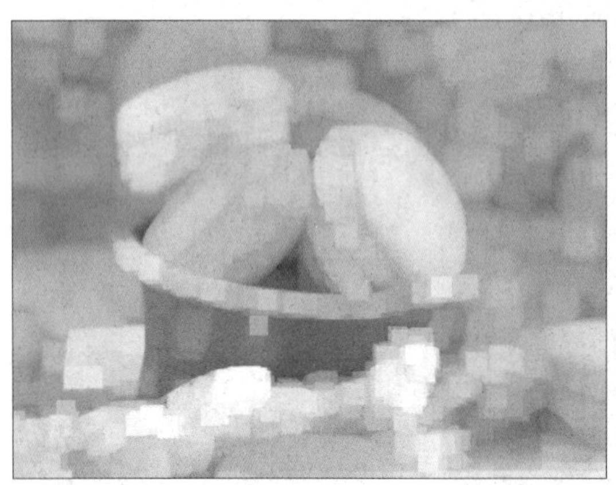

图 9-82

图 9-83

- **最小：**使用该滤镜，可通过使图像像素变暗的方式消除杂点。在参数设置对话框中，调整“百分比”选项的滑块，可设置效果的强度；调整“半径”选项的滑块，可设置在应用这种效果时选择和评估的像素的数量。如图9-84所示为应用“最小”滤镜后的图像效果。

图 9-84

- **去除龟纹：**使用该滤镜，可去除如在扫描获取的半色调图像中经常出现的图案杂点。如图9-85所示为应用“去除龟纹”滤镜后的图像效果。
- **去除杂点：**使用该滤镜，可通过比较相邻像素求出一个平均值，去除如在扫描或者抓取的视频画面中的杂点，使图像效果变柔和。如图9-86所示为应用“去除杂点”滤镜后的图像效果。

图 9-85

图 9-86

实例 制作下雨效果

本案例将利用“添加杂点”“动态模糊”等滤镜制作下雨的效果。下面介绍具体的制作过程。

扫码观看视频

步骤 01 执行“文件”→“新建”命令，在打开的“创建新文档”对话框中设置参数，如图9-87所示，单击“确定”按钮，新建文档。

步骤 02 执行“文件”→“导入”命令，导入本例素材文件“风景.jpg”，并将其调整至合适的大小和位置，效果如图9-88所示。

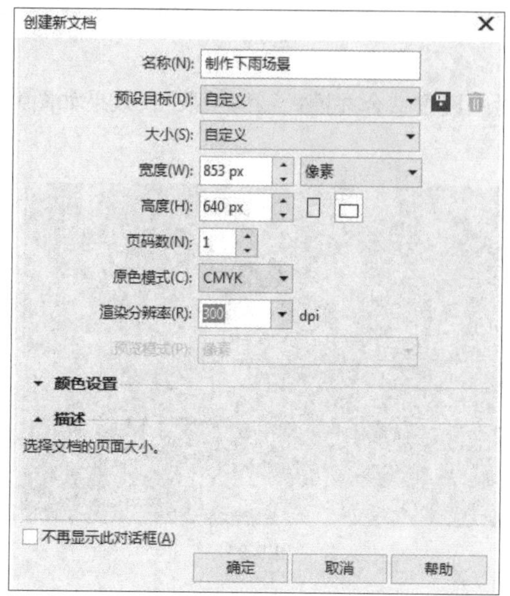

图 9-87

图 9-88

步骤03 使用“矩形工具”□绘制矩形并填充白色，去除轮廓，效果如图9-89所示。

步骤04 选中矩形，执行“位图”→“转换为位图”命令，将矢量图转换为位图。执行“位图”→“杂点”→“添加杂点”命令，在打开的“添加杂点”对话框中设置参数，如图9-90所示，单击“确定”按钮，为矩形添加杂点，效果如图9-91所示。

图 9-89

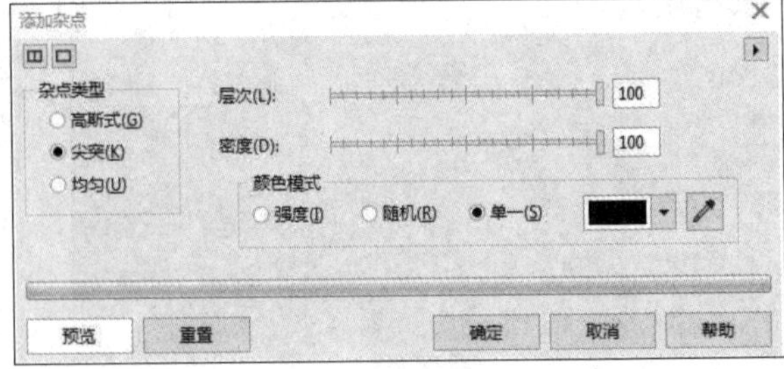

图 9-90

步骤05 选中矩形，执行“位图”→“模糊”→“动态模糊”命令，在打开的“动态模糊”对话框中设置参数，如图9-92所示，单击“确定”按钮，为矩形添加动态模糊效果，如图9-93所示。

图 9-91

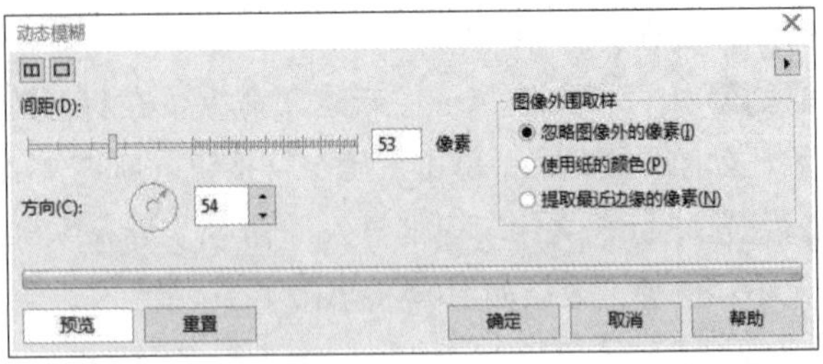

图 9-92

步骤06 选中矩形，选择“透明度工具”，在属性栏中设置“合并模式”为“乘”，效果如图9-94所示。

图 9-93

图 9-94

至此，完成下雨场景的制作。

实战演练 制作老照片效果

在完成本章的学习后，本案例将利用“块状”“水印画”等滤镜制作老照片效果。下面介绍具体的制作过程。

扫码观看视频

步骤01 执行“文件”→“新建”命令，在打开的“创建新文档”对话框中设置参数，如图9-95所示，单击“确定”按钮，新建文档。

步骤02 执行“文件”→“导入”命令，导入本例素材文件“摩托.jpg”，并将其调整至合适的大小和位置，效果如图9-96所示。

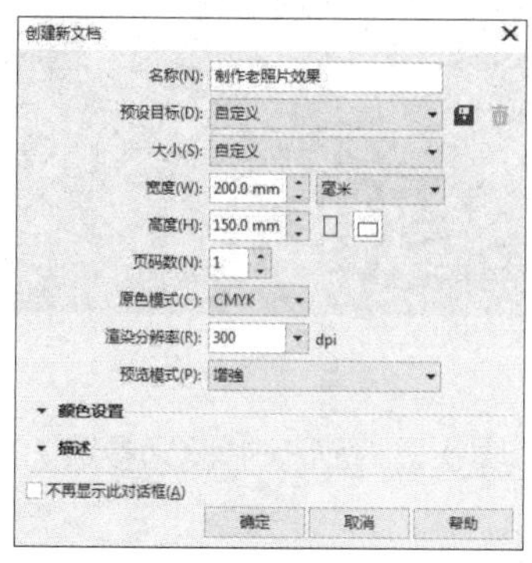

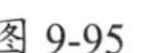

图 9-95

图 9-96

步骤03 选中置入的素材文件，执行“效果”→“调整”→“取消饱和”命令，去除图像的颜色，效果如图9-97所示。

步骤04 执行“位图”→“相机”→“着色”命令，在“着色”对话框中设置参数，如图9-98所示，单击“确定”按钮，效果如图9-99所示。

图 9-97

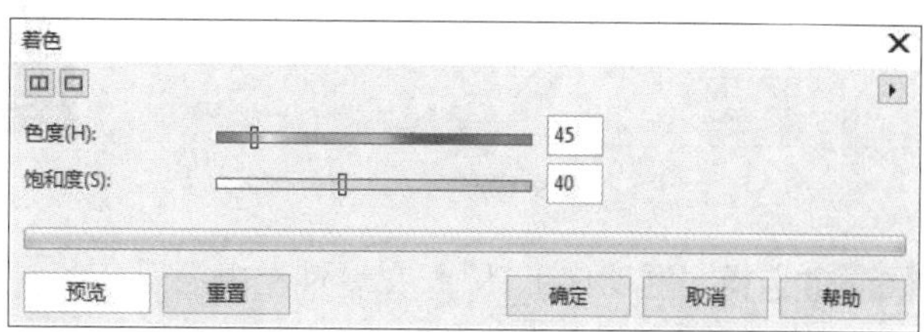

图 9-98

步骤05 使用“矩形工具”绘制与页面等大的矩形，并填充黑色，效果如图9-100所示。

图 9-99

图 9-100

步骤 06 选中矩形，执行“位图”→“转换为位图”命令，将矩形转换为位图。选中转换的位图，执行“位图”→“艺术笔触”→“水印画”命令，在“水印画”对话框中设置参数，如图9-101所示，单击“确定”按钮，效果如图9-102所示。

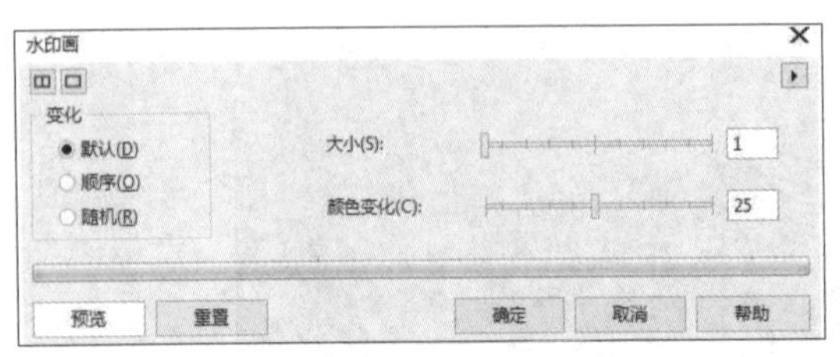

图 9-101

图 9-102

步骤 07 执行“位图”→“扭曲”→“块状”命令，在“块状”对话框中设置参数，如图9-103所示，单击“确定”按钮，效果如图9-104所示。

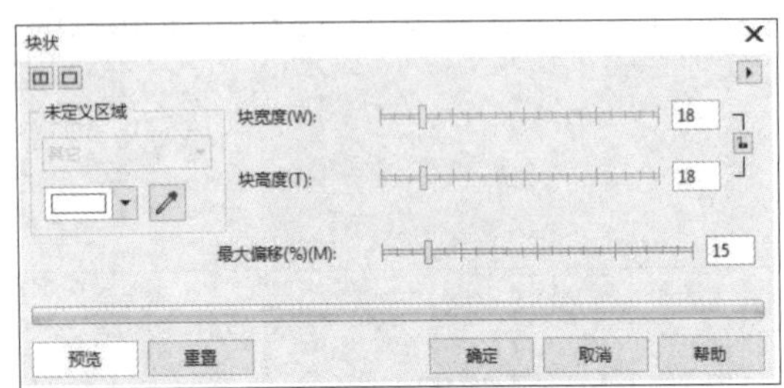

图 9-103

图 9-104

步骤 08 选择“透明度工具”，在属性栏中设置“合并模式”为“添加”，效果如图9-105所示。

至此，完成老照片的制作。

图 9-105

课后作业

一、选择题

1. 使用“浮雕”滤镜创建凹陷的效果，光源位置应在（　　）。

A. 上方　　B. 下方

C. 右下角　　D. 左上角

2. 以下关于“艺术笔触”滤镜组中的“炭笔画”滤镜，说法不正确的是（　　）。

A. 炭笔画的大小和边缘的数值可以在1～10之间进行调整

B. 改变了图像的颜色模型和图像的颜色

C. 图像的颜色模型不会变化

D. 最终的图像效果只包含灰色

3. “模糊”滤镜组中包括（　　）个滤镜。

A. 8　　B. 9

C. 10　　D. 11

4. 以下（　　）滤镜不是“创造性”滤镜组中的滤镜。

A. 网孔扭曲　　B. 框架

C. 马赛克　　D. 虚光

二、填空题

1. 在CorelDRAW中，滤镜一般只针对______图像进行效果的处理。

2. 若想快速制作图像的边角内向卷曲的效果，可以使用______滤镜。

3. “位平面”“半色调”“梦幻色调”“曝光”这4种滤镜都属于______滤镜组。

三、上机题

1. 制作印象派绘画效果，图像处理前后的效果对比如图9-106、图9-107所示。

图 9-106

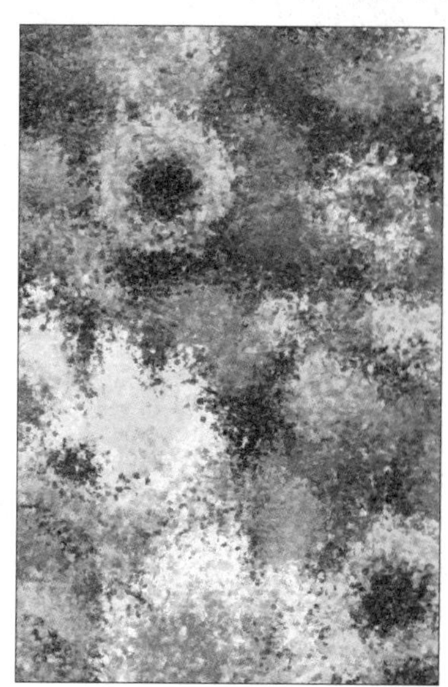

图 9-107

思路提示

- 导入素材对象并进行调整。
- 为素材对象添加“印象派”滤镜。

2. 为照片添加边框效果，图像处理前后的效果对比如图9-108、图9-109所示。

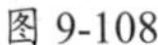

图 9-108

图 9-109

思路提示

- 导入素材对象并调整其亮度。
- 为素材对象添加“框架”滤镜。

综合应用

第10章

包装设计

内容概要

包装是具有商业价值并且进入流通领域的事物的外部形式，而包装设计就是对这一形式进行美化和装饰的过程。作为实现商品价值和使用价值的手段，包装在生产、流通、销售和消费领域中发挥着极其重要的作用。因此，针对包装设计的研究也尤为重要。本章将针对包装设计的相关知识和具体操作进行介绍。

知识要点

- 包装设计领域的相关知识。
- 不同绘图工具的应用。
- 填充的应用。
- “文本工具”的应用。

数字资源

【本章素材来源】：“素材文件\第10章”目录下

【本章实战演练最终文件】：“素材文件\第10章\实战演练”目录下

10.1 包装设计知识导航

包装可以综合反映产品的品牌理念、特性及消费心理，直接影响消费者的购买欲。下面对此进行介绍。

10.1.1 包装的概念

包装的本质是为了在流通过程中保护产品、方便储运，同时展示产品、传递产品个性、定位企业形象。好的包装设计可以促进产品的销售，为企业带来极高的利润。

10.1.2 包装的要素

一般来说，产品包装包括商标、图形、颜色、材料、文字等要素。

1. 商标

商标是一种象征符号，代表产品的品牌，是包装设计中最主要的构成元素。

2. 图形

包装的图形可以辅助表现产品，以视觉形象的形式将信息传达给消费者。

3. 颜色

颜色是视觉传达中最具冲击力的元素，通过合适的颜色搭配，可以强化品牌的特征。

4. 材料

使用不同的材料，可以适用于不同的运输过程，展现不同的效果。

5. 文字

文字可以传达思想与信息，包装上的文字反映了包装的本质内容。

10.1.3 优秀包装设计欣赏

下面展示一些优秀的包装设计，如图10-1～图10-4所示。

图 10-1

图 10-2

图 10-3

图 10-4

10.2 制作抽纸包装

本案例首先制作盒子的刀版，然后制作装饰的素材，最后添加文字素材。下面对制作过程进行具体的介绍。

扫码观看视频

■ 10.2.1 制作包装盒刀版图

下面练习制作抽纸包装盒刀版图，涉及的知识点包括绘图工具的使用，以及复制、焊接等操作。

步骤 01 执行“文件”→“新建”命令，在打开的“创建新文档”对话框中进行设置，如图10-5所示，单击“确定”按钮，新建文档。

步骤 02 使用“矩形工具”□绘制精确的矩形，如图10-6所示。

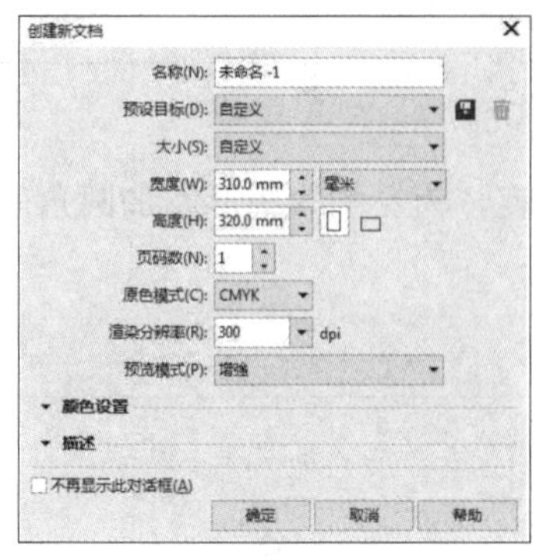

图 10-5

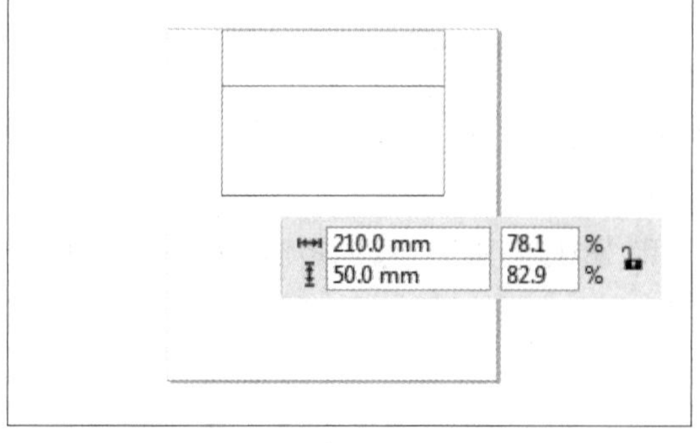

图 10-6

步骤 03 使用“选择工具”选中绘制的矩形，按住鼠标左键拖动矩形到合适的位置，复制矩形，如图10-7所示。

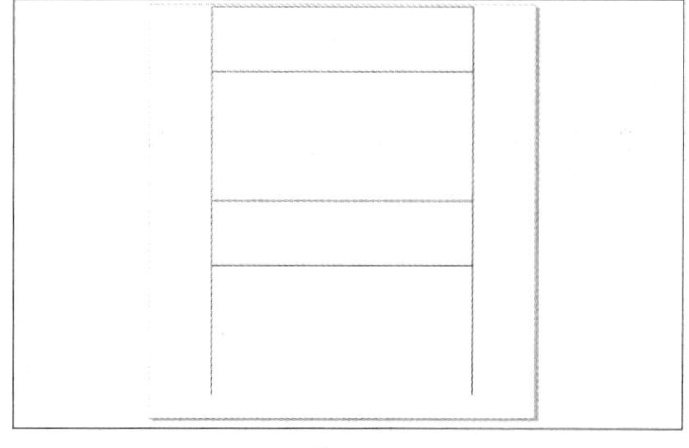
图 10-7

步骤 04 使用“矩形工具”□绘制精确的矩形图像，如图10-8所示。

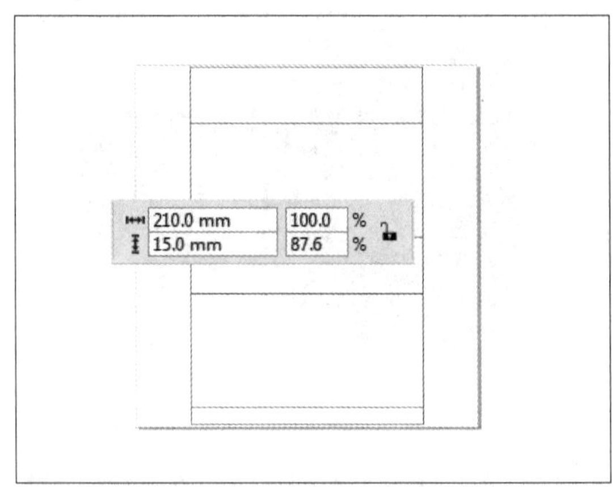

图 10-8

步骤 05 继续使用“矩形工具”□绘制矩形，如图10-9所示。复制绘制的矩形，如图10-10所示。

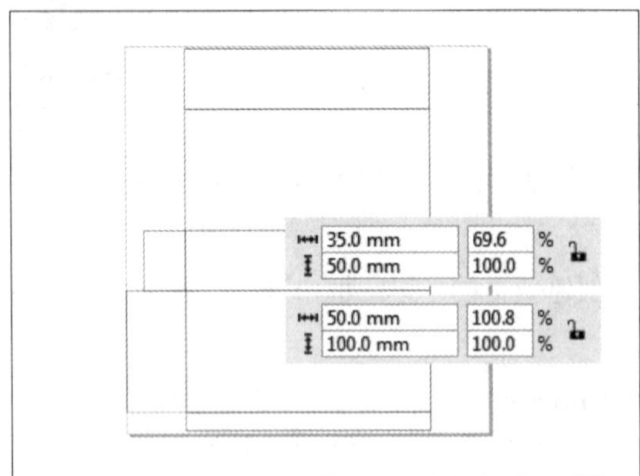

图 10-9

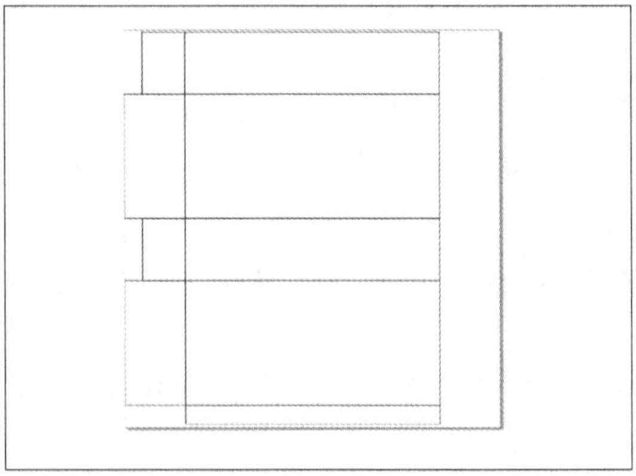

图 10-10

步骤 06 使用“选择工具”选择矩形，修改其高度和宽度，为左侧的矩形添加圆角效果，如图10-11所示。

步骤 07 使用“矩形工具”□绘制矩形，如图10-12所示。

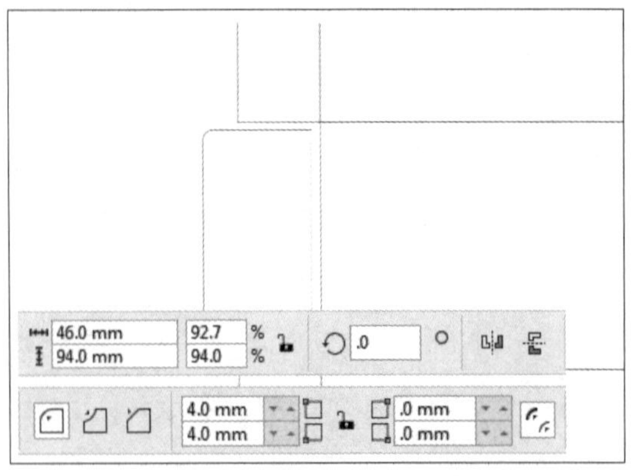

图 10-11

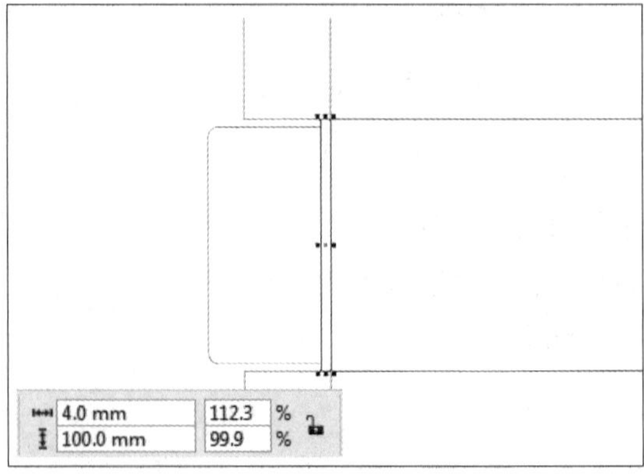

图 10-12

步骤08 将新绘制的矩形和圆角的矩形选中，单击“选择工具”属性栏中的“焊接”按钮，使其成为一个整体，如图10-13所示。

步骤09 选择“形状工具”双击多余的节点，将其删除，如图10-14所示。

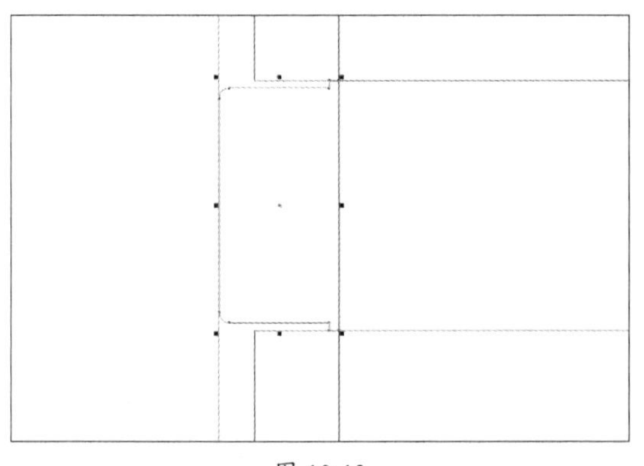

图 10-13

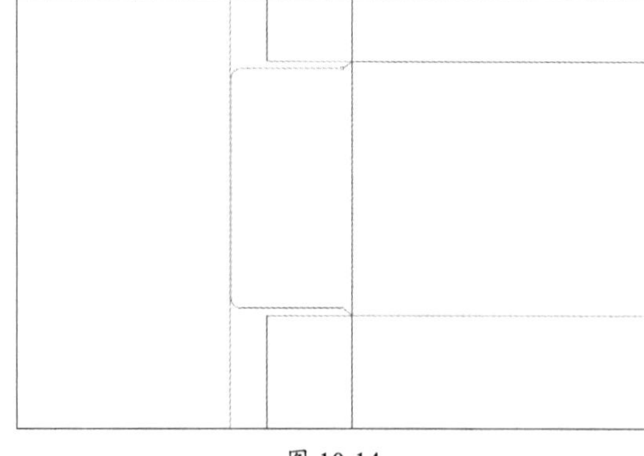

图 10-14

步骤10 使用“矩形工具”再次绘制矩形，并与右侧的大矩形“垂直居中对齐”，如图10-15所示。选中新绘制的矩形下方的矩形，按Ctrl+Q组合键将图形转换为曲线，利用“形状工具”调整矩形的节点，如图10-16所示。

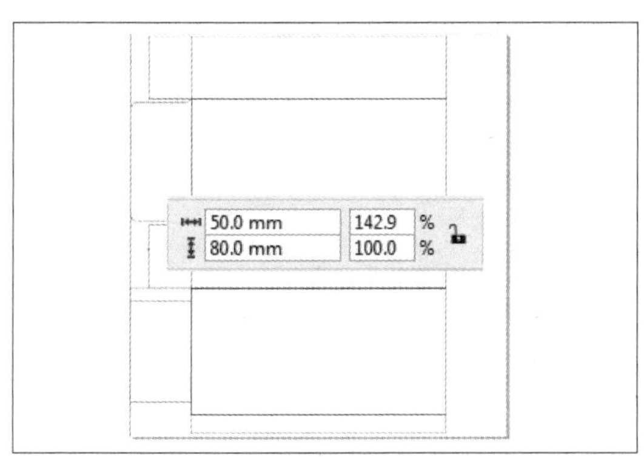

图 10-15

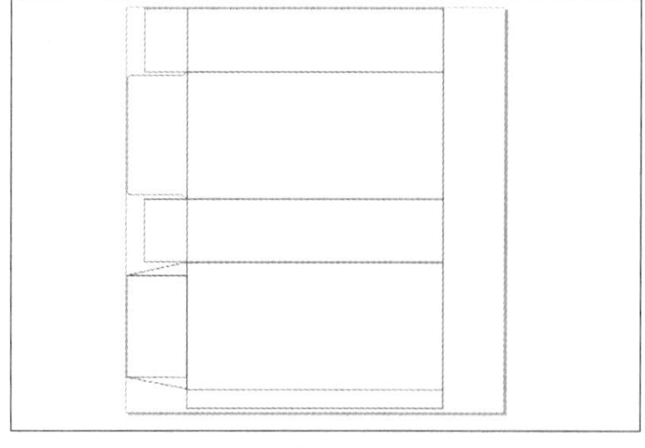

图 10-16

步骤11 删除矩形，如图10-17所示。选中矩形，设置倒棱角的半径，如图10-18所示。

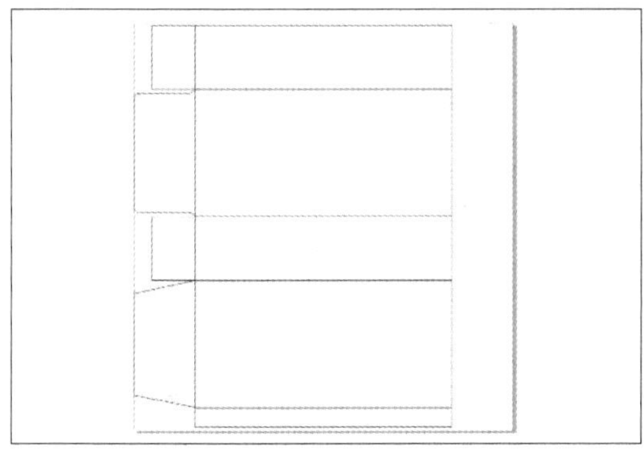

图 10-17

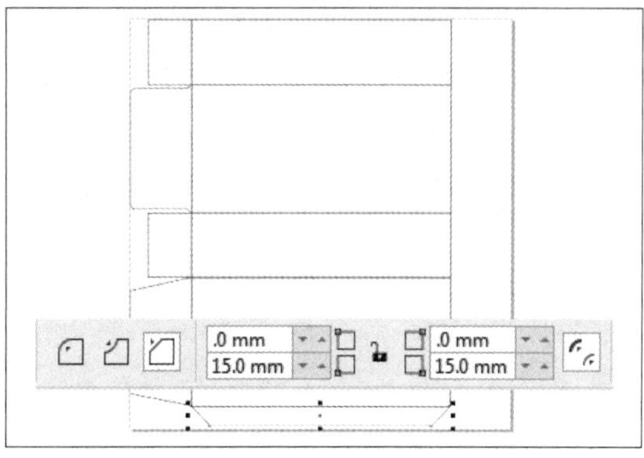

图 10-18

步骤12 使用“选择工具”选中左侧的图形，按小键盘上的“+”键复制图形，单击属性栏中的“水平镜像”按钮镜像图形，然后将其移至右侧，初步完成刀版的制作，如图10-19所示。

步骤13 使用“2点线工具”绘制两条直线，如图10-20所示。

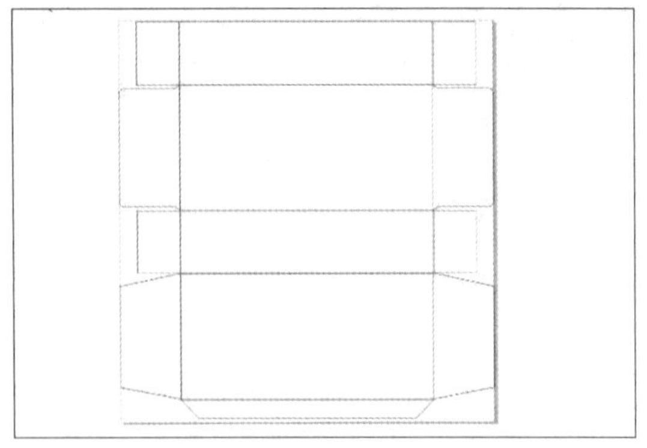

图 10-19

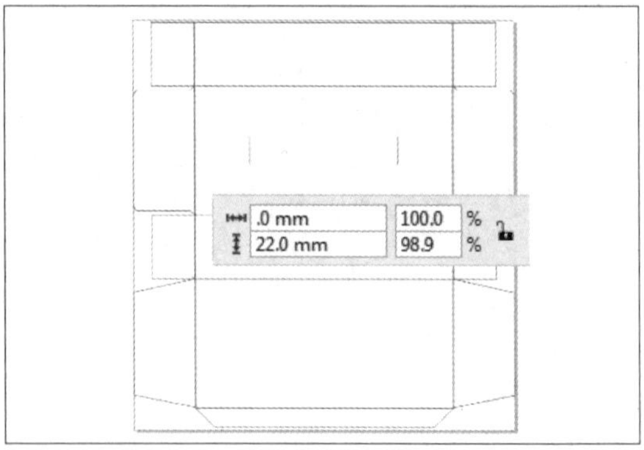

图 10-20

步骤14 使用“3点曲线工具”绘制曲线，如图10-21所示。按小键盘上的“+”键复制曲线，单击“选择工具”属性栏中的“垂直镜像”按钮镜像图形，移动曲线的位置以制作抽纸口，如图10-22所示。

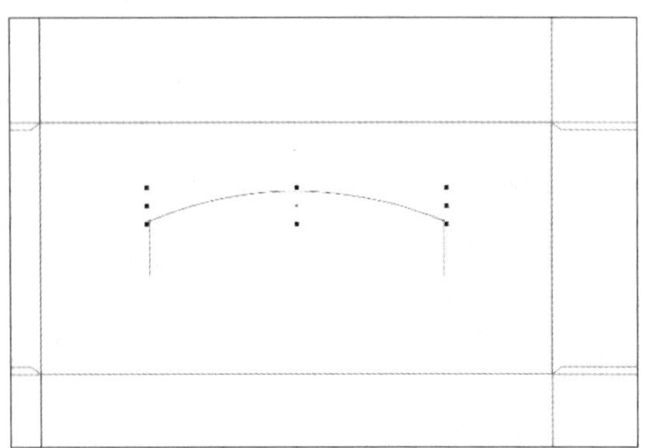

图 10-21

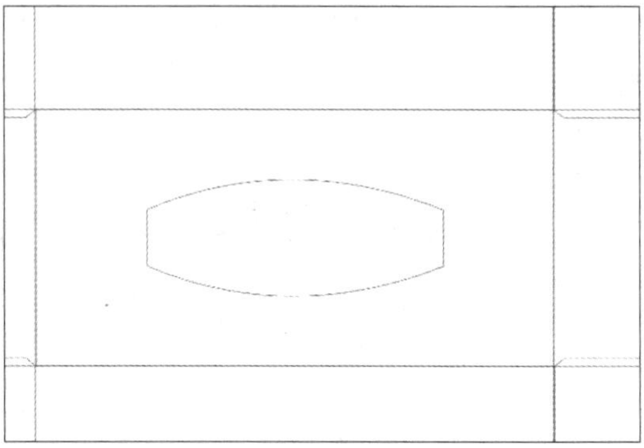

图 10-22

步骤15 使用“选择工具”将绘制的抽纸口选中，单击属性栏中的“焊接”按钮焊接图形，然后使用“形状工具”选择图形四角的节点，单击属性栏中的“连接两个节点”按钮链接图形，使其成为闭合的曲线，如图10-23所示。

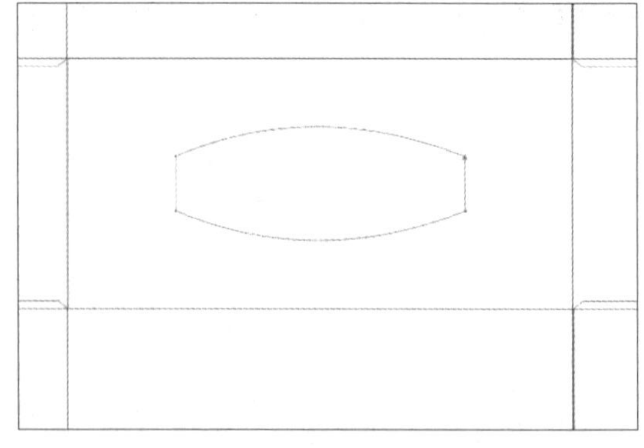

图 10-23

步骤 16 执行“窗口”→“泊坞窗”→“圆角/扇形角/倒棱角”命令，打开“圆角/扇形角/倒棱角”泊坞窗，选中抽纸口图形，在“角”泊坞窗中设置参数，如图10-24所示，单击“应用”按钮，图形应用圆角效果，如图10-25所示。

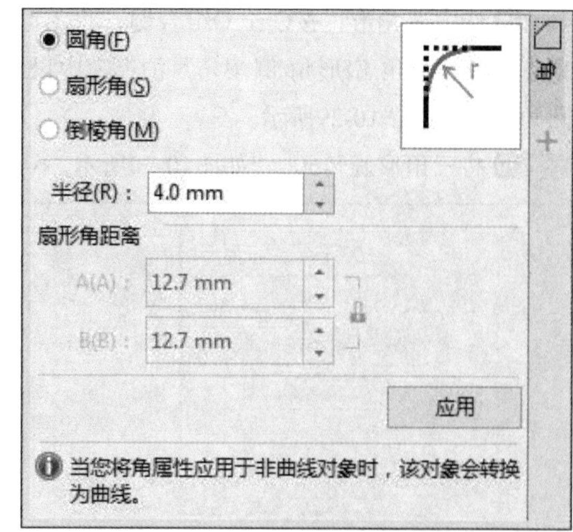

图 10-24

步骤 17 调整图形的大小，如图10-26所示。

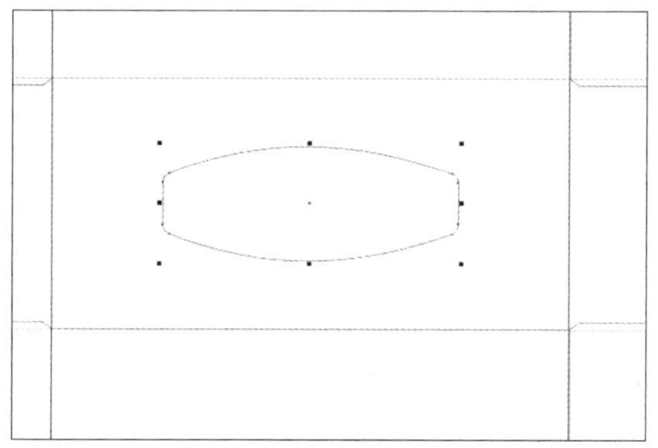

图 10-25

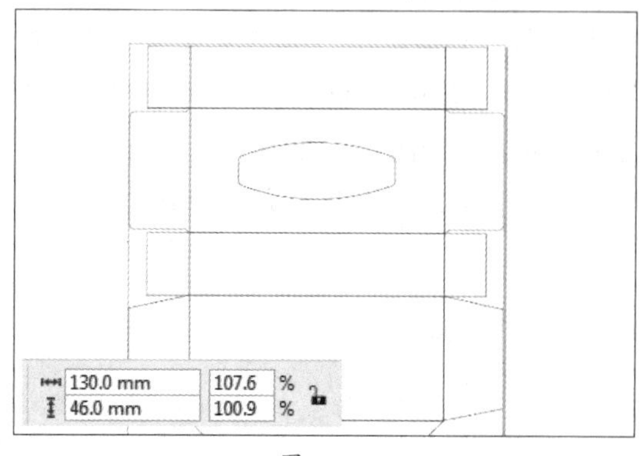

图 10-26

步骤 18 使用“矩形工具”□绘制圆角矩形，如图10-27所示。使用“多边形工具”⬡绘制三角形，如图10-28所示。

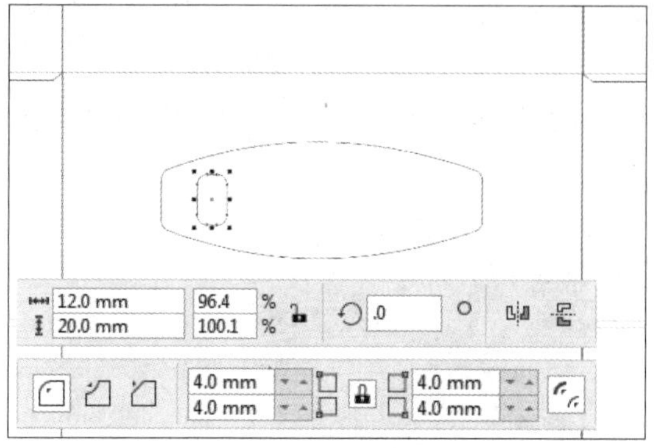

图 10-27

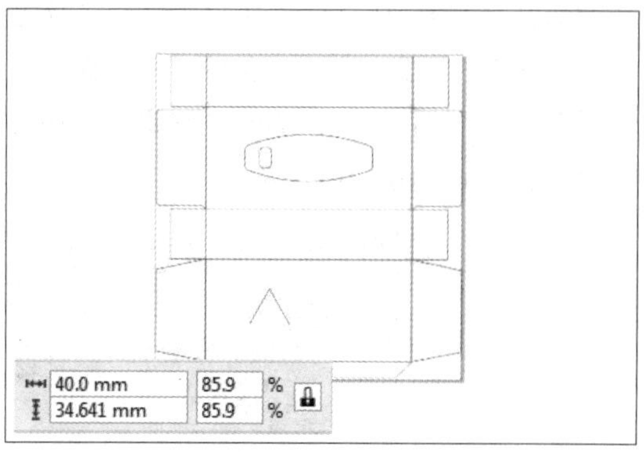

图 10-28

步骤19 选中三角形，按Ctrl+Q组合键，将图形转换为曲线，使用“形状工具”选中三角形的顶点，在“圆角/扇形角/倒棱角”泊坞窗中设置圆角的半径为4 mm，单击“应用”按钮，应用圆角效果，如图10-29所示。

步骤20 将三角形旋转60°，如图10-30所示。

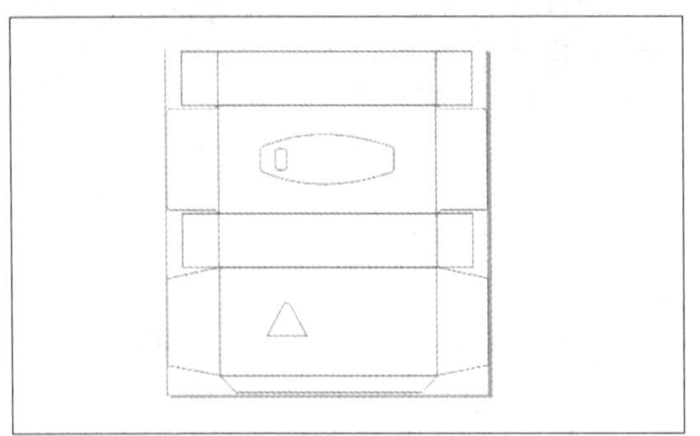

图 10-29

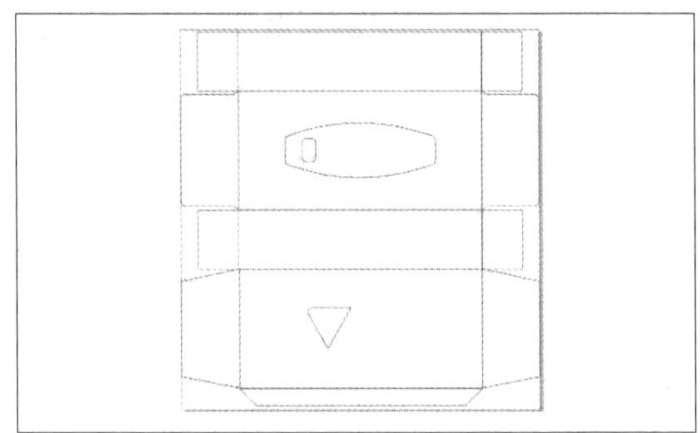

图 10-30

步骤21 将三角形选中，按小键盘上的“+”键复制图形，然后单击“水平镜像”按钮和“垂直镜像”按钮翻转图形，并调整两个三角形的位置，如图10-31所示。

至此，完成包装盒刀版图的制作。

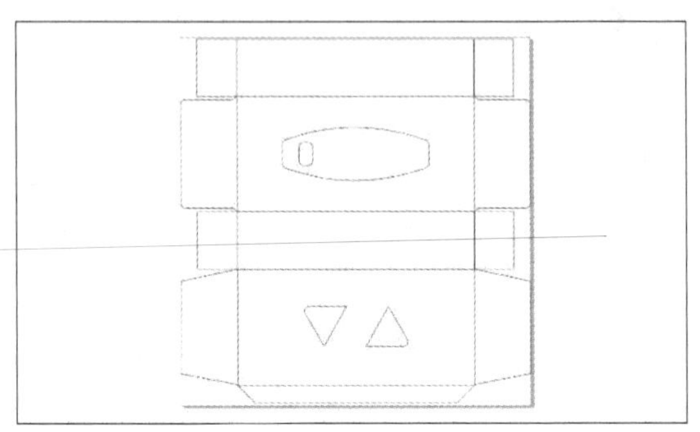

图 10-31

■ 10.2.2　制作装饰素材

下面练习绘制抽纸包装盒上的装饰素材，涉及的知识点包括图层的相关知识、“多边形工具”的应用及填充的应用。

扫码观看视频

步骤01 执行“窗口”→“泊坞窗”→“对象管理器”命令，打开“对象管理器”泊坞窗，在该泊坞窗中单击底部的“新建图层”按钮，新建图层，如图10-32所示。

步骤02 单击“图层1”左侧的“锁定”按钮，可以将其锁定，此时“锁定”按钮图标变为黑色的锁，如图10-33所示。

图 10-32

图 10-33

知识点拨

“图层1”为刀版图层，新建的图层为“图层2”。为了使后期操作不影响刀版，将刀版图层锁定，并新建“图层2”。

步骤03 选中“图层2”，按住Ctrl键使用“多边形工具”绘制正三角形，如图10-34所示。

步骤04 选中三角形，将其旋转一定角度，如图10-35所示。

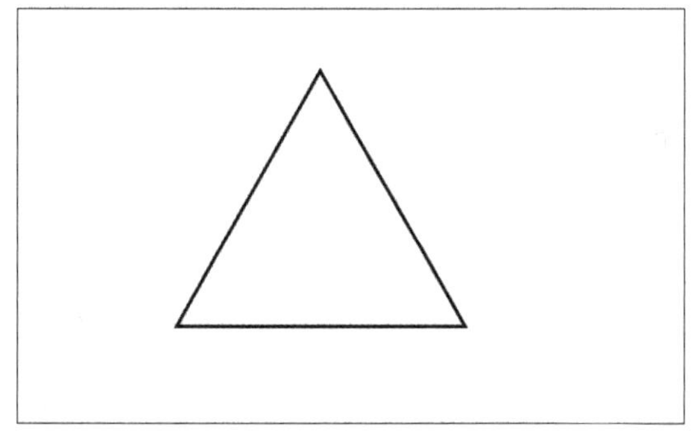

图 10-34

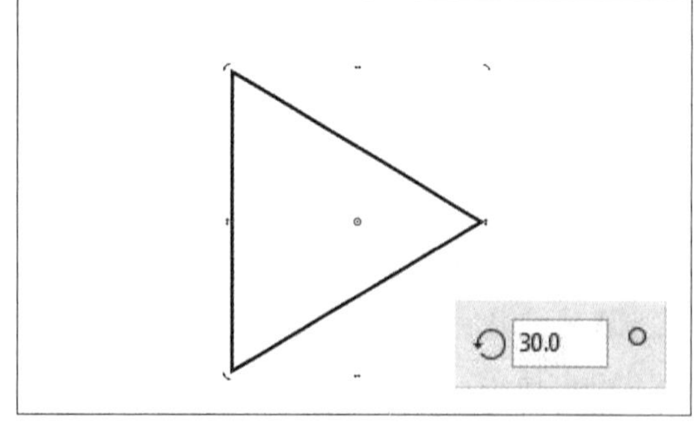

图 10-35

步骤05 拖动三角形至合适位置，复制三角形，如图10-36所示。

步骤06 将上一步制作好的图形选中，按小键盘上的“+”键进行复制，单击“选择工具”属性栏中的“水平镜像”按钮翻转图形，并移动其位置，如图10-37所示。

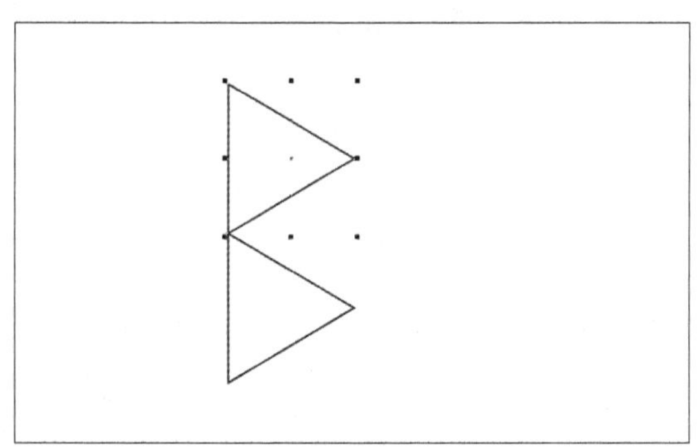

图 10-36

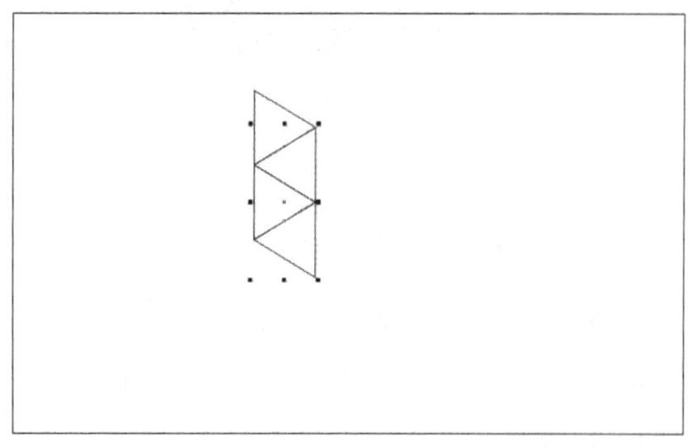

图 10-37

步骤07 复制三角形，并移动其位置，如图10-38所示。

步骤08 继续复制三角形，如图10-39所示。

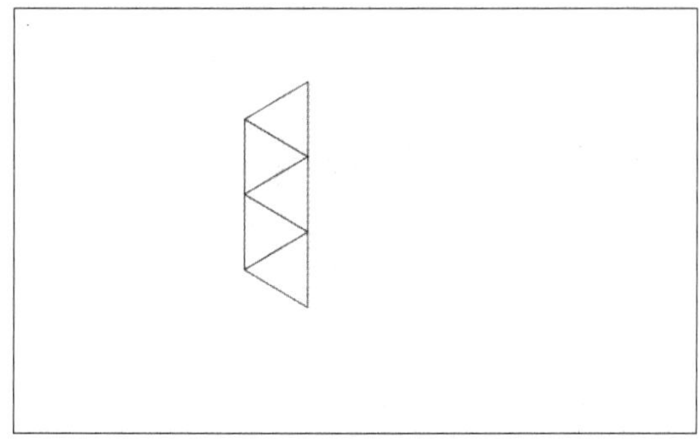

图 10-38

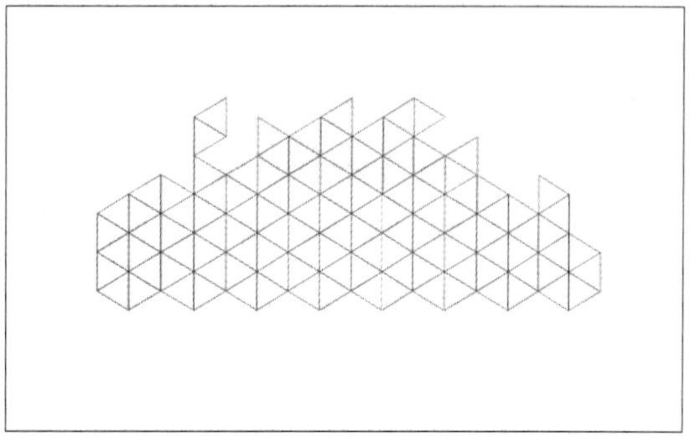

图 10-39

步骤09 为三角形填充颜色，如图10-40、图10-41所示。

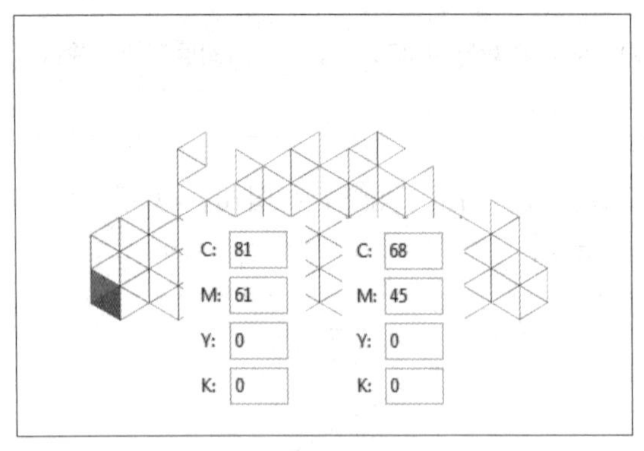

图 10-40

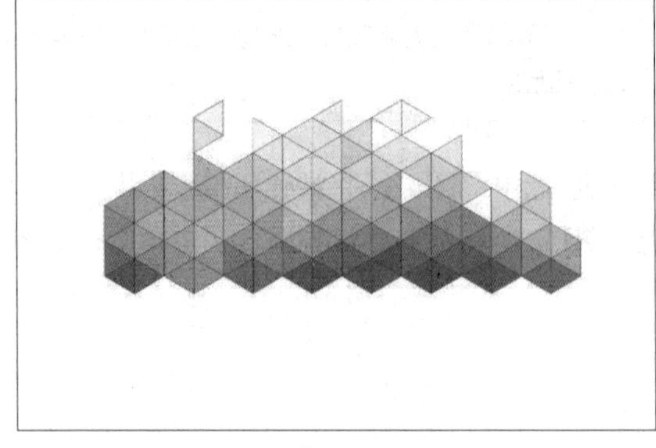

图 10-41

步骤10 选中所有的三角形，取消其轮廓，然后按Ctrl+G组合键将图像编组，如图10-42所示。

步骤11 将编组后的三角形选中，调整其大小，然后使用“矩形工具”□在图形的上方绘制矩形，如图10-43所示。

图 10-42

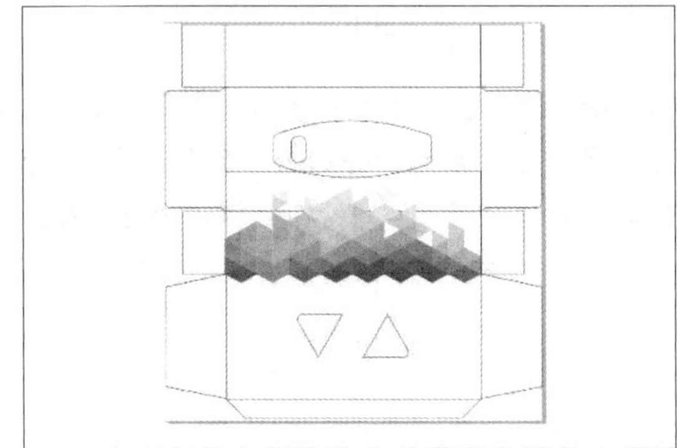

图 10-43

步骤12 选中编组后的三角形，执行“对象”→“PowerClip”→“置于图文框内部”命令，将光标移动到页面中，此时光标变为箭头形状，单击矩形，将编组后的三角形置于矩形内部，如图10-44所示。

步骤13 将矩形选中，取消其轮廓，如图10-45所示。

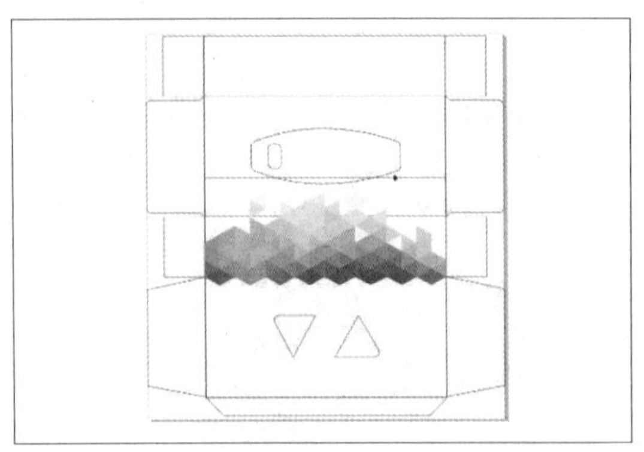

图 10-44

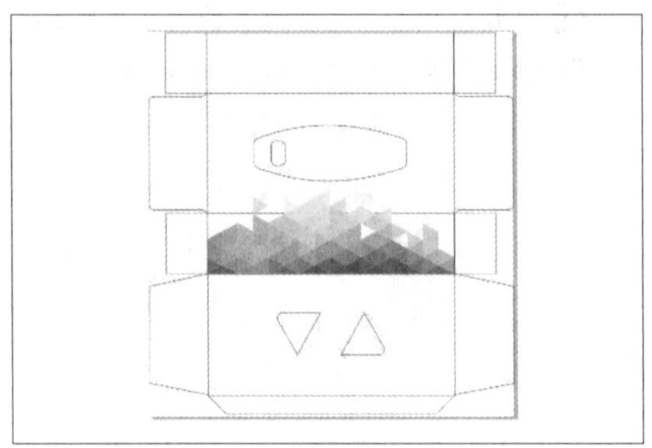

图 10-45

步骤14 选中编组后的三角形，按小键盘上的“+”键复制图形，单击“选择工具”属性栏中的“垂直镜像”按钮镜像图形，并将其移动至合适的位置，如图10-46所示。

步骤15 在“对象管理器”泊坞窗中将“图层2”锁定，单击泊坞窗底部的“新建图层”按钮，新建“图层3”并将其选中，如图10-47所示。

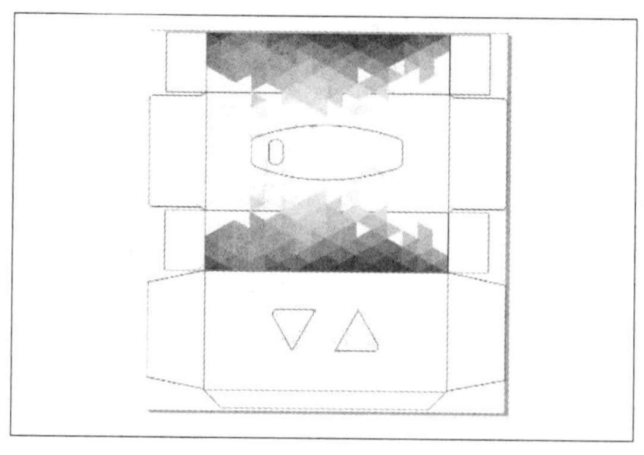

图 10-46

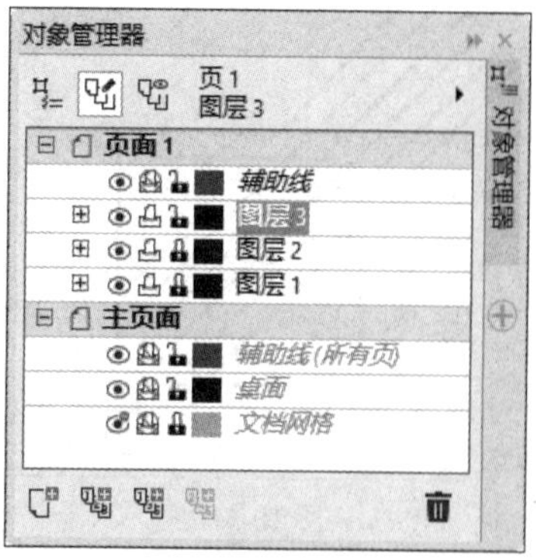

图 10-47

步骤16 按住Ctrl键使用“矩形工具”绘制正方形，将绘制的正方形选中，单击“选择工具”属性栏中的“移除前面对象”按钮，如图10-48所示。

步骤17 继续使用“矩形工具”绘制矩形，如图10-49所示。

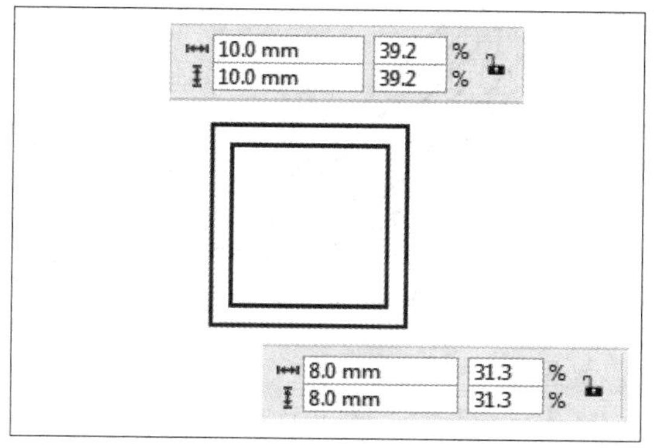

图 10-48

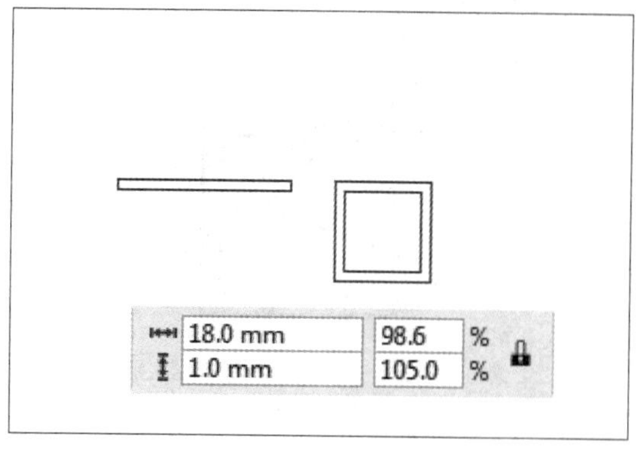

图 10-49

步骤18 选中绘制的矩形，执行“编辑”→“步长和重复”命令，打开“步长和重复”泊坞窗，设置“偏移”的“间距”和复制的“份数”，单击“应用”按钮复制图形，如图10-50、图10-51所示。

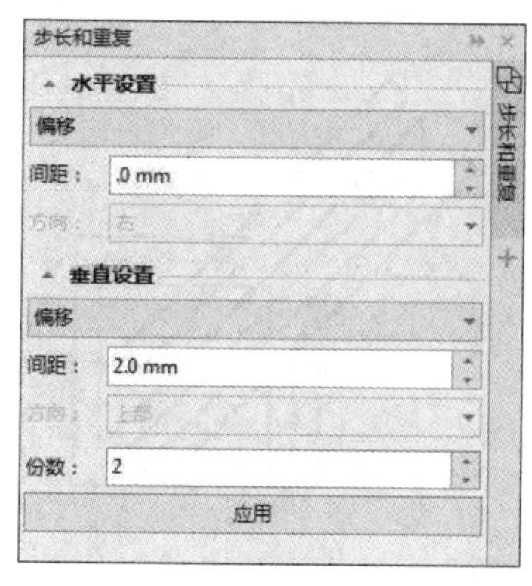

图 10-50

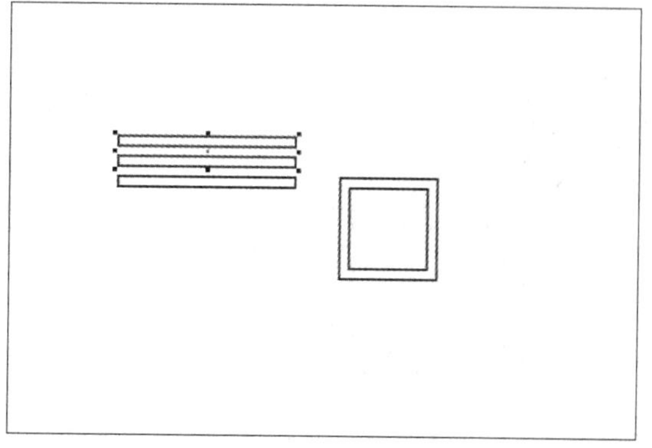

图 10-51

步骤19 将矩形选中，按Ctrl+Q组合键将图形转换为曲线，然后旋转图形并移动图形的位置，如图10-52所示。

步骤20 使用“钢笔工具”绘制闭合的路径，如图10-53所示。

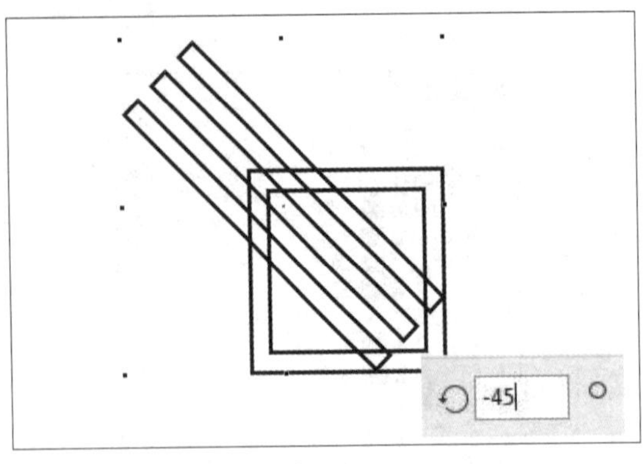

图 10-52

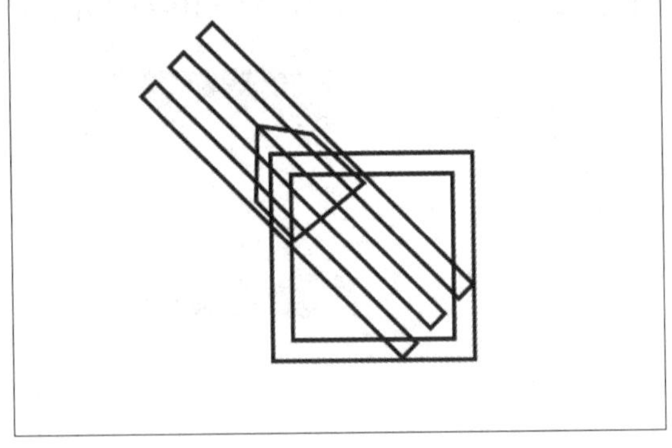

图 10-53

步骤21 选中绘制的闭合路径和正方形，单击“选择工具”属性栏中的“减去前面对象”按钮，效果如图10-54所示。

步骤22 使用“形状工具”调整图形的形状，如图10-55所示。

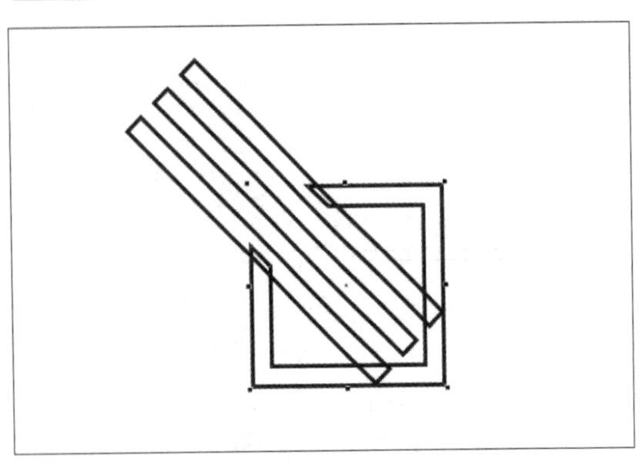

图 10-54

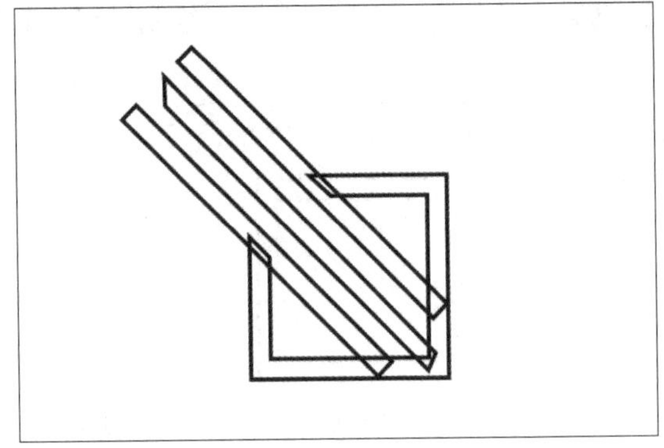

图 10-55

步骤23 将上一步制作的图形和正方形选中，单击“选择工具”属性栏中的“焊接”按钮，将图形焊接在一起，如图10-56所示。

步骤24 按住Ctrl键使用“矩形工具”绘制正方形，如图10-57所示。

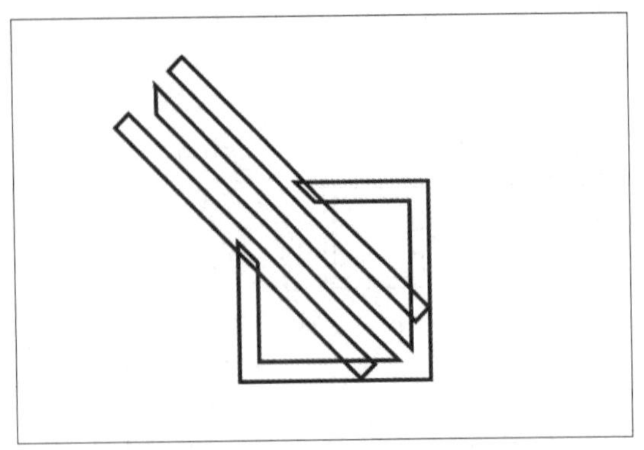

图 10-56

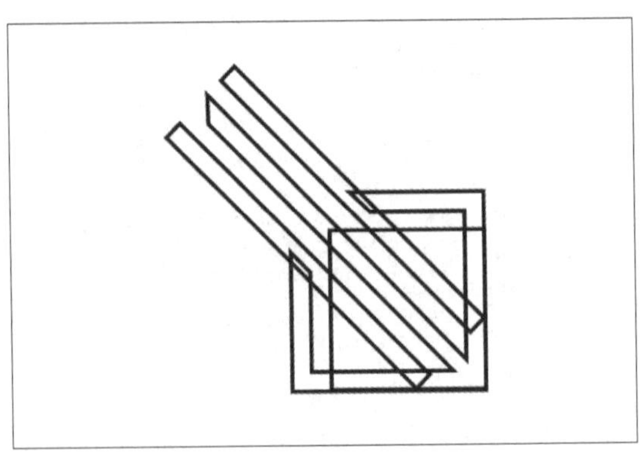

图 10-57

步骤25 使用“形状工具”调整节点，如图10-58所示。删除新绘制的正方形，将全部图形选中，单击“焊接”按钮，将图形焊接成一个整体，如图10-59所示。

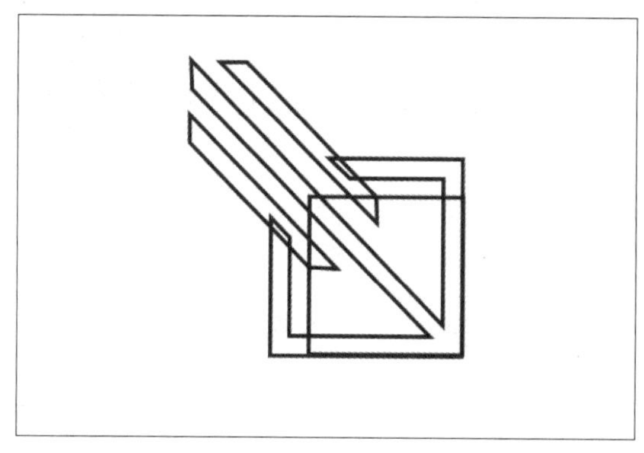

图 10-58

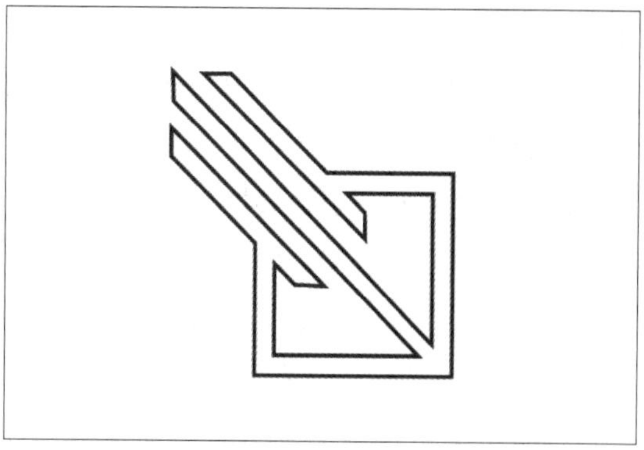

图 10-59

步骤26 设置焊接后图形的颜色，取消其轮廓，制作图标，如图10-60所示。

步骤27 使用“文本工具”字添加文字信息，设置其字体、字体大小，然后使用“形状工具”调整文本的间距，如图10-61所示。

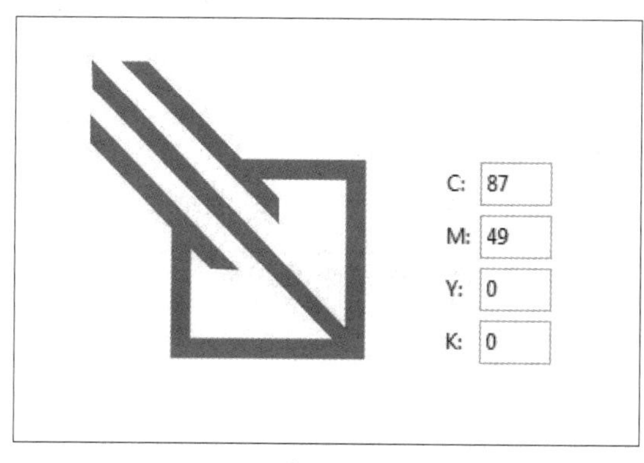

图 10-60

图 10-61

步骤28 将文本和图标选中，按Ctrl+G组合键将其编组，并调整其位置，如图10-62所示。

步骤29 按小键盘上的“+”键，复制上一步制作的图形，旋转图形并调整其位置，如图10-63所示。

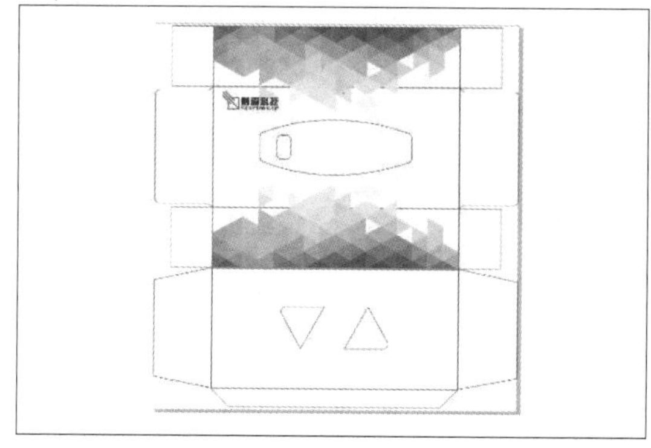

图 10-62

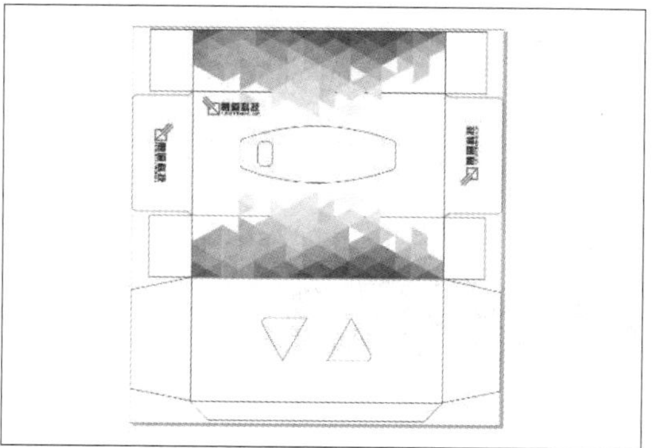

图 10-63

至此，完成装饰素材的制作。

10.2.3 添加文字素材

下面练习添加抽纸包装盒上的文字素材，涉及的知识点包括“文本工具”的应用和素材的导入等。

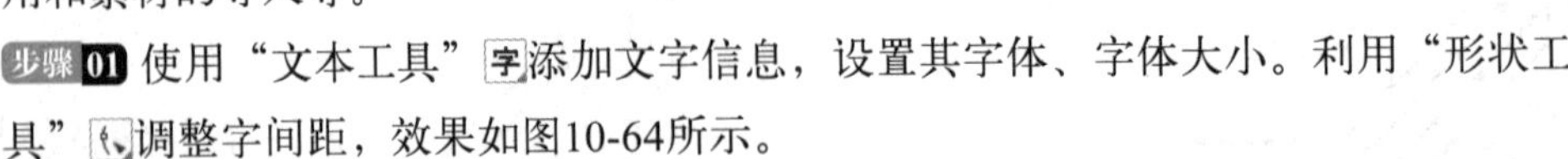

步骤 01 使用“文本工具”字添加文字信息，设置其字体、字体大小。利用“形状工具”调整字间距，效果如图10-64所示。

步骤 02 将本例素材“包装设计文字.png”导入当前文档中，调整素材的大小与位置，如图10-65所示。

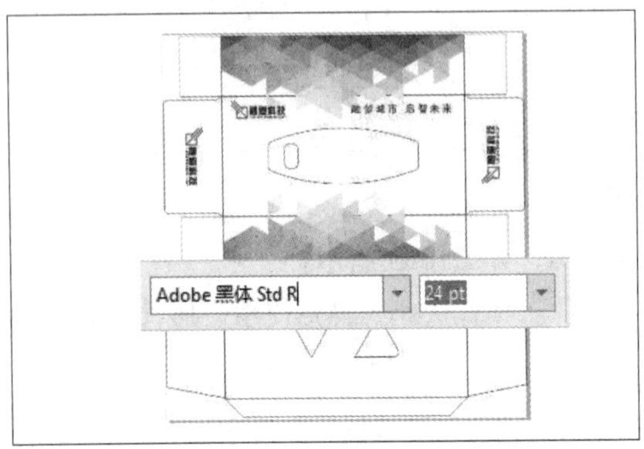

图 10-64

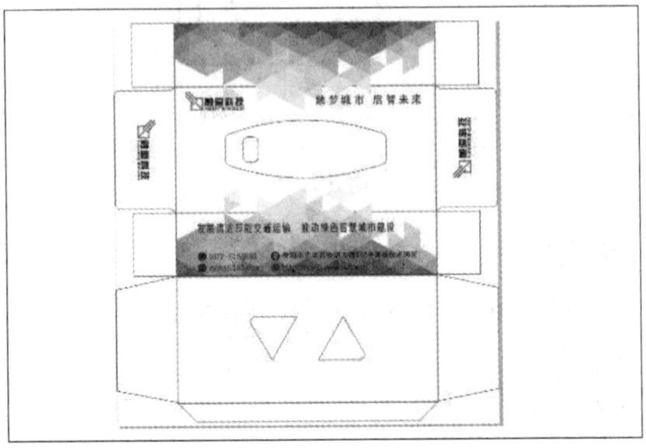

图 10-65

步骤 03 将素材进行复制、旋转，并调整其位置，如图10-66所示。

步骤 04 将本例素材“提示.png”置入当前文档中，调整其大小与位置，如图10-67所示。

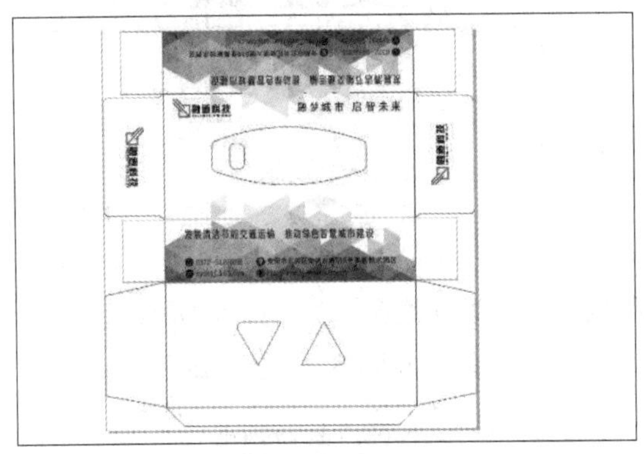

图 10-66

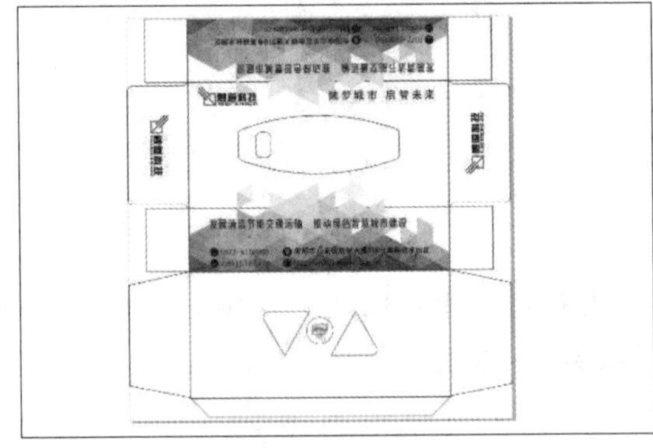

图 10-67

至此，完成抽纸包装的制作。

第11章

海报设计

内容概要

海报是视觉传达的表现形式之一。利用海报，可以吸引人们的视线，达到宣传某种事物或传递某种信息的目的。本章将针对海报的相关知识及具体制作进行介绍。

知识要点

- 海报设计的相关知识。
- 绘图工具的应用。
- “置于图文框内部”命令。
- “文本工具”的应用。

数字资源

【本章素材来源】：“素材文件\第11章”目录下

【本章实战演练最终文件】：“素材文件\第11章\实战演练”目录下

11.1 海报设计知识导航

海报是日常生活中人们较为常见的平面设计作品，无论是商业推广、公益活动还是游戏宣传，一般会利用海报作为展示的手段。

11.1.1 海报的概念

海报是一种招贴形式，具有向人们介绍某一事物、事件的特性。在设计海报时，需要将图片、文字、颜色、版式等要素进行有效的结合，以恰当的形式向人们展示相关信息。

11.1.2 海报设计的要点

在设计海报的过程中，要注意以下几点。

1. 强烈的视觉冲击力

可以通过大画幅以及图形与色彩的搭配产生极强的视觉冲击力，以起到吸引人们注意力的作用。

2. 主题明确

海报的内容不宜过多、过杂，需要抓住主要诉求点，表达精练、明确，突出主题。

3. 兼具艺术性与实用性

海报设计是一种信息传递的艺术，一般以图片为主、文案为辅，兼具艺术性与实用性。

11.1.3 优秀海报作品欣赏

下面展示一些优秀的海报设计，如图11-1～图11-3所示。

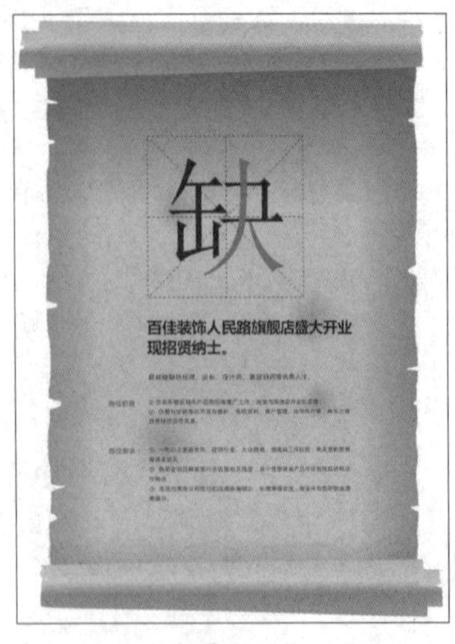

图 11-1

图 11-2

图 11-3

11.2 制作时尚广场海报

本案例将设计制作一款时尚广场海报。该款海报以洋红色为主色调，风格前卫，适用于时尚行业的宣传推广。下面对具体的制作过程进行介绍。

扫码观看视频

■ 11.2.1 制作海报背景

下面利用“矩形工具”及导入位图等操作制作海报背景。

步骤 01 执行“文件”→“新建”命令，在打开的“创建新文档”对话框中设置参数，如图11-4所示，单击“确定”按钮，新建文档。

步骤 02 使用“矩形工具”□绘制矩形，设置填充色，去除轮廓，效果如图11-5所示。

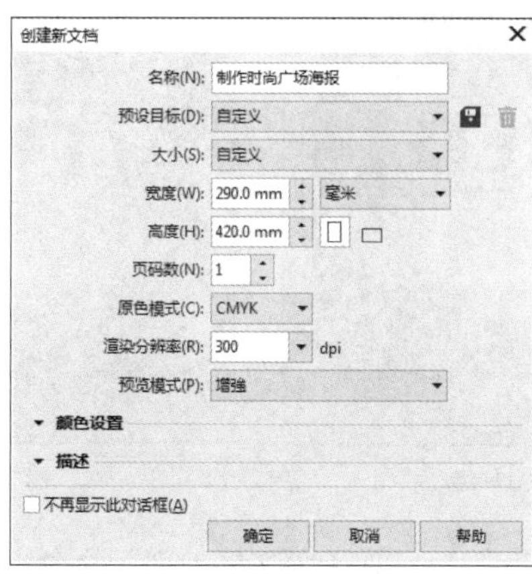

图 11-4

图 11-5

步骤 03 继续使用“矩形工具”□绘制矩形，在属性栏中设置底部圆角，效果如图11-6所示。

步骤 04 执行“文件”→“导入”命令，导入本例素材“底纹.jpg”，并将其调整至合适大小，按Ctrl+PageDown组合键将导入的素材后置一层，如图11-7所示。

步骤 05 执行“对象”→“PowerClip”→“置于图文框内部”命令，将素材置入底部圆角的矩形中，效果如图11-8所示。

图 11-6

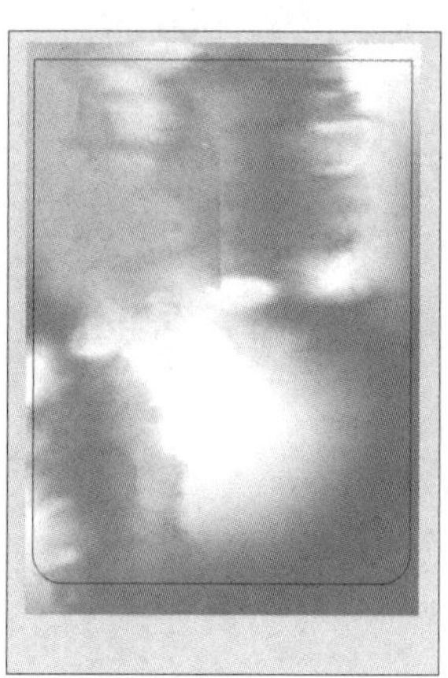

图 11-7

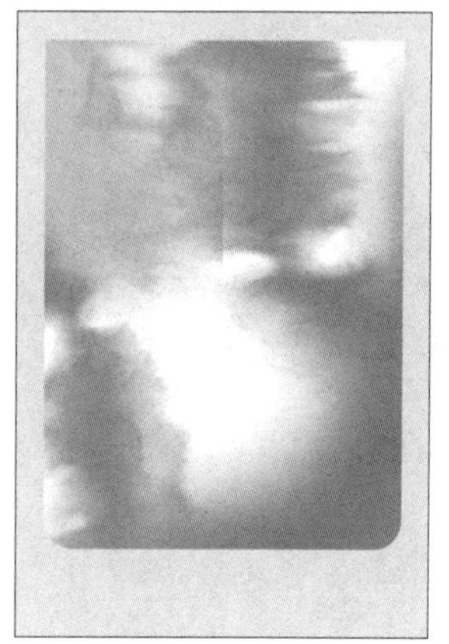

图 11-8

至此，完成海报背景的制作。

■ 11.2.2　添加文本及装饰物

下面利用“文本工具”及“插入字符”命令添加文本和装饰物。

扫码观看视频

步骤01 使用“文本工具”在合适的位置输入文本，在属性栏中设置相应的字体、字体大小，效果如图11-9所示。

步骤02 使用相同的方法，继续输入文本，如图11-10所示。

步骤03 选中输入的文本，在属性栏中设置角度为8°，倾斜字体，效果如图11-11所示。

图 11-9

图 11-10

图 11-11

步骤04 选中文本，执行“对象”→“PowerClip”→“置于图文框内部”命令，当光标变为➧状时，在矩形背景中单击，将文本置入其中，效果如图11-12所示。

步骤05 在矩形背景中右击，在弹出的快捷菜单中选择“编辑PowerClip”选项，调整文本的位置，效果如图11-13所示。

步骤06 执行“文本”→“插入字符”命令，打开“插入字符”泊坞窗，在“字体”选项中选择“Webdings”，如图11-14所示。

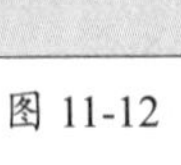

图 11-12

图 11-13

图 11-14

步骤 07 选中合适的图形，如图11-15所示，将其拖动至页面中。

步骤 08 按Shift+F11组合键，设置填充的颜色，如图11-16所示。

图 11-15

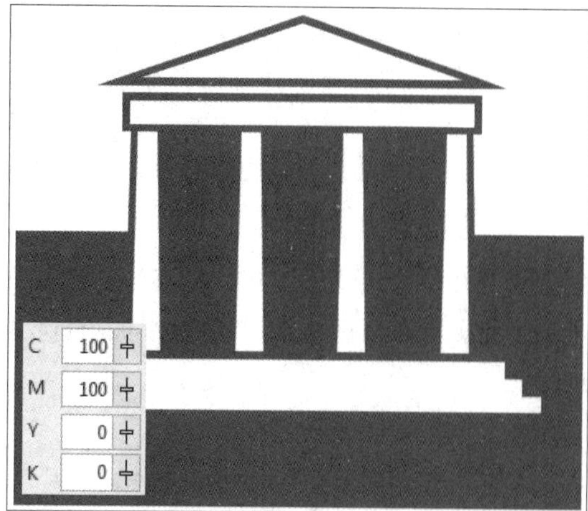

图 11-16

步骤 09 使用“文本工具”在图形的周围输入文本，如图11-17所示。

步骤 10 设置文本的颜色与图形一致，效果如图11-18所示。

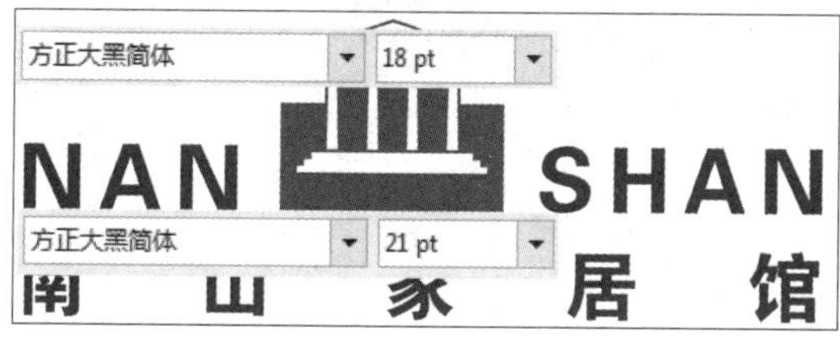

图 11-17

NAN SHAN
南 山 家 居 馆

图 11-18

步骤 11 移动图形与文本至合适的位置，效果如图11-19所示。

步骤 12 选中文本与图形，按Ctrl+C组合键和Ctrl+V组合键复制并粘贴，然后将复制得到的图形和文本移动至合适的位置，效果如图11-20所示。

步骤 13 使用“文本工具”在合适的位置输入文本，如图11-21所示。

图 11-19

图 11-20

图 11-21

步骤 14 使用相同的方法，继续输入文本，如图11-22、图11-23所示。

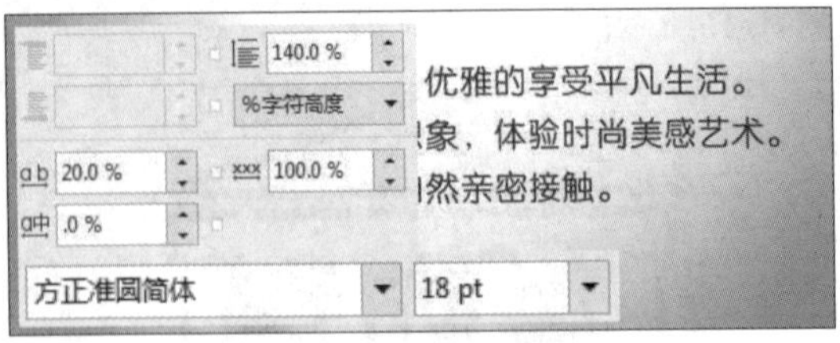

图 11-22

图 11-23

步骤 15 选中输入的文本，在“对齐与分布”泊坞窗中设置“水平居中对齐”，效果如图11-24所示。

至此，完成时尚广场海报的制作。

图 11-24

■ 11.2.3 方案延伸

除了以上版式外，还可以利用相同的设计元素制作横版海报，如图11-25所示。

图 11-25

第12章

插画设计

内容概要

插画一般是指书籍杂志中的配图。随着社会的发展，如今插画也包括游戏内置的美术场景设计、漫画、绘本、贺卡、挂历、装饰画、包装等多种形式，以及网络、手机平台上的虚拟物品及其相关视觉应用等。本章将针对插画的相关知识及具体制作进行介绍。

知识要点

- 插画的基础知识。
- 绘图工具的应用。
- 复制、粘贴等操作。

数字资源

【本章素材来源】："素材文件\第12章"目录下

【本章实战演练最终文件】："素材文件\第12章\实战演练"目录下

12.1 插画设计知识导航

插画是一种审美与实用相统一的艺术形式，运用图案表现形象，线条清晰、明快，可用于突出主题思想，增强艺术感染力。

12.1.1 插画的种类

现代插画的形式多种多样，以传播媒体分类，可以分为印刷媒体与影视媒体两类，其中，印刷媒体包括报纸、杂志等印刷出版物，影视媒体包括影视插画等作品。

1. 招贴广告插画

招贴广告插画又被称为宣传画、海报。随着影视媒体的发展，招贴广告插画的应用范围日渐缩小。

2. 报纸插画

报纸插画具有发行量大、传播面广、速度快、制作周期短等特点。

3. 书籍杂志插画

书籍杂志插画包括封面、封底的设计及正文中的插图。

4. 企业宣传插画

企业宣传插画主要应用于企业的VI设计中。

5. 影视插画

影视插画指影视作品及广告片中出现的插画。

6. 产品包装插画

产品包装插画可以宣传产品，树立品牌形象，一般包含标志、图形、文字3个要素。

12.1.2 优秀插画设计欣赏

下面展示一些优秀的插画设计，如图12-1～图12-3所示。

图 12-1

图 12-2

图 12-3

12.2 制作热气球插画

CorelDRAW非常适合绘制矢量图，如线条明快的卡通形象等。本案例将绘制一款热气球插画，画面清新、简洁。下面对制作过程进行具体介绍。

■12.2.1 绘制热气球

下面利用“椭圆形工具”“钢笔工具”“艺术笔工具”等绘制热气球。

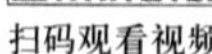

扫码观看视频

步骤01 执行“文件”→“新建”命令，在打开的“创建新文档”对话框中设置参数，如图12-4所示，单击“确定”按钮，新建文档。

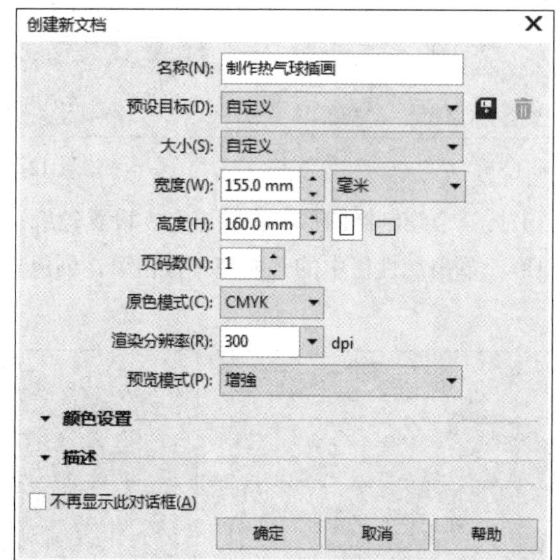

图 12-4

步骤02 使用“矩形工具”□绘制与页面等大的矩形，设置填充并取消轮廓，如图12-5所示。

图 12-5

步骤03 使用“椭圆形工具”○在页面中绘制合适大小的椭圆形，设置填充，按F12键打开“轮廓笔”对话框，在其中设置轮廓，如图12-6所示，单击“确定”按钮，效果如图12-7所示。

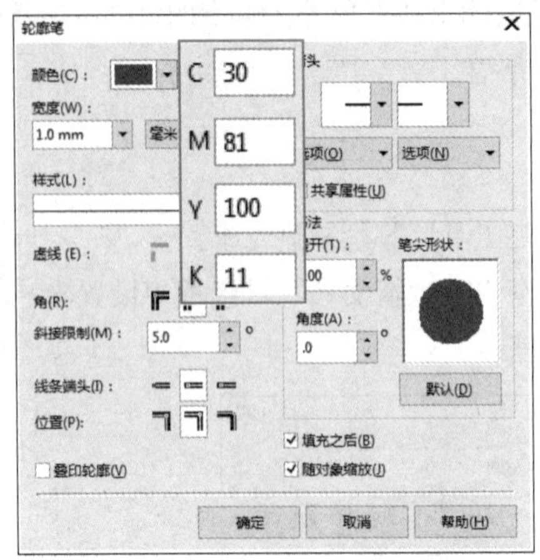

图 12-6

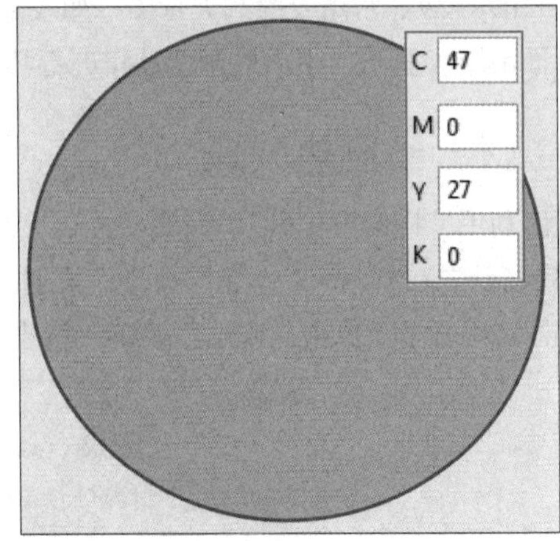

图 12-7

步骤04 继续使用“椭圆形工具”○绘制椭圆形，去除填充，设置轮廓，效果如图12-8所示。

步骤05 选中新绘制的椭圆形，单击属性栏中的“相交”按钮，创建新图形，删除多余部分，效果如图12-9所示。

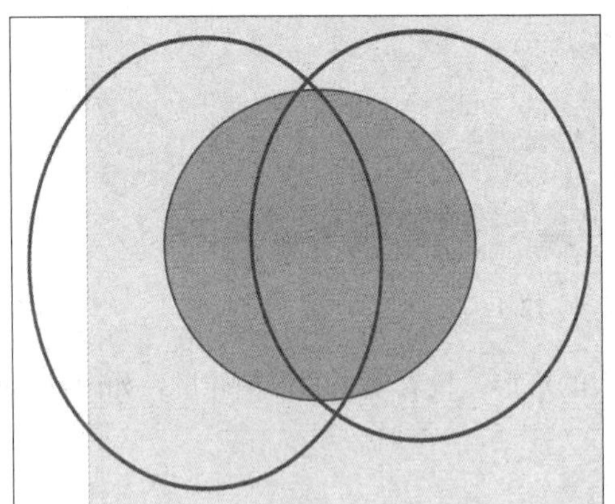

图 12-8

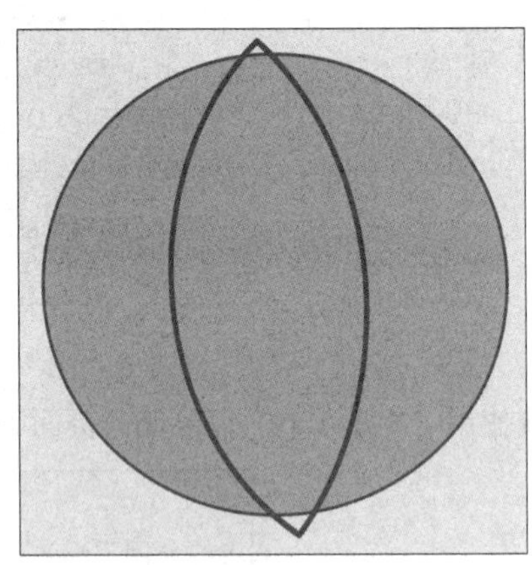

图 12-9

步骤06 选中新创建的图形与最下层的椭圆形，单击属性栏中的“相交”按钮，创建新图形，删除多余部分，并设置图形的填充色，如图12-10所示。

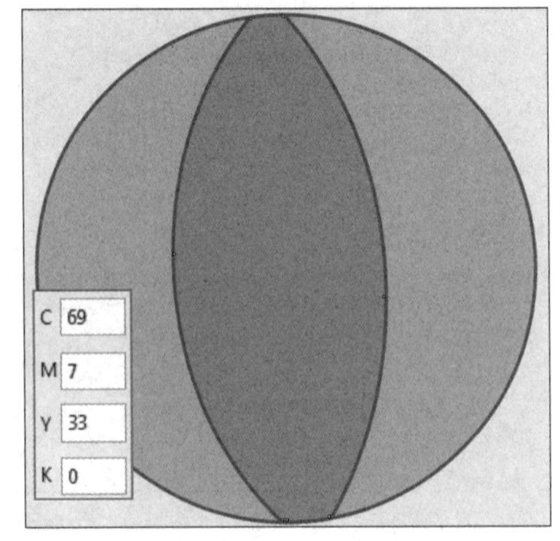

图 12-10

步骤07 使用“钢笔工具”绘制曲线，设置填充，去除轮廓，效果如图12-11所示。

步骤08 使用相同的方法继续绘制图形，如图12-12所示。

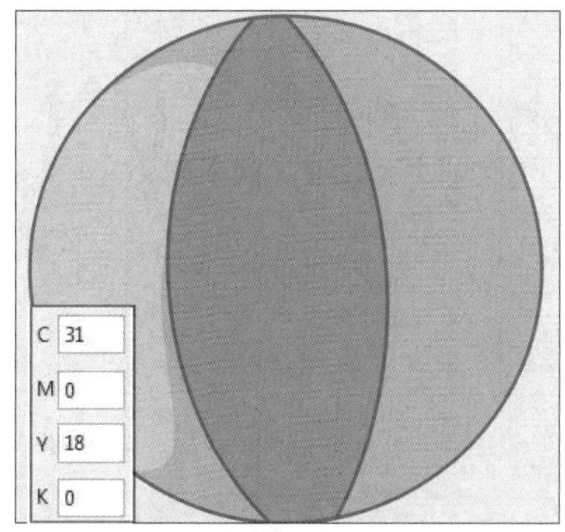

图 12-11

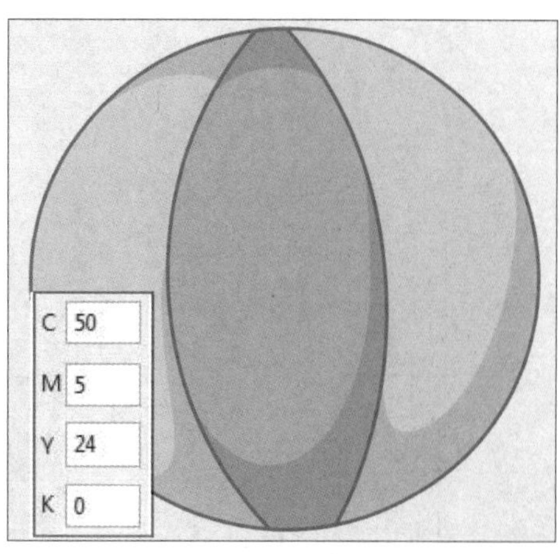

图 12-12

步骤09 使用“艺术笔工具”在页面中的合适位置绘制形状，将其作为高光，如图12-13所示。

步骤10 使用“钢笔工具”绘制曲线，将其作为热气球的底部图形，如图12-14所示。

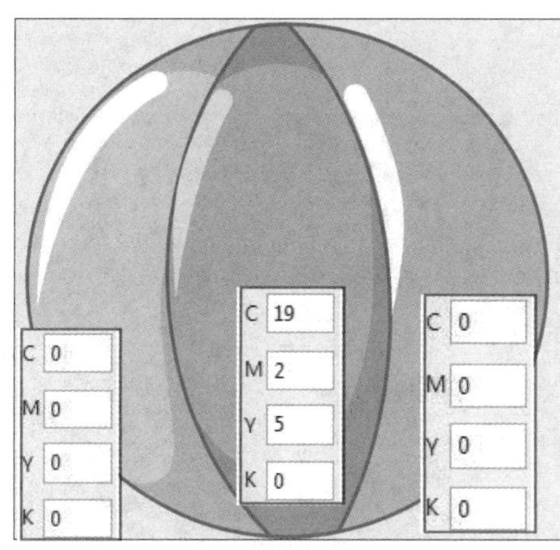

图 12-13

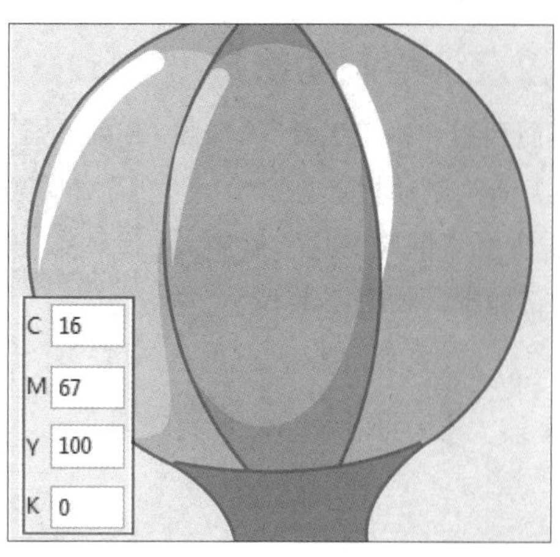

图 12-14

步骤11 继续使用“钢笔工具”绘制热气球底部的高光，效果如图12-15所示。

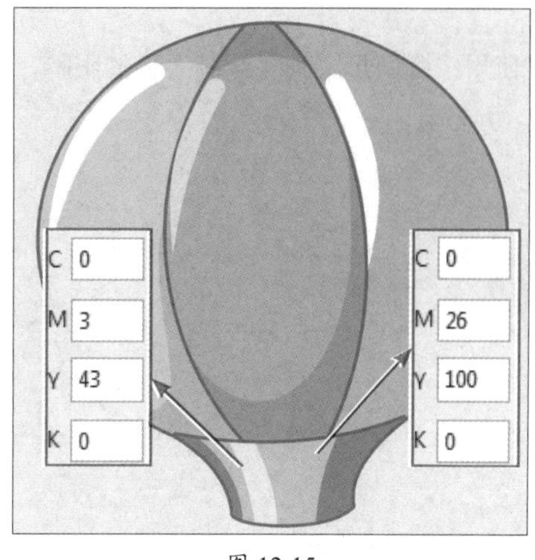

图 12-15

步骤 12 使用相同的方法，绘制热气球的吊篮，如图12-16所示。

步骤 13 使用“钢笔工具”绘制直线，用于连接热气球和吊篮，如图12-17所示。

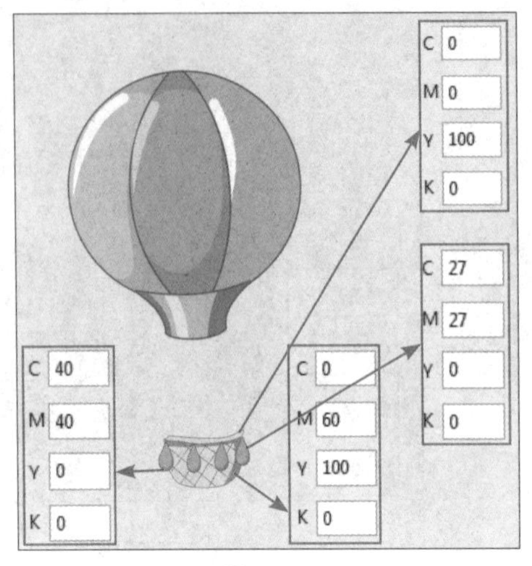

图 12-16

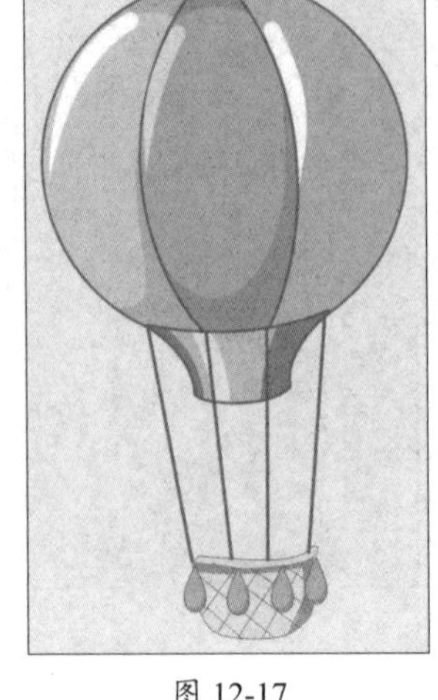

图 12-17

至此，完成热气球的绘制。

12.2.2 绘制动物造型

下面利用“钢笔工具”“椭圆形工具”等绘制动物造型。

扫码观看视频

步骤 01 使用“钢笔工具”绘制大象的头部轮廓，如图12-18所示。

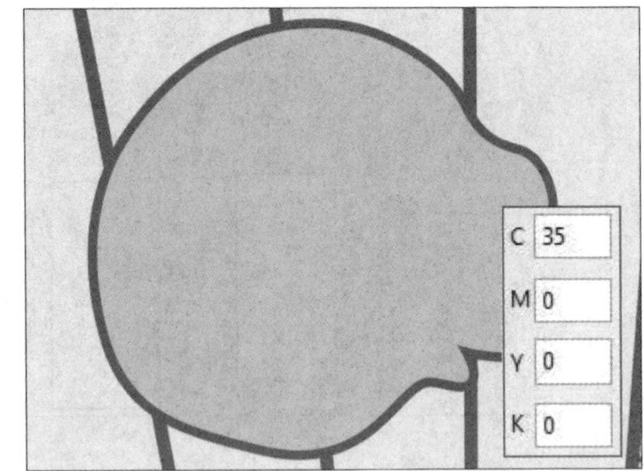

图 12-18

步骤 02 使用“椭圆形工具”绘制大象的眼睛，如图12-19所示。

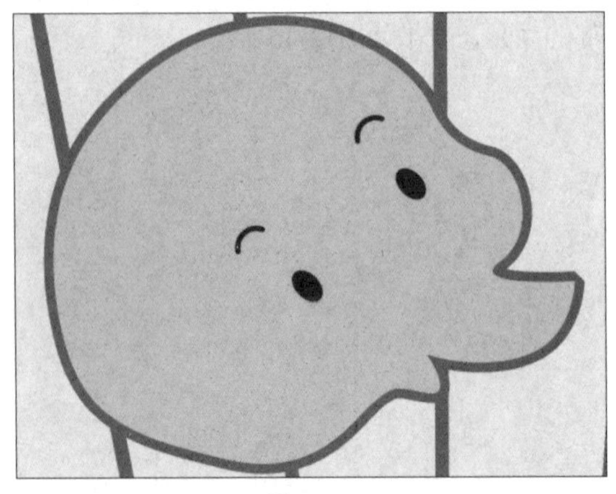

图 12-19

步骤03 继续使用“钢笔工具”绘制大象头部的细节，如图12-20所示。

步骤04 使用相同的方法，绘制大象的身体及上肢，调整图形的顺序，效果如图12-21所示。

图 12-20

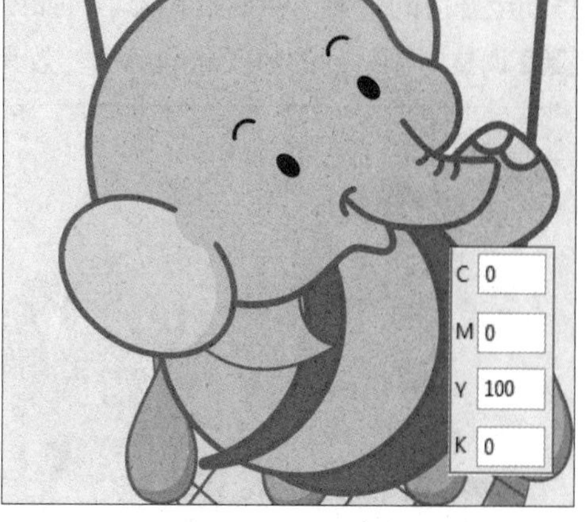

图 12-21

步骤05 选中大象图形，按Ctrl+G组合键编组，调整图形的顺序，效果如图12-22所示。

图 12-22

至此，完成动物造型的绘制。

■12.2.3　绘制装饰图形

下面利用复制、合并等操作和“钢笔工具”“椭圆形工具”等绘制装饰图形。

步骤01 选中热气球的所有图形，按Ctrl+C和Ctrl+V组合键复制并粘贴图形，将复制得到的热气球移动至合适的位置，并调整其大小，如图12-23所示。

步骤02 调整复制得到的热气球的颜色，效果如图12-24所示。

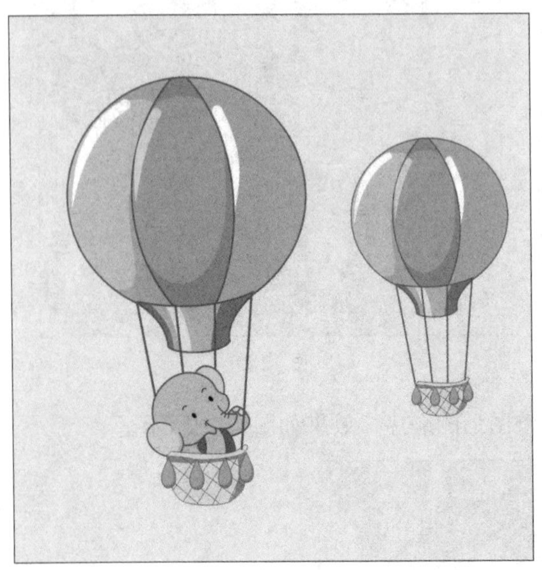

图 12-23

图 12-24

步骤03 使用“钢笔工具”绘制曲线，使用“椭圆形工具”绘制椭圆形以装饰复制得到的热气球，效果如图12-25所示。

图 12-25

步骤04 选中复制得到的热气球及绘制的装饰，按Ctrl+G组合键编组，并将其旋转一定的角度，效果如图12-26所示。

图 12-26

步骤05 按住Ctrl键使用“椭圆形工具”绘制正圆形，如图12-27所示。

图 12-27

步骤06 选中绘制的正圆形，单击属性栏中的“焊接”按钮⧉，将正圆形焊接在一起，效果如图12-28所示。

图 12-28

步骤 07 使用“钢笔工具”绘制曲线，效果如图12-29所示。

图 12-29

步骤 08 选中曲线和焊接对象，按Ctrl+G组合键编组，将编组后的对象复制多次并调整至合适的大小及位置，效果如图12-30所示。

图 12-30

步骤 09 选中复制得到的对象，执行“对象”→“PowerClip”→“置于图文框内部”命令，将其置入底层的粉色矩形中，效果如图12-31所示。

至此，完成热气球插画的制作。

图 12-31

■12.2.4　方案延伸

除了以上版式外，还可以利用类似的设计元素绘制不同效果的插画，如图12-32、图12-33所示。

图 12-32

图 12-33

你学会了吗？

附录1 课后作业参考答案

第1章

一、选择题

1. C　2. B　3. D

二、填空题

1. 失真现象、向量图

2. 菜单栏、标准工具栏、属性栏、工具箱、绘图区、泊坞窗、调色板、状态栏

3. 线框、草稿、增强

4. 层叠、水平平铺、垂直平铺

第2章

一、选择题

1. B　2. D　3. C　4. D　5. B

二、填空题

1. 原大小

2. 尺寸、方向、背景、布局

3. 内存的使用率、网络应用的速度

4. CMYK、颜色分离

5. 常规内容、颜色、布局

第3章

一、选择题

1. B　2. C　3. C　4. B　5. A

二、填空题

1. 直线

2. 相对精确地、圆滑度

3. “控制点”、夹角度数

4. 椭圆形、正圆形、饼形、弧形

第4章

一、选择题

1. B　2. D　3. C　4. B

二、填空题

1. 桌面颜色、页面颜色、位图图像颜色、矢量图形颜色

2. 对象的属性、变换效果、特殊效果

3. 任意闭合的、相交区域、镂空图形

4. 轮廓宽度、颜色、样式

第5章

一、选择题

1. B　2. C　3. A　4. D　5. B

二、填空题

1. 原有位置上

2. 右键、释放、“复制”

3. 两个及以上的多个对象

4. 合并、拆分

第6章

一、选择题

1. B　2. A　3. C

二、填空题

1. 非强制模式、直线模式、单弧模式、双弧模式

2. 调和

3. 使用对象填充、使用纯色、使用递减的颜色

■第7章

一、选择题

1. B　2. C　3. A　4. C

二、填空题

1. Enter
2. Ctrl+F8
3. “文本属性”
4. 6
5. 文本

■第8章

一、选择题

1. B　2. A　3. D　4. A

二、填空题

1. 图像调整实验室
2. 调合曲线
3. 技术图解、线条画
4. 旋转、裁剪

■第9章

一、选择题

1. C　2. B　3. C　4. A

二、填空题

1. 位图
2. 卷页
3. 颜色转换

附录 2 CorelDRAW常用快捷键

A. 基本操作快捷键

命　令	快 捷 键
新建	Ctrl+N
打开...	Ctrl+O
保存	Ctrl+S
另存为	Ctrl+Shift+S
导入	Ctrl+I
导出	Ctrl+E
打印	Ctrl+P
撤消	Ctrl+Z
重做	Ctrl+Shift+Z
重复	Ctrl+R
剪切	Ctrl+X
复制	Ctrl+C
粘贴	Ctrl+V
再制	Ctrl+D
步长和重复	Ctrl+Shift+D
全屏预览	F9
合并	Ctrl+L
拆分	Ctrl+K
转换为曲线	Ctrl+Q
轮廓图	Ctrl+F9
文本属性	Ctrl+T
编辑文本	Ctrl+Shift+T
插入字符	Ctrl+F11
转换	Ctrl+F8
刷新窗口	Ctrl+W
关闭窗口	Ctrl+F4
对象属性	Alt+Enter
对象样式	Ctrl+F5
符号管理器	Ctrl+F3
对齐与分布	Ctrl+Shift+A
颜色样式	Ctrl+F6
视图管理器	Ctrl+F2

B. 常用工具快捷键

工　具	快 捷 键
形状	F10
缩放	Z
平移	H
手绘	F5
智能绘图	Shift+S
艺术笔	l
矩形	F6
椭圆形	F7
多边形	Y
图纸	D
螺纹	A
文本	F8
交互式填充	G
网状填充	M
轮廓笔	F12
轮廓颜色	Shift+F12